U0647324

牟宗三
美学思想研究

张海燕 / 著

人民出版社

责任编辑:王　森
封面设计:汪　阳
版式设计:王　婷

图书在版编目(CIP)数据

牟宗三美学思想研究/张海燕 著. —北京:人民出版社,2021.11
ISBN 978-7-01-023892-0

Ⅰ.①牟…　Ⅱ.①张…　Ⅲ.①牟宗三(1909-1995)-美学思想-研究
Ⅳ.①B83-092

中国版本图书馆 CIP 数据核字(2021)第 212449 号

牟宗三美学思想研究

MOU ZONGSAN MEIXUE SIXIANG YANJIU

张海燕　著

人民出版社 出版发行
(100706　北京市东城区隆福寺街 99 号)

天津文林印务有限公司印刷　新华书店经销

2021 年 11 月第 1 版　2021 年 11 月北京第 1 次印刷
开本:710 毫米×1000 毫米 1/16　印张:17.25
字数:221 千字

ISBN 978-7-01-023892-0　定价:60.00 元

邮购地址 100706　北京市东城区隆福寺街 99 号
人民东方图书销售中心　电话 (010)65250042　65289539

序　言

上海交通大学特聘教授　杜保瑞

张海燕博士所著《牟宗三美学思想研究》一书，从美学进路介绍牟先生的哲学，打开学界对牟先生哲学的另一视野，文笔清新、文意鲜明，是一部难得的佳作。笔者有幸，代为序言，亦愿对牟宗三哲学略尽数言。牟宗三哲学，辨中西以实践与否论高下，辨三学以实有与否谈优劣圆别。前者是知识论进路辩证中西高下，实践得实现得证成而以中学为优；后者是形上学进路，实有得保住并创生万法为圆教与别教之对比得失。其说堪称20世纪中国哲学的最高创作顶峰。而张海燕教授则能从美学进路，别开蹊径，又新耳目，诚有贡献于牟学之研究。

笔者从事牟先生哲学研究亦有多年，每每赞叹于他的创作力丰沛的同时，却又忧心他的文本诠释之诡谲。最后得出结论，牟先生哲学创作有余，但文本诠释不足，不足亦因创作之故，太为顾及创作而在中西哲学的诠释上突显己意以致多少扭曲旧学。西学非我所长，但就儒释道三学而言，牟先生对儒学史上各家以及道佛的诠释都有不准确之处。

就儒学诠释而言，牟宗三先生的哲学问题意识，在于对比中西哲学而主张儒学系统是唯一能完成形上学的系统，以此之故，牟先生特别关心儒家道德形上学的证成义，于是所说之本体宇宙论的纵贯创生系统，成了绾合宇宙论、本体论、工夫论、境界论的天道流行义与圣人践形义的综合形态形上学，并以此为孔孟之根本形。以此解读朱熹哲学时,便将朱熹纯粹谈论存有论的概念定义及概念解析的儒学系统说为别子,主要关键在于指出此一系统并不说明主体活动;同时,牟先生又将朱熹诠解《大学》说工夫次第的格物穷理工夫说为只管认知不管意志纯粹化的道德活动。笔者认为,朱熹说存有论与工夫次第论并不违背孔孟实践义,只是说了不一样的形上学系统及讨论了工夫次第问题,而工夫次第问题亦不是对立于本体工夫的问题,以此还原朱熹学思的形态定位。例如,朱熹中和新说就是一工夫次第论的主题,并不需要把存有论的心性二分的意见置入此处而为批评,亦无须把涵养说视为非本体工夫。

牟先生可谓当代中国哲学界中在理论建构上属绵密广袤、深刻悠远之第一人,他上下儒释道,综说中西印,而最终归本于儒学。牟先生可以说是当代新儒学最重要的理论家、哲学家,说牟先生所建立的儒学优位的哲学体系是当代新儒学中的最大系统应属实至名归。

牟先生的儒学建构就是当代新儒家的第一典范,而这个典范的建立则是在牟先生消化西方哲学、融通中国儒释道三教,又钦点儒学本义、原型、圆教的一连串论述历程后的结晶。在这个结晶品中,却对朱子学多有批评,认为朱子学不是孔、孟、易、庸、周、张、陆、王一大系统内的形态,此一评价可谓事关重大。传统上朱熹的夫子地位直逼孔子,宋明儒学中以朱、王为最大二家,数百年科举考试中以朱熹《四书集注》为教材,牟先生却以“别子为宗”定位朱熹非孔孟嫡传。

牟宗三先生以论、孟、庸、易为儒学的原型,以象山、阳明学为孟子的发挥,以横渠、明道、五峰、蕺山为庸、易的传承,而程颐、朱熹却是歧出于论、孟、庸、易的新系统。

讨论牟宗三谈中国哲学及儒家哲学义理形态的意见定位,要从牟先生消化康德哲学谈起,康德在《纯粹理性批判》一书中建立“物自身”不可知之说，建立普遍原理的二律背反说，而在《实践理性批判》书中建立依实践之进路而设定之三大设准，唯物自身仍不可知，然上帝依其智的直觉即能知之，上帝之知之即实现之。以上诸义是牟先生纲领康德哲学的最重要的部分。依据上说，牟先生认为，中国哲学儒释道三教的圣人、真人、菩萨及佛者，却都能有此一智的直觉，并且，三教圣人皆是一般人存有者得以努力达致的。甚且，西方的上帝概念仍是一情识的构想，而中国三教之学却都有其实践之进路以为价值之保证，是实践而证成其形上学的普遍原理。其中，牟先生又指出，整个西方哲学是一为实有而奋战的哲学。牟先生认为，哲学即是一应为实有而奋战之学，而中国儒释道三教之中却只有儒学的道德意识是真主张实有之学，其为透过道德意识创造现实世界而有着在圣人主体的实践之保证而保住实有，因此，形上学只有透过道德进路才能保住实有而为完成。

依据这样的思路，古今中外的哲学体系中的形上学的证立问题，便就只有中国儒家哲学的道德的形上学才有其终极的完构。此一由圣人实践道德理性的哲学，既是形上学的保证，又是形上学的完成。完成一本体宇宙论的创生系统，完成一由圣人之逆觉体证以实现天道理性秩序的哲学系统。也正是在这个诠释立场下，朱熹学思被视为歧出。

以上是牟先生的话术。依笔者之见，牟先生的思路可以重新解析如下。

第一，牟先生关心形上学普遍命题的成立保证问题，依康德哲学之拆解，整个西方传统的思辨形上学，因理性能力的反思，已被斥为不能成立，而在康德哲学系统中，则另以实践的所需，且以设准的地位，而说形上学普遍原理的提出的可能，并诉诸上帝的直觉，而予以真理性的保证，因此是上帝的存在保证形上的命题。而牟先生则以中国哲学的三教共有的实践之证量，来说中国儒释道三学的形上命题的证立保证，因此是人的实践而保证了形上命题。于是乎在牟先生所诠解的中国哲学系统下，实践的部分便以义理的实质内涵而进入形上学构作的系统中，因而系统中论及实践与否正是牟先生别异中西哲学的判准。

第二，作为当代新儒家哲学家的牟宗三先生，在三教辩证问题上高举儒学，是透过主张为实有而奋战的哲学立场，将儒学在三教辩证中高于道佛。哲学就是要论说实有，而只有儒家价值意识的道德创生意志是唯一可以保住实有的哲学理论，因此宣称只有儒学是一实有形态的形上学，而道佛则只是境界形态的形上学，以此标高儒学，以此诠释儒学。而儒学因其不但有实有的主张，更有实践的证成，因此儒学于形上学便有圆满的完成。总之，别异中西以实践说，辩证三教以实有说，此正是牟先生高举儒学的两大判准。

第三，在牟先生深入儒学系统以为各家诠解之进行时，特别对于证成形上学的实践动力因素十分重视，于是全力形成一套动态的儒学存有论，不论自天道说、自人道说，皆欲说及实践完成以致圆满的境界为止。这就导致牟先生在孔、孟、易、庸的诠释中，以圣人的实践以见天道的律动而说为一动态实践形态的实有说的形上学，并在宋明儒学的诠释中，将濂溪、横渠、明道、五峰、象山、阳明、蕺山等之系统说为一实践的动态的实有的本体宇宙论的形上学形态。其中仍有分别，有主要说天道的系统者，如《中庸》、《易传》、濂溪、横渠；有主要说人道的，如孔、孟、象山、阳明；有天道、人道并说的，如五峰、蕺山。这就使得朱熹学思在此一系统中被置之在外，而是以静态的本体论的存有论的只存有不活动的话语说之。

再度重新检视牟先生的论、孟、易、庸、周、张、明道、五峰、象山、阳明、蕺山一脉相承的儒学系统的义理特点，笔者以为，牟先生是把说价值义的本体论与说本体工夫的工夫论，以及说圆满地实现了工夫的圣人境界观等并合为一同套系统的整体形态中。价值义的本体论自是从整体存在界整体地说的道德意志的本体论，牟先生以本体宇宙论说此一形上学，笔者以为这确实是谈价值意识的本体论哲学问题，说为本体宇宙论亦是恰当，因为本体意识就是从整体存在界中定位而出的，论及整体存在界即是宇宙论的功能。另为说主体实践理论的本体工夫论，即是以本体的价值意识以为主体的心理活动蕲向的本体工夫，此即工夫论哲学中的一种形态，此为工夫论的哲学基本问题。最后为对圣人境界的陈述，是描写主体做工夫已达至圆满理想状态的圣人境界，圣人境界当然是以本体论的价值意识为实践蕲向而达至主体状态的圆满而说的境界，既是与本体论直接相关，亦是与谈实践的工夫论直接相关。

这三项从本体论到工夫论、境界论的基本哲学问题，确实是同一套价值意识的内部推演，从而形成整体共构的系统，既有客观形上学的知见，又有主体实践的主张，更有圆满人格状态的呈现，可以说儒学理论的目标即已在此显现了。然而，儒学理论所追求的现实实现的目标是一回事，儒学理论所需满足的作为理论建构本身的理论问题是另一回事。并且，说明了理论目标的宗旨是一回事，实际实践更是另一回事。因此，本体、工夫、境界论的说出是一回事，儒学还有其他哲学问题有待处理是另一回事，儒学并不因为本体、工夫、境界论的说出就再也没有必须处理的理论问题了。同时，说出本体、工夫、境界论是一回事，实际实践是另一回事，说出并不等于实践，说到了实践以为理论证立的保证是一回事，实际实践以为事实的创造及理论的证实是另一回事。因此，说到了实践以为证立的理论保证并不因此就是价值追求活动的圆满完成，更不因此就与儒学必须解决的其他问题有着问题层次的高下地位之差异。

就道家诠释而言，牟先生对道家的诠释，从《才性与玄理》开始，就是以郭象注庄为论道家老庄、王弼的基型。郭象是个融合儒道的人物，但笔者以为，结果是既非儒亦非道，然而，原本注庄的郭象学，却有许多意见有助于牟先生诠释儒家哲学，于是将之吸取以为谈儒论道的模型，其结果，最核心关键的立场就是，道家是没有实体义的道论的，于是，形上学是境界形态而非实有形态，对现象世界有作用的保存却无存在的必然性保证，郭象否定有实体义的道体，于是庄子的道体亦无实体义，老子的道体纵有实体式的描述语词，却根本上也不是实体论立场，王弼则亦是如此。这个基调，从《才性与玄理》到《现象与物自身》，到《智的哲学与中国哲学》，到《中国哲学十九讲》皆是如此。

就佛学诠释而言，佛学作为中国哲学的一支，系统庞大，意旨深远，远非儒道哲学所能企及，此事牟先生深有所知。牟先生却不因佛学典籍更为浩瀚、理论更为深奥而舍弃研究。相反地，牟先生直入核心，以中土唯识、天台、华严三教的盛大著作及教义为攻坚的对象，疏解文本、抉拨意旨、巡弋关键、定位宗旨而建立学说。当代学人可以不同意牟先生的佛学研究立场，却不能不承认牟先生亦为一佛学理论大家。研读他的佛学著作，固然有会陷入他的语言系统中而被全面收编之疑虑，却不能不赞叹他对佛教哲学问题的意旨疏理之深厚实力。佛学理论在牟宗三先生的笔下，确实功力大进。比起时下佛学研究的重视文献、比对文句、挑剔概念、争议大小的研究成果，牟先生的研究才真可谓有哲学思辨的高度与密度。

但是，牟先生的研究却自始是在他的终极哲学的建构之思路下进行，佛学理论被放在面对康德、面对海德格尔、面对儒家的脉络中认识、讨论及判断。这样一来，佛学本身思路的顺畅就被打断了，佛教内部各宗派争辩的原意就被重新解释了，而佛学之所以为佛学的特质及理论立场也被改变了。佛学也成了牟先生为建构他的终极哲学的元素之一，因此而产生的诠释及批评便有了曲解与误判。

当然，纯粹研究佛教思想的学者可以仅以其言并不中理故而不关心牟先生的这些成果，但是，关心中国哲学现代化的哲学研究者，却不能不正视牟先生的这些讨论，因为它毕竟是中国哲学在20世纪的几大建构形态中最重要的一支。它调整了中国哲学工作者再度进发的新地基。如果这个地基的面貌不清楚，中国哲学再进发的路线就非常有争议了。

讨论牟先生佛学研究的著作，应以《智的直觉与中国哲学》《现象与物自身》《佛性与般若》《中国哲学十九讲》《圆善论》《四因说演讲录》这六部书为主。其中，《佛性与般若》当然是牟先生直接讲佛学且是有系统性计划写作的大部头作品，但其中观念的开启、强调、发挥与铺陈，在其他几部著作中都仍有极精要且够份量的展示，甚至一些画龙点睛之语就出现在这些其他著作中。

牟先生完成《才性与玄理》及《心体与性体》之后，对中国哲学的掌握以及自己的体系开创，已有沛然不可阻挡之势。牟先生虽以发扬儒学为终生学术的目标，但他的儒学创作却不停止于《心体与性体》之作，而是要进入道佛，消化西洋哲学，以康德所解决的西方哲学问题为地基，建立终极哲学。其中，佛学有超越康德哲学的思想要素，便吸收扩充以为己用，这便是《智的直觉与中国哲学》和《现象与物自身》两书对佛学讨论运用的重点。至于《圆善论》，则又是以康德哲学为地基，高举儒学旁及道佛的发挥。而《四因说演讲录》，则是消化亚里士多德哲学，而结穴于中国儒释道三教的发挥。

《智的直觉与中国哲学》一书成于《心体与性体》之后，《佛性与般若》之前，共 22 章，儒学只占一章，却有两三章的篇幅专论佛教，可以说是牟先生在《心体与性体》的基础上，由西方哲学的再反思而开始讨论佛教哲学的起点。

本书在中国哲学的讨论上，最重要的是针对康德所提“智的直觉”一观念的阐释，提出儒释道三教皆有“智的直觉”的理论立场。“智的直觉”是康德的观念，康德谓只有上帝有之而人不能有，“智的直觉”是智及之即呈现之而创造之。康德谈的是知识论问题，设定人类理性的限制，但上帝无此限制。牟先生以为，人类不能有之的话，道德实践活动即不可能，准此，主张儒释道三教皆有之。但儒家是以道德意识呈现之且创造之，是“智的直觉”的正道,道佛两教虽有却难说。以佛教言,牟先生以圆教之般若智说之,此说见于该书第 19 章“道家与佛教方面的智的直觉”,但牟先生深知讲佛教要讲创生是困难的,虽诉诸般若智,但般若智不负创生之责,于是整个讨论转进入圆教之在天台和华严的不同路数中说,且完全站在后期天台对华严“别教不圆”及“缘理断九”两条思路的立场中解析。重点在,华严法界缘起有实体性的创生意旨,但牟先生不许佛教有创生立场,故而指华严法界只佛自身之理体,脱离了现象。而天台即现象即本体的理论,即不舍世界,固然优于华严,但天台亦丧失了创生的功能,除非接受道德意志以说缘起,而不是般若智之缘起性空。此儒佛可以沟通的一路。第 20 章谈天台,牟先生初步的一些讨论立场已于此章中呈现,牟先生以“无住本立一切法”的思路串起天台圆教体系,借此说让一切法被保住,前说“智的直觉”儒家有之且为正解之路,重点在智及之即创造之。至于天台家的圆照之智首先不同于识知,识知及现象不及本体,圆教之般若智在天台家重在“以无住本立一切法”,无住即般若,却立一切法,立一切法即保住万法。此又转进入天台性具而华严性起之不同处说。性具者具一切法于般若无住智中,经般若智诡谲之作用而全体保住。性起者,一切法依真常心转生灭法随缘而起,生灭法随缘而有,本起于无明,真常心转无明生灭法为佛智,无生灭即无转,无转即无起,故其起而不必然,万法不因此而保住。性具之得依诡谲般若智而立一切法,性起却不能因无明转真而保住一切法,两者差异在此。性具优于性起,天台优于华严,关键在照顾到万法之存在保证与否。但无住为本以立万法的路数是诡谲之路,诡谲才能圆融,诡谲之路是圆教的理论在说明的,圆不圆依表意的方式说,诡谲圆融方能表意,这些就是依天台圆教的理论立场说的。

以上说法十分纠结,重点就是,天台可以因工夫实践之作用的保存而处理并保住万法,而华严却只是一空理的依随现象,故不论境界多高,现象还是在无明缘起中不被保住。但是,保住万法是牟先生的儒家立场,并非佛教世界观之所需,故而牟先生的佛学诠释就理解上有一定偏差。

《现象与物自身》完成于《佛性与般若》撰写期间,主要是讲康德的知识论问题,共七章,最后一章主要就在讲佛学。本书所提最重要的观念在"执的存有论"与"无执的存有论"上,以及以无限心说儒家之为主流,而道佛为旁支,以及要建立一原型的哲学等。

首先,前书中牟先生已将"智的直觉"说为主体皆有之直觉,以儒释道之主体皆有之而非仅依康德之只有上帝有之者。既然人皆可有"智的直觉",此即一自由无限心,则康德所立的现象与物自身之分别,在人主体之处,便即有知此物自身之能力矣! 知此物自身而立一本体界的存有论,以此而有别于现象界的存有论。此说,配合唯识学的理论,牟先生以为唯识学中的遍计所执性之所执之世界即是现象世界,现象世界的存有论即依执而有,故为执的存有论,另,牟先生也以此汇通了唯识学的"心不相应行法"与康德的知识论理论中的"范畴学"。

至于"无执的存有论",以佛家贡献最多,此即般若智之贡献处,言其直入实相,即康德之物自身。牟先生对此之讨论,首先以自由无限心三教共有,但呈现为道德意识、无为之智与般若真心,而以儒家之道德意识为其主轴,因道德意识即欲实现之意志,故意识之即创造之,故儒为正宗。道佛亦有无限心,但意旨不同颇费曲折。儒家的道德心与佛家的真常心皆是同时是道德的亦同时是存有论的,因此牟先生亦断言绝对的真常心即是绝对的实在论。话虽如此,华严系是以真常心做分解地说,既分解即不圆,天台系却非以真常心说,而是以般若智说,般若智乃非分解说,故只有天台系之说为圆融之教,华严之说只别不圆,关键在缘理断九成就佛身却舍离九界。此一大套说法即又以"无住本立一切法""一念无明法性心""性具"等天台观念切入。

以上,笔者简单转译之,“执的存有论”就是一般西洋哲学的形上学体系及中国哲学中谈现象的宇宙论,“无执的存有论”就是中国哲学中有“智的直觉”以作本体工夫的实践哲学,其实就是工夫境界论,而非存有论。牟先生固执地要以“无执的存有论”高于“执的存有论”,无执即实践而不着相,华严真常心成系统故不能圆满无限,天台般若智无执故而圆满。这些都是牟先生特殊定义下的说法,充满了哲学基本问题的错置,关键即在,谈本体宇宙论就要建立系统,谈工夫境界论才要证入最高无执境界,执与无执各有功能没有高下。

《佛性与般若》可谓牟宗三先生毕生中国哲学著作中最艰难的两册。艰难意味所讨论的议题本身最为深奥,亦意味牟先生疏理此一环节之用功程度及笔力之轻重,亦表示读者研习牟先生著作时它是一部最难读懂的专书。自此之后,牟先生的直接撰写之著作就是《圆善论》,此书稍有于孟子学及康德学的再发挥,其他就是全部牟学的纲领性综述,内容上已不若单讲佛学的艰难了。坊间再有看到的牟先生著作则是课堂讲授的录音稿,其中依然是佛学部分最为深奥艰难,但已不出《佛性与般若》的范围。

《佛性与般若》的章节架构,分上下两册,义理部分则分三部讲,在这三部的分类及三部内容的章节次序中,就可以看到他的佛学立场。第一部的第一至第三章谈般若学及龙树学,龙树学即般若学,而牟先生视般若学为共法却不澈竟。第四章谈大涅盘经,佛性的观念已正式提出,可谓本书般若与佛性的两路佛学已首次充分展示,故第一部为纲领。接下来的第二部讲唯识、楞伽、起信与华严,即是定位华严学为从唯识学进路入手的理论最高峰。第三部全讲天台,且拆为二分。一分讲理论,一分讲宗派史。天台自是牟先生心目中的最高,为说此事,即是整部《佛性与般若》的重点,路数上先说般若,再说唯识,再将华严放在唯识学发展的最高峰,最后由天台另端别起,成为终极圆满之佛教理论。

牟先生对佛学宗派思想的基本理解架构，就是般若与佛性两大块。唯牟先生认为般若是共法，不决定宗派，决定宗派者是佛性思想。故而大涅盘经只是开头，第二部之唯识、楞伽、起信、华严及第三部之天台才是宗派系统教相的决战之地。说到底，牟先生有他自己关心的哲学问题，并将之交由中国大乘佛教各宗派系统来响应、解答及较劲，这个问题，关键地说，就是保住世界的问题。但笔者认为，这不是佛教应有的问题，这根本是儒家的问题，无奈，牟先生一方面深入佛学教义理解思想，另一方面却不断以非佛教体系的儒学思维干扰佛教各家思想的理解、诠释与评价。

牟先生从大般若经的经文演义开始，指出经文对一切法荡相遣执、令归实相，又说般若部无有系统。首先，实相即性空，说性空则言于佛、涅盘、一切种智皆是此空义，说到这里，牟先生就是在说佛教本体论的空性般若智。佛教有本体论，谈意义或价值，现象世界无论如何缘起辗转，总有一根本意义需要追究，此一根本意义即是本体、即是实相，此就其存有论定位说，就其价值意识说，即是般若、即是空性。也就是说，般若学，存有论上是本体，价值意义上是空性。它的存有论定位如同儒家的天道实体，但儒家天道实体的价值意识是仁义，而大乘佛教是性空般若。若牟先生的思路停止于此，则笔者要说，牟先生的佛学基本立场是正确无误的。但论到系统的问题，就表示出了牟先生其实是溢出佛学教义系统去谈佛学理论意旨的。

牟先生所谓的系统教相，其实语意不清，他接下来的讨论重点，是放在法的存在的问题上说，也就是宇宙论的问题，现象世界的存在的问题，成佛以后对现象世界的存在的处置问题。其实，其中还有工夫论、境界论及宇宙论的不同，但牟先生则混为同一个问题去讨论。

牟宗三先生以天台宗的理论为佛家各大宗派中之最高峰，关键即在天台家的成佛理论是即九法界而成佛，此说使天台高于华严，因华严缘理断九。笔者以为，华严亦不舍任一法界之众生，只华严更论于佛境界而已，天台以之为缘理断九只是误解。牟先生又以天台学依据“一念无明法性心”的论旨，说其涉及整体存在界，又有清净成佛的可能，非唯识学之不能保证成佛，亦非如来藏之只为但中之理，既不涉及现象世界，又非华严学之只为佛境界之自我展现。笔者以为，牟先生对唯识学、如来藏及华严宗的法界缘起诸说都有错解，只为刻意高天台于一切宗派而建立的曲折之说。最后，牟先生以儒学立场之不舍众生说天台即九法界而成佛之说优于各经论宗派，然后，一转折，就再度以一念无明法性心毕竟仍只是般若智，故而不及现象世界之创生问题，最多只能论及成佛后之保住，于是佛家不及儒学。笔者以为，牟先生只是在做儒佛辩论，以实有与境界差异儒佛两家，而不是在对佛教哲学进行忠实的意旨理解和诠释的工作，所有的讨论充满偏见与误解，故而应予澄清，然后舍弃。

虽然，笔者对牟先生的中国哲学诠释，多采批判立场，但这正是显示牟宗三哲学值得被研究的重大价值，唯其最具创造力，故亦最具代表性，唯其最具思辨性，故亦最能再创造。笔者以为，牟先生持儒家立场诚固其然，值得尊重。唯对道佛诠释甚至儒学内部之诠释却不能牺牲本义，然而，牟先生解释儒道佛哲学的进路，却是复杂的。其中，笔者以为，关键就是建立了一套混合本体宇宙论与工夫境界论的多种哲学杂揉型，而其论述进行的理论武器就是重视知识论的证成问题，为满足知识论的证成问题，而将工夫境界论说成动态形上学以谓之为证成，而有优于西方哲学，终以之为中国哲学的圆满完成。又在中国哲学的讨论中，以实有与否解释道佛，必欲逼道佛入一空虚无实的形上学立场为止，然而问题意识以及哲学立场都是张载实有论的儒学圆型，故于诠释上本身不能成立。

笔者认为，中西哲学别异是事实，不同哲学而要论究高下是不必要的，且是不能成功的，关键就是问题不同何来优劣？至于三教之争亦是无法成论的，关键就是世界观有别，故而无法较竞，特别是涉及它在世界的世界观之说。就教内言是信仰之真理，就教外言是迷信的假说，互相不能说服的情况下，便是意气之争执而已了。

最后，就本书而言，以儒家的道德意识而说牟宗三的美学思想，这当然是牟学的顺取发挥。以上，借讨论牟先生的三教诠释，补充一下本书的篇幅，并祝贺本书的顺利出版。

目　　录

引　言

身为现代新儒家的主要成员，牟宗三是一位具有强烈探求精神和救亡意识的思想家。通过中国与西方在文化思想和学术义理上的对比，他在思想系统的内部完成了对中国古典文化独特性与优越性的论证。与其他现代新儒学思想家不同的是，牟宗三以西方哲学的逻辑分析作为工具，对孔孟儒学与宋明理学的发展脉络和思想精髓进行了深入细致的分析和大气磅礴的重构，从丰富繁杂的儒家思想中提炼出“道德良知”这一思想原点作为自身哲思的出发点与最后归宿，为儒家思想的现代转型与在中西交融的经济、社会、思想背景下“建体立极”作出了重要贡献，建立了儒家“道德形而上学”。

研究者多认为牟宗三的“道德形而上学”是传统儒学在现代社会进行创造性重建的一次成功转型，因此对其冠以“现代新儒学的第三期代表”“当代新儒学的集大成者”“二十世纪的文化巨擘”①等头衔和名号。毋庸置疑，牟宗三往往以一个颇有成就的中国哲学家的形象印刻在研究者的记忆里，因为其主要的思想诉求与学思努力的确集中在了哲学上。但牟宗三对哲学问题的思考从来都不囿于纯粹“哲学”的领域，而是将哲思、实践、艺术等问题结合起来；对儒家“道德良知”的发展与深化也并不局限在道德伦

① 颜炳罡：《牟宗三学术思想评传》，北京图书馆出版社 1998 年版，第 304 页。

理学的范域之中，而是将道德论放在与认识论、审美论的关系中来审视，将“圆满的善”这一道德实践理想赋予了认识之真与无相之美的内容。因此，从美学的角度来看，牟宗三对于美的看法与态度是伴随着哲学基本问题的思考而生成的，不论是美的理论还是美的现象，他都给予了一定的分析与解说，并零散地分布在“道德形而上学”体系当中。的确，牟宗三在美学领域的贡献和地位与其哲学成就并不相称，根本原因除了牟宗三本人的研究重心不在此处之外，其美学思想特有的间断性与零散性也加重了研究工作。尽管此时，我们还难以用前述那样的头衔或名号来概括他在美学理论上的成就，但可以确定的是，对这样一位具有影响力的现代思想大家的美学观念进行总结和思考，不但具有必要性，而且具有强烈的当下意义。在此，我们将首先概述当代学界在牟宗三学术思想研究中的努力方向和研究现状，评析在研究中出现的倾向及局限；进而回顾处于整体性研究风格和思路之下的学者们对于牟宗三美学思想的态度及看法；再联系本书的选题意图和逻辑起点阐发论文研究的必要性和学术价值，最后对论文的研究立场、思路和目的进行总体的交代。

第一节　牟宗三学术思想研究现状述评

孜孜不倦的探求精神使得“哲学之思”与“价值之论”占据了牟宗三近乎全部的生命历程和人生意义，其学思也体现出一种特殊的精神气质，这就是历史感、反思性和创造性。其中，历史感概括了牟宗三的哲学论说所具备的范围广、跨度大等特征，他不仅将魏晋的玄理、宋明的儒学以及南北朝的佛教写成专著以明朗其中的义理，而且其学思成就涵盖了哲学、心性学、伦理学、文化观、美学、艺术论等方面的内容。反思性则指代牟宗三将“反省中华民族的文化生命"①作为思考研究的起点和重心,努力发掘中国哲学思想中涵蕴的重要问题,从而在现代社会进行精神义理的重建。创造性则代表了牟宗三学术思考的努力方向和最终目的,就是通过中西哲学的层层对比和深入解析来疏导中西文化的会通道路,借助西方哲学思辨构架来建立儒家"道德形而上学"。牟宗三学思中丰富的内容和磅礴的气势,越来越被哲学研究者和理论工作者们关注、推崇甚至赞美;牟宗三的哲学思想、心性之论、文化观念以及美学思想逐渐成为重要的研究议题。其实早在20世纪70年代末,牟宗三的学术思想就已经在香港地区和台湾地区产生了较大的影响,并开始引起西方学者的注意。1987年4月,香港大学授予牟宗三荣誉文学博士学位,对他的"道德形而上学"以及他在中西哲学、知识论与逻辑学等多方面的学术成就给予高度评价。② 同年冬季学期起,德国波昂大学专设"牟宗三哲学"课程,由哲学系教授J. Siomon博士与汉学系教授R.Traunzettel博士共同主讲。《简明大英百科全书》也设"牟宗三"条目。牟宗三生前其名字又进入了1995年出版的《英文剑桥哲学字典》索引,其中"中国哲学"的总条目中指出"牟先生是当代新儒一派他那一代中最富原创性与影响力的哲学家"。③

上述情况足以表明,牟宗三哲学的世界影响力以及对它的关注、研究程度正呈现出不断扩大和深化的趋势。在进入美学问题的解答与分析之前,我们必须对学术界现有的研究成果和现状进行述评,以期对其中具有代表性的观点和共同性的特征进行清晰的厘定。

① 蔡仁厚:《牟先生的思想及其对文化学术的贡献》,(台北)《鹅湖月刊》1990年第176期。

② 参见蔡仁厚:《牟宗三先生学思年谱》,载《牟宗三先生全集》第32卷,(台北)联经出版事业公司2003年版,第67—68页。

③ 参见牟宗三:《心体与性体》(上),上海古籍出版社1999年版,出版前言。

一、香港地区和台湾地区牟宗三学术思想研究的总体态势

依据目前收集的相关资料,我们认为在香港地区和台湾地区从事牟宗三哲学思想以及相关议题的研究人员大致可分为以下 3 种情况:其一是以长期追随、文研讨论、共同经营为特征的牟氏在这两个地区的嫡传弟子,以蔡仁厚、杨祖汉、王财贵、樊克伟等人为代表。特殊的"牟氏门人"身份,使得他们对牟宗三的思想、著作乃至成就能够进行整体而全面的把握,但也不可避免地带来了盲目崇拜、一味赞美的研学态度,如蔡仁厚就对先师的学思生涯作出"其学思之精敏,慧识之弘卓,直至耄耋之年,犹然神明不衰,精进不已。而其'其性之高狂,才品之俊逸,学思之透辟,义理之深澈',方之时流之内失宗主而博杂歧出者,尤乎尚已"①这样极高的评价。其二是一些对传统文化与西方哲学十分关注并形成了自身观点看法的港台地区学者,因为共同的研学兴趣而与牟宗三展开交流、对话,并能够对牟氏的学识成就、理论贡献进行客观公允评价的学者,以刘述先、E.C. Moore 博士为代表。其中刘述先的多篇文章(包括以"智的直觉"范畴为研究重点的系列和介绍牟先生的学术贡献为主要内容的作品)尽管为牟宗三哲学思想在西方世界发挥影响力起到了重要的作用,但"质疑提问"的研究方式却使其能够以平等对话的姿态来看待问题。这令他在"智的直觉"范畴上得出牟先生是站在中国哲学的立场吸收了康德哲学的睿识并翻上一层,而康德哲学实属于一个不同于中国哲学的思想形态这样的结论。其三是尝试在牟宗三哲学之外另辟蹊径的一部分牟门弟子,以陈荣灼、袁保新、杨儒宾等为代表。他们试图借海德格尔或哈贝马斯的哲学或其他哲学来诠释中国儒释道的思想,以开出一条有别于牟宗三所走的

---

① 《牟宗三先生全集》第 32 卷,(台北)联经出版事业公司 2003 年版,第 16 页。

融合中西哲学之道。[①] 尽管这些研究者的著述工作、关注焦点以及研学态度都不尽相同，但从某种意义上说他们为包括“牟宗三哲学”在内的“台港新儒学”在世界范围内取得越发显著的影响力作出了贡献。那么我们尝试去进一步分析港台地区牟宗三哲学研究具有的总体特性和发展态势。

（1）研究历时长久。尽管对于牟宗三哲学的最早评价[②]并不发生在港台地区的学术语境下，但自他20世纪40年代末远渡台湾之始，其哲学思想就逐渐成为港台地区学界的热点。20世纪70年代出现了刘述先、杜维明、吴森等人以英文文章、出版论著、口头介绍等形式对牟宗三的哲学思想进行研究和传播。而牟宗三的在台弟子于1978年9月出版《牟宗三先生的哲学著作》（祝寿集），可以视为在牟宗三哲学研究的发展史上首次系统而全面地梳理了牟氏的哲学思想并对后世研究具有深远意义的事件。著作长达960页，分别从纵向、历时的角度将牟宗三的学思历程分为五个时期并详细分析了每个时期的突出特征，以及从横向、共时的角度将牟氏哲学分为“历史文化”“传统哲学”“中西会通”三个大类[③]。

（2）从整体着眼，依文献说话。港台地区的牟宗三哲学研究十分注意对牟氏理论的发展脉络、价值义理及独特成就进行界说，力图使牟宗三的哲学思想以“厚重的整体”的姿态出现在人们的视野里。出现这样的研究风格并非偶然，而是由于牟氏弟子和志趣相投的研究者成为港台地区牟宗三哲学研究工作的主体[④]，而他们所做的工作不论是“阐述师说”还是“提问

---

① 参见王兴国：《契接中西哲学之主流——牟宗三哲学思想渊源探要》，光明日报出版社2006年版，第206页。

② 对牟宗三哲学思想的早期评价为：1936年孙道升对他的第一部学术著作《从周易方面研究中国之元学及道德哲学》的评论，以及1947年贺麟在《当代中国哲学》一书中对牟宗三哲学的评价。

③ 蔡仁厚：《牟宗三先生学思年谱》，载《牟宗三先生全集》第32卷，（台北）联经出版事业公司2003年版，第49页。

④ 参见本节开头对于港台地区从事牟宗三哲学思想研究人员类型的划分。

质疑”,或多或少都受到了牟宗三人格的影响和学问的浸润,长期在大师身边的体察与感悟令他们将研究的重心放在了哲学思想具有的精神义理和价值追求之上。即使是对具体概念范畴或者篇章问题的分析,他们亦十分注意放在牟氏哲学思想的整体中去考察并试图将牟宗三认定的价值标准、文化方向和目的意图呈现出来。例如,香港大学哲学系教授兼系主任 E.C.Moore 博士在分析了牟宗三《智的直觉与中国哲学》《圆善论》等代表著作的内容之后,就以“由儒家的心性之学作起点,建立起一套形上学的思想,他名之曰‘道德的形上学’,亦可以说,他为一超越义(非内在义)的形上学系统供给以道德的证明”①这样的话语来概括牟宗三的终身成就。

综观港台地区学者的研究著作,依据文献说话的规范实证式研究方法是十分突出的。这一特点与牟宗三本人的治学态度关系密切,可以说他们正是受到牟宗三学术研究方法的直接影响而形成了这一特征。牟宗三曾反复强调只有“依据文献以避误解、正曲说;讲明义理以立正见、显正解”才能实现学术研究的最终目的,即“畅通慧命以正方向、开坦途”。② 因而,其弟子在对牟先生哲学思想进行研究之时,往往都以牟氏的某一著述、文章或论说为基底,通过分析其中的义理来彰显传统儒家思想的精神价值和生命力量。如蔡仁厚在《学思的圆成——牟先生七十以后的学思与著作》一文中在分析了牟宗三的代表著作《中西哲学之会通》《生命的学问》等的写作背景、段落大意以及篇章之间的内在关联之后,认为牟先生 80 年来都在思考文化学术的重要问题,其成就可以“阐扬内圣心性之学的义理、开展儒家外

---

① 蔡仁厚:《牟先生的思想及其对文化学术的贡献》,(台北)《鹅湖月刊》1990 年第 176 期。

② 蔡仁厚:《牟宗三先生学思年谱》,载《牟宗三先生全集》第 32 卷,(台北)联经出版事业公司 2003 年版,第 76 页。

王学的宏规、抉发中国哲学中所蕴含的问题、疏导中西哲学会通的道路、畅通中国哲学史开合发展的关节”①等5点来概括。

(3)牟宗三美学思想的研究成果颇丰。随着牟宗三哲学思想研究的不断全面和深入,其美学思想的义理也逐渐成为港台地区学者关注的焦点。近年来,台湾地区不乏全面研究牟宗三美学思想的优秀之作,如许炎初的《牟宗三先生美学思想要义》就是代表之一。更需指出的是,不少牟宗三的嫡传弟子在领悟了他学思中深沉的伦理价值意义与道德生命本源后,正以独特的道德立场进行着美学、艺术论、文艺学和批评学的研究工作。如萧振邦就对“儒家美学”“庄子美学”“美与道德”“美感”“美学建构”等问题发出了一系列论述并进一步发挥了牟宗三道德论美学的义理,指出文学家所歌颂的天才宇宙生命是情感生命的光彩,是“美的自由”,其根底还是未经反省自觉的实然,只有经过“逆觉”而翻上来的道德生命才是真实的精神生命,从而较为明确地阐发了道德心性对个体文思才性、艺术创造的决定意义。杨祖汉教授针对牟宗三在“商榷”文中将真、善、美划分为“分别说”与“合一说”两个层面的做法,进一步分析了其中的理论依据,并指出在牟宗三看来,应以道德的积极向上去主导和补充审美的闲适自在,“此分别说的美虽使生命自由翱翔,自在闲适,但若无提得起(即道德)者以警之,易流于纵恣。即分别说的美使人生命放得下,但提不起。”②

二、大陆牟宗三学术思想研究的发展动态

20世纪70年代末至80年代中,“现代新儒家”“港台新儒学”等思潮作为新兴的文化研究形态出现在了内地学人的视界中,牟宗三的哲学研究就

① 蔡仁厚:《学思的圆成(下)——牟先生七十以后的学思与著作》,(台北)《鹅湖月刊》1989年第168期。

② 杨祖汉:《牟宗三先生的圆善论与真美善说》,(台北)《鹅湖月刊》1997年第267期。

是伴随着这股热潮而开始的。据蔡仁厚记载的与牟宗三的学思历程和哲学研究成果相关的《学行纪要》的情况来看，1989 年 12 月大陆学者刘笑敢赴台参加的以“牟宗三之哲学思想”为主题的鹅湖论文研讨会，可被视作较早的一次大陆学者在该议题上的研究与交流活动。① 1992 年 10 月在山东大学主办的“牟宗三与新儒家学术思想研讨会”成为一次以“牟宗三哲学思想”为核心议题的专门讨论会，此次讨论会的详细过程及争论焦点亦为牟先生本人所关注。② 自 1992 年起，大陆学者郑家栋、黄克剑、陈克艰等人纷纷开始选编牟宗三的儒学论著或撰写相关的研究文章，以此向人们初步介绍了牟宗三的哲学思想。而在方克立教授倡导的“现代新儒学思潮研究”课题中，有多篇文章就是对牟宗三哲学思想的专门性介绍。而 1995 年台北学生书局出版的山东大学哲学系原副主任颜炳罡教授的专著《整合与重铸：当代大儒牟宗三先生思想研究》，则被视为当时大陆学者研究当代新儒家哲学思想最佳之作。③ 应当说，大陆的牟宗三哲学思想研究自 20 世纪 80 年代中期引起关注，在 90 年代成为热点之后并没有衰落下去，其思想特有的魅力和张力仍旧吸引着众多研究者的注意，与牟宗三学术思想有关的议题在近年来继续发展并呈现出良好的态势。自 20 世纪 90 年代后期以来，大陆牟宗三哲学思想研究出现了不同的学术立场和思想方向。④ 那么，我们可以在这些丰厚的成果、进展与动态中来总结大陆牟宗三哲学研究的共同特性。

（1）起步较晚，发展迅速。与港台地区在 20 世纪 70 年代就出现全面

---

① 蔡仁厚：《牟宗三先生学思年谱》，载《牟宗三先生全集》第 32 卷，（台北）联经出版事业公司 2003 年版，第 78 页。

② 参见蔡仁厚：《牟宗三先生学思年谱》，载《牟宗三先生全集》第 32 卷，（台北）联经出版事业公司 2003 年版，第 83 页。

③ 参见蔡仁厚：《牟宗三先生学思年谱》，载《牟宗三先生全集》第 32 卷，（台北）联经出版事业公司 2003 年版，第 94 页。

④ 参见王兴国：《契接中西哲学之主流——牟宗三哲学思想渊源探要》，光明日报出版社 2006 年版，第 205—206 页。

梳理、分析和评价牟宗三哲学思想的著作①不同，大陆学界在20世纪90年代中期以后，以牟宗三哲学思想为主题的专著才陆续出现，因而起步较晚。但该项论题发展到今天已取得了长足的进步。第一，这表现在“发展快”的特点上。近年来，不仅从事现代新儒学、中国哲学方向的研究者自觉接受理解牟宗三的思想，而且一些从事西方哲学（尤其是康德哲学和海德格尔研究）、马克思主义哲学、美学甚至艺术学方面研究的工作者也将注意力转向牟宗三，牟氏哲学成为他们开阔理论视野、加深思考能力的重要契机。第二，大陆牟宗三哲学研究的进展还表现在“成果多”的特点上。学界不仅出现了专门研究“智的直觉”“心性之论”“道德良知”等概念的专著或硕士博士论文（研究牟宗三哲学或伦理学的研究生论文就多达10余篇），而且将牟宗三哲学与康德哲学，与熊十力、唐君毅、杜维明等人的观点进行比较的学术文章更是数量众多、成果丰厚。

（2）以“概念范畴”为研究重心、“比较研究”为主要方法。② 与大多数港台地区研究者着眼于牟宗三思想的整体性道德精神不同，大陆学者更为关注其学说中的概念范畴或具体问题，如集中论述过牟宗三“智的直觉”概念的学者就有邓晓芒、尤西林、郑家栋、殷小勇等，论述“道德良知”概念的学者包括胡伟希、杨泽波、闵仕君等，依据牟宗三对“审美判断力”概念的阐发进行研究的则有王兴国、劳承万等。此外牟宗三的“心性观”“自由论”“道德形而上学”等问题也是大陆学者关注的重点。在对这些研究成果的总结中我们发现，学者们除了详论牟宗三学思中的概念、范畴、观点、看法之

---

① 指代1978年9月台北学生书局出版的《牟宗三先生的哲学与著作》。

② 按：这一概括，并不意味着我们否定大陆学界的牟宗三哲学研究内容上的丰富和方法上的多样，如颜炳罡教授所著《牟宗三学术思想评传》就是不限于概念范畴而着眼于牟宗三哲学精神义理和独特贡献的作品；在王兴国、闵仕君等人的研究成果里也体现出比较、实证、价值分析等多种研究方法。在此只是尝试总结大陆学界在牟宗三学思研究中与港台地区的研究相比，表现出来的一种整体风格和倾向。

外,还十分善于将其放在比较、对话的视域里进行考察。各种类的比较包括牟宗三与康德的道德哲学、牟宗三与王阳明良知之论、牟宗三与徐复观的文化观念甚至牟宗三与海德格尔、牟宗三与现象学,其中邓晓芒教授关于牟宗三“智的直觉”与康德“智性直观”的比较,以及关于牟宗三在理解康德“先验”“超验”概念中出现的误读还一度成为学界的热点话题。陈迎年在《牟宗三的善美学与康德的审美共通感》中分析牟宗三与康德在美学思考上的不同方式。可见,大陆的牟宗三哲学思想研究表现出以“概念范畴”为重点,擅长“比较”和“对话”这样的整体倾向。

(3)牟宗三美学思想研究还需进一步发展与深化。伴随着哲学思想研究的深入和全面,牟宗三道德论美学所特有的品格和价值也为大陆学界所关注。近年来,大陆学界多位学者关注并分析了牟宗三的美学思想,如尤西林教授在《心体与时间——二十世纪中国美学与现代性》中认为“牟宗三美学在20世纪中国美学与现代性课题中具有着‘特殊地位’”[①]。王兴国《成于乐的圆成之境——论牟宗三的美学世界及其与康德美学的不同》就是对牟宗三早期在构建儒家认识论之时体现的美学思想进行的梳理[②];侯敏《牟宗三美学思想探论》中简要梳理了“智的直觉”“审美判断”等美学范畴[③];劳承万《对康德“判断力”原理的新思考——兼论牟宗三对康德美学的会通》则概述了牟宗三以道德良知为本源的美学思想具有的价值义理[④]。大陆学界尽管已经开始涉足道德论美学的话题,并已出现数本专门阐释牟宗三美学思想的硕士博士论文和著作,但在牟宗三道德论美学与道德形而上

---

① 尤西林:《心体与时间——二十世纪中国美学与现代性》,人民出版社2009年版,第197页。

② 王兴国:《成于乐的圆成之境——论牟宗三的美学世界及其与康德美学的不同》,《孔子研究》2005年第1期。

③ 侯敏:《牟宗三美学思想探论》,《学术交流》2004年第12期。

④ 劳承万:《对康德“判断力”原理的新思考——兼论牟宗三对康德美学的会通》,《学术月刊》2006年第2期。

学之间的逻辑关系、美学思想在道德论体系中的定位、牟宗三美学思想与新儒家文化立场之间的关系等问题上还有进一步探索的必要。

第二节　牟宗三美学思想研究的必要性和学术价值

以上分析表明,大陆学界对牟宗三美学思想这一议题的研究略显薄弱,与“牟宗三哲学思想”“牟宗三道德论”等研究的动态和进展相比,也呈现出一定的不平衡性。因此,我们在此独立成篇,详尽系统地对牟宗三的美学理论进行梳理、分析和评价,力图将其道德论美学所特有的精神品格和价值追求予以呈现和强调,具有明显的必要性和学术价值。

一、牟宗三美学思想研究的必要性分析

牟宗三美学思想研究的必要性表现在以下两个方面。

一方面,牟宗三对于美的看法著述颇丰、思想连贯,这为研究工作提供了内在性的前提和基础。自 20 世纪 30 年代,牟宗三在《再生半月刊》中就文艺的理解、创造与鉴赏发表评论起,以文学、艺术和审美等问题为核心的文章、专著以及演讲就有三四十份之多。而在牟氏美学思想的发展历程中具有一定价值和意义的论述则分别是前期著作《认识心之批判》、晚年译著《康德判断力之批判》的“卷首”和《康德第三批判讲演录》。其中,《认识心之批判》单列一节论“美学世界之宇宙论的形成”①,认为审美是一种对应于道德天心,可超越具体感性层面的认识活动而直通本体世界,与道德的

① 牟宗三:《认识心之批判》(下),载《牟宗三先生全集》第 19 卷,(台北)联经出版事业公司 2003 年版,第 719 页。

“圆成”世界有着合一可能的主体精神境界。翻译康德的《判断力批判》时则针对康德“以合目的性之原则为审美判断力之超越的原则”提出了“疑窦与商榷”,[①]指出美“非依什么目的而为美,且亦不须于美的物件,说其须依靠于一超绝的理性而为合目的的”[②]。在此,他将自己思考多年的美学观点进行了直接表达,认为审美就是依据“道德良知”这一超绝的理性目的而成立、以“无相原则”为特性的精神超越境界。牟宗三还在《康德第三批判讲演录》中通过分析康德对审美判断的四个契机存在着矛盾与混漫,转向传统儒家的道德本体“良知”并以此来证成美的必然性与普遍性,真、善、美由分别走向合一的过程。尽管牟宗三美学思想的发展历时达40年之久,关于美的论述也并非以集中、凝练的形式出现,但连贯而持续的内在思路却将它们整合为一个系统。这就是“道德良知”概念,它不仅是牟宗三美学思想的核心概念、本体论基础和思考起点,而且成为将零散分布的美学思想连贯为整体的内在性思路;在“道德良知”的充实之下,牟宗三的美学思想呈现出以道德理想为依托,以中西文化为背景,以探讨美的精神境界和道德品格为重心,以强调美学的思想圆融性与价值引导性为目的的样貌,最终形成超越美的外在形式与构成要素而注重美的本体层面内容、透着深厚人文关怀的内省性美学观。因此,牟宗三美学思想自身特有的连贯性与体系性特质,为我们的研究提供了良好的前提条件。

另一方面,学界对美学基础理论的重视和日渐明显的现代性视域,为牟宗三美学思想的研究提供了理想的外在条件。牟宗三的美学思想置于“道德形而上学”的整体之中,与康德哲学美学、传统儒家美学、道家美学、心性

---

① 牟宗三:《康德〈判断力之批判〉· 卷首》,载《牟宗三先生全集》第16卷,(台北)联经出版事业公司2003年版,第1页。

② 牟宗三:《康德〈判断力之批判〉· 卷首》,载《牟宗三先生全集》第16卷,(台北)联经出版事业公司2003年版,第45页。

之学关系密切,从某种意义上说它就是以“道德良知”为核心的道德哲学精神在审美领域的延伸和推演,是一个重价值与品格的道德本体论美学思想体系。牟宗三对美的看法不执着在文学观或艺术论等形下、具体的层面,而是注意从形上、超验的立场进行审美品格的分析和道德理性的探求,这对我们当下美学、文艺学基础理论研究的发展是有现实意义的。伴随近年来“审美日常生活化”“大众文化”“非本质主义”等潮流的不断泛化,越来越多的学者在对这些潮流的反思与抵制中都意识到,要使经典文艺学、美学重新振作,就必须注意对基础理论的强调与巩固。如王元骧教授就指出美学、文艺学领域的本体论研究可以“起着抵制价值相对主义和价值虚无主义的作用,而且还为我们的文艺价值论研究提供了必要的思想基础和理论依据”①。因而,通过赋予经典理论以开放、实践的品格并以此来凸显其本有的生命力量,就成为理论研究者关注的焦点。这方面的努力促进了当今学界现代性视域的逐渐成熟,它既要求我们对西方美学乃至世界美学的经典著作和最新动态进行关注,又要求将新颖多样的现代文艺样式纳入到经典理论的视野之中。而牟宗三美学思想就是在吸收、批判以及超越康德美学的过程中形成的,它从一开始就成长在中西文化、哲学和美学的比较中,在儒家“世俗性”伦理与康德的“宗教性”伦理的交结中。可以说,牟宗三美学思想对康德美学的解读、对中西美学的融合都具有明显的开放性启示意义,与当下学界对基础理论的重视和现代性视野的强调亦有一致之处,因此我们可以通过分析牟宗三美学思想中的“本体论”内容和他以儒家的“良知”心性立场对康德美学的解读和汲取,力图为学界逐渐成熟现代性视域提供一种努力的可能或尝试的方向。

---

① 王元骧:《审美超越与艺术精神》,浙江大学出版社 2006 年版,第 219 页。

二、牟宗三美学思想研究的学术价值

第一,这一议题以对牟宗三美学思想的发展历程、思想脉络、理论原点进行全面疏导为核心内容,也是将美学思想的结构、特征、性质和价值放在“道德形而上学”的整体中进行考察和定位之后的理论总结。它不仅需要将牟宗三早、中、晚期的美学著述进行详尽分析,而且它们产生的背景条件、写作意图和理论目的也是我们考察的重点。此外,渗透在这些零散表象背后的深层意蕴、内在思路以及著述之间的层第关系也需要进行专门分析。因此,牟宗三美学思想的研究首先具有文献收集、整合方面的价值。

第二,牟宗三道德哲学家的特殊身份和融汇中西文化而成的知识结构,使得他对美学思想的研究十分侧重形而上层面的厘定和理性概念的推演,传统儒家美学重实践的质量和人生论内涵经过概念化的阐释和逻辑整理,在内容和形式上都有了一定的变化。针对其美学思想的理论性、延展性和庞杂性特征,我们在研究中必须将以儒家思想为主的传统哲学和以康德哲学为主的西方哲学作为我们的参照背景,另外还要秉持勇于探索、善于挖掘的精神对这些庞杂的系统、类别进行分析和评价,否则便会对牟氏美学思想的道德精神难以驾驭。因此,牟宗三美学思想的研究除了具有文献收集方面的价值外,还具有价值分析方面的贡献。

第三,牟宗三在新儒家和中国现代哲学史上的特殊地位吸引了众多优秀学者参与其中,由此也带来了研究成果丰硕和整体水平较高的状况,这就为我们的美学思想研究工作提出了较高的要求。的确,我们必须站在前人的肩上才能看得更远。港台地区牟宗三美学研究的成熟状态和大陆学界的现有成果为当下的探索工作提供了基础,也提出了挑战:因为港台地区学者的研究尽管相对成熟,但个性化特点突出、现实性意义显著,研究者大多从自身的兴趣和疑问出发来分析牟氏的美学思想;而大陆学界尽管不乏精彩的、针对牟宗三美学思想的品格义理而作的阐发，但大多篇幅短小、只言词组。那么我们就要在已有的成果和研究水平的基础上，将牟宗三美学思想的道德精神和概念范畴进行深入、详尽、深刻的阐释，将作者通过审美和艺术表达的有关民族文化、个体生命和精神信仰方面的追问进行突出和强调。因此，牟宗三美学思想研究还具有义理阐释方面的价值。

第三节　本书的基本研究思路和主要研究方法

基于大陆牟宗三美学思想研究尚显薄弱的现状，笔者认为对于该问题的研究具备一定的必要性、学术价值和开拓空间。由此本书试图通过对牟宗三零散而琐碎，但却颇为深刻的美学思想进行总结分析，提炼与概括出来一个较为清晰的美学思想体系，以此来思考其独具人文精神和生命意识的道德论美学对于我们当今美学问题研究的启发意义。具体而言，本书的研究思路表现在以下四个方面。

第一，对牟宗三美学思想的发生发展概况进行整体考察。着重从发展源流的角度梳理牟宗三美学思想的发展历程、思想来源和构成概况，其中康德美学，传统儒、释、道文化义理以及现代新儒家学术思想对牟宗三看待审美与艺术问题产生的影响将是我们讨论的重心。本书将“道德良知”作为阐发牟宗三美学思想的原点与核心，力求能够提纲挈领地将美学思想整合为一个有机整体，并如实展现审美论、艺术论、文化观与“道德形而上学”之间的相互交织、相互融合又相互印证的关系。

第二，对牟宗三美学思想的主体内容进行详尽分析。不仅要从形而上的层面上详尽考察牟宗三美学本体论部分的概念内涵、结构层次与理性品格，论证以儒家“道德良知”为本体论基础的美学观形成的异于康德将审美作为道德象征的看法，而是主张将审美直接纳入善的光辉、证成"美善合一"的过程；而且要在具体、形而下的层面上，通过中西比较的研究方法对美学思想的概念范畴进行梳理，通过探析审美范畴蕴含的独特义理，使之在局部、个别的美学问题上展开内容并成为本体论部分的充实与深化。

第三，关注美学思想中的新概念、新术语，还原牟宗三构建美学理论的目的及方法。全面审视牟宗三的美学思考可知，审美判断的"无相原则"、审美超越的"圆善之美"是其尝试去构建的、属于自身思考的美学术语，其产生往往针对康德美学概念的"不认可"，而构建方式则较多地借助传统文化的智慧及人生启发，尤其是借助新概念展现传统文化实践色彩浓厚、生活气息显著的特质。重点分析牟宗三依据自身文化立场而构建的美学概念，有助于我们了解其借助康德、超越康德、回归传统的文化思考脉络，能够更加客观地还原暮年牟宗三对中西文化特质及关联的看法。

第四，对牟宗三的美学思想进行总体评价。本文坚持辩证唯物主义哲学历史观，坚定客观、宏伟、开阔地思考美学基础理论问题的立场和直视现实理论问题、思想困境的态度，比较中肯地评价了牟宗三美学思想对于美学、文艺学基础理论的借鉴意义。更通过将牟宗三的道德论美学放在与当下理论热点问题，如实践美学、大众文化等的比较中来分析它本有的局限与不足，将牟宗三美学思想具有的丰富性和复杂性予以立体呈现。

本书的主要研究方法则是"比较研究""深入分析""理论构建"。其中"比较研究"的选取是由研究对象的特征所决定的。牟宗三在长期分析、推理和归纳美学问题的历练中，形成了"中西比较"的学术分析方法。以西方哲学的思辨传统来看待、分析中国哲学，或者以中国哲学的特色来补充西方哲学的不足与偏差在牟氏的学思中都是交互进行且不断转化的。因此，对牟宗三美学思想的研究，也必须十分注意他对康德美学和传统美学的理解过程以及其中显现的价值倾向。"比较研究"（包括牟宗三美学思想与康德美学思想的比较，与以马克思主义为哲学基础的当代经典美学流派、观点的比较）的选择即是基于研究对象的特色而采取的适当方法，又是为了从整体而客观的立场来审视研究对象并对其进行价值评议的必经之途。

"深入分析"则是一种针对具体概念、范畴、观点乃至问题而作的努力，不仅对它们的内涵、外延以及相关部分进行辨析与归纳，而且赋予了它们相对稳定的知识形态。这是一种在西方逻辑学、数理学、分析哲学等影响下形成的研究方式，对于牟宗三美学思想具有的广阔内容与无限精神而言，是一种从解说、分析的立场对其进行的具体化阐释的过程。如若没有这样的过程，那么在儒家思想影响下形成的美学观点、美学义理所特有的境界开阔性与精神引导性将会遭遇言说与表达的困境，加重其神秘而原初的特征。"深入分析"对于牟宗三美学思想的完善作用是显而易见的，不论是对道德本体作用下的形而上美学观在性质结构、理性精神与理论内涵上的述说，还是在具体审美范畴论中对"智的直觉""圆满的善""审美判断"的分析，乃至对一个审美状态，如"道家的圆善之美""儒家的圆善之美"而发出的描述性话语，都是对整个道德论美学体系的推演与扩展。通过这种深入的、局部的、详尽的分析与总结，可将牟宗三立足于儒家立场形成的重人生和内省的美学观念，进行理论阐释上的延伸和固化。

"理论构建"研究法，基于研究对象的特征和研究者的构想两个层面而采用。就研究对象的特征而言，牟宗三美学思想呈现出"哲学家思考美学问题、哲学思维方式带入美学世界"的特征。与艺术论美学、形式论美学的具体详尽不同，道德论美学更加重视核心问题的解决和宏观问题的思考，即儒家"道德良知"在审美活动中的具体表现和主导作用，具有较为显著的理论构建色彩和整体印象。基于研究对象的这一特征，牟宗三美学思想的研究不适合细枝末节、具体问题的思考，而更适合理论构建模式，以此才能全面展现其美学思想的哲学意味。就研究者的构想来看，本书的定位是基础理论研究，客观理解、全面阐释牟宗三美学的宏观问题以及形而上层面的架构，这些看似抽象的问题确是本书必须面对及解答的部分。笔者将以牟宗三关于美学问题的资料文献为基础，参照学界已有的研究成果，以客观严谨的态度解答牟宗三美学思想的各层面问题。笔者注意到，现有的研究成果也呈现出美学思想与“道德形而上学”相互交织、杂糅相生的现状，故构建集中凝练的牟宗三美学思想体系，注重美学思想与哲学结构的区别和联系是本书的最终目的。

第一章　牟宗三美学思想的发生论

牟宗三美学思想富有浓厚的思辨性，不仅表现在他对美学问题思考时惯用形而上的综合方法，而且表现在这种极富理性特征的思考习惯下形成了美学与哲学紧密交织、各具特色的情状。这集中地体现在，“道德良知”不仅是牟宗三道德哲学、人生伦理学的核心内容，也是其美学思想的本体论基础，他一系列对于审美理论、美的表象和艺术鉴赏的言论均以此为出发点和最终归宿。可以说，牟宗三的美学思想归根结底是一种道德论美学，其形成过程与道德实践的落实、人伦理想的构建密不可分，更与人类主体的精神生活、价值诉求息息相关。基于牟宗三的美学思想与道德哲学密不可分的特性，本章试图从发生论的视角客观考察牟宗三美学思想的产生、发展过程及其与哲学探讨的共生机制，以此来对美学思想的整体内容、结构概貌进行交代。这些探讨为牟宗三美学思想的主体部分（本体论、范畴论）提供思想背景、厘清思路层次。

第一节　牟宗三的生平及其美学思想的分期

牟宗三，字离中，1909 年 4 月 25 日生于山东栖霞，1995 年 4 月 12 日卒于台北市。他自幼年起便接受了乡村的私塾教育，十分顺利地完成了小学和中学的学业，于 1927 年进入北京大学预科班学习。身处良好的学习氛围之中，置身于浩瀚的书籍海洋，外加良师益友的引导，牟宗三真正开始了独立对哲学问题的思考和探索。牟宗三的人生际遇与新儒家的其他代表人物不尽相同，他是一位在大学中、讲台上度过一生的纯学院派哲学家。他在结合西方哲学泰斗康德的思想来消化东西方哲学而自创体系的历程中，也对美的问题作出了深思与阐释，提出一条区别于康德美学乃至西方主流美学的，以儒家“道德良知”为核心来规定美的形上本质、超越特性的美学探索之路。因而不仅他的哲学思想富有思辨色彩和原创精神，他对美学问题的思考也形成了逻辑分析与价值探求相结合的学术风格。

牟宗三哲学思想的发展过程与时代分期是比较明朗的，他本人也曾回顾与总结出自己思想发展的三个阶段，“四十以前，致力于西方哲学”；“五十以前，自民国三十八年起”，“欲本中国内圣之学解决外王问题”；五十而后，则钟情于“心性之学”。① 至于其美学思想则分布在哲学学思历程的不同阶段，是在他对哲学问题的关注点与兴趣点的不断推移与演变中逐步产生、发展并步入成熟的。因此，参考牟宗三自己的概括，并联系当时的历史背景和社会状况，笔者认为可以将他的美学思想分为四个发展阶段。

第一阶段是美学思想的积蓄与准备期，包括少年时代的私塾教育以及青年时期的大学生涯。尤其是身处北大的牟宗三比较全面地了解了西方古典哲学和现代哲学的主要流派和思潮，将自己的兴趣集中在数理学、逻辑学、知识论、实在论及康德哲学之上。他此时用力最深、最久的是怀特海哲学和《周易》，对于中国哲学中具有代表性和影响力的两大思想范畴“直觉的解悟”与“良知本体论”也开始有了初步的认识与思考。“直觉的解悟”构

---

① 牟宗三:《历史哲学・增订版自序》，载《牟宗三先生全集》第 9 卷，(台北)联经出版事业公司 2003 年版，第 15 页。

成他日后提出的“智的直觉”概念中最为主要的思想内核与精神要义；它不仅是认识论哲学中的重要概念，也是美学思想体系的基本范畴。“智的直觉”向我们描述了审美主体通过对审美表象背后蕴藏的本源“道德”创生力量的领悟和理解而实现的精神自由与情感满足，由此也带来了人生境界的提升与生存空间的开拓，实质上是一种超越功利、提升自我的审美体验过程。

第二阶段是美学思想的萌芽期。这一阶段包括牟宗三从大学毕业直到20世纪40年代末离开大陆的多次人生动荡。此时的牟宗三背井离乡、流离失所，但其哲思却完成了“构架思辨”这一关键性进程。尤其值得一提的是，他详细研读了康德的三大批判，认为康德的《纯粹理性批判》和罗素、怀特海的《数学原理》乃是西方近世学问中的两大主干。通过对康德《纯粹理性批判》的研究，牟宗三著有《认识心之批判》上下两卷。书中虽主要是从认识论的立场来对康德哲学中关于主体认识活动的过程与状态进行中国传统知识背景下的理解，但也专立篇章“美学世界之宇宙论的形成”来论审美。他从“道德天心”的立场谈美，“诸认识之能是识心，而美的判断则必须基于天心”，①从而将审美活动定位为形而上的精神世界中达成的一种圆成境界，并将其与依据形而下的“认识之心”的科学认识活动区别开来。在牟宗三看来，形而上意义的审美、认识与道德是统一的，因为它们都与主体的“本心”或“天心”相对应，通过天心的“上提”与“下贯”，现象世界与本体世界、命题世界与道德世界本来就相互融通、不相隔绝。美在本质层面与真、善圆融，而在现象层面又相对独立，“无相原则”就是美与真、善统一的方法论依据。当然，牟宗三所说的“统一”“圆融”均从本体层面着眼，若仅从现象层面来看，美与真、善还是可以分开论述的，这就是他所谓的从“分别说”

① 牟宗三：《认识心之批判》（下），载《牟宗三先生全集》第19卷，（台北）联经出版事业公司2003年版，第728页。

向“合一说”的过渡。尽管如此，从认识论的立场来论审美，将审美活动对应于主体的道德本心或天心，是牟宗三美学思想在萌芽阶段的重要观点。

第三阶段是牟宗三美学思想的进一步发展期，历经 20 世纪 50 年代初到 60 年代约十年时间，是牟宗三文化意识和时代悲悯最为慷慨昂扬之时。这一阶段，牟宗三对于美学问题的探索主要表现在对中西文化差异的总结与疏导上。他以西方文化为参照，通过对西方哲学的研究和借鉴，找出中国传统文化的症结和解决的关键，以此为基础继续显扬传统儒家“仁”的道德理性传统，以探究出中国文化健康发展的途径。与此同时，他在美学上从文化源流的角度佐证了先前所提出的真善美合一说，并消解了康德美学中介说的影响。牟宗三在其著作《历史哲学》《道德的理想主义》《政道与治道》当中，详细论述了中西文化在根本精神上的差异，中国传统文化未能发展出民主、科学的原因。只有通过道德理性的自我坎陷、自我否定，即“知体明觉之自觉地自我坎陷即是其自觉地从无执转为执”，才能开辟出民主与科学发展的路径，否则“不这样地坎陷，则永无执，亦不能成为知性（认知的主体）”。[①] 他的“坎陷说”，不仅实现了哲学道德、哲学体系两层存有论结构的完成，也为前期美学思想中提出审美活动对应于主体的道德天心，具有显著的精神价值内容与形而上层面意义这一观点提供了文化背景上的进一步说明。在他看来，西方文化的“睿智”传统与基督教精神带来了人们对于彼岸世界的绝对敬畏与敬仰，由此造成了康德认定主体不能掌握“智性直观”能力直接理解物自身的彼岸世界，进而转向通过审美活动特有的无目的的合目的性来沟通命题世界与道德世界。而中国文化“圆而神”的精神境界以及德性优先的原则，认为人类主体与彼岸世界有着沟通、理解甚至合一的可能，这种可能就体现“智的直觉”这个关节点上，因为“只有在本心仁体在

① 牟宗三：《现象与物自身》，载《牟宗三先生全集》第 21 卷，（台北）联经出版事业公司 2003 年版，第 127 页。

其自身即自体挺立而为绝对而无限时,智的直觉始可能"[①]。他认为"智的直觉"不仅是主体可以具备的认识能力,"道德心性"更使其具有了实践理性的内容,同时它还可以转化、表现在主体内在的审美体验中。既然"智的直觉"可以同时涵盖认识论、道德论与审美论的内容,那么三界本来就是合而为一不分彼此的。康德对于审美的"中介说"及其定位并不适合于中国文化背景下对美的看法,而应当用"合一说"的美学观来对其发展与深化。因此,在中西文化比较视野下对于中西美学观念的研究而提出的这一观点,代表了牟宗三在美学理论上的进一步发展。

20 世纪 60 年代至 90 年代,是牟宗三美学思想发展的第四阶段,也是其美学体系步入成熟之时。与之前十年努力探索新"外王"的事业不同,这 30 年的牟宗三主要重新梳理了儒、释、道三家的义理,以使传统内圣之学即心性之学的精义能够充分地显露;此外,他还寻求中西哲学交流的会通点,特别是如何以儒家哲学融会康德哲学,由此展现出中国传统哲学的价值、生命以及超越康德哲学的独特之处。可以说,此时牟宗三在经过了几十年的学思探索后,最终完成了儒家"道德形而上学"的建构和道德论美学的整理。他秉着"入乎其内,出乎其外"的著述原则较好地概括了康德哲学的基本义理,以《现象与物自身》消化康德的《纯粹理性批判》,以《圆善论》消化康德的《实践理性批判》,晚年又奋力译出康德的《判断力批判》,对康德的三大批判予以彻底消化。牟先生暮年的讲学《康德第三批判讲演录》和《真善美的分别说与合一说》,通过对知性、道德和审美三者关系的分析,进一步指出康德哲学中以审美来沟通自然、自由两界的局限,"康德这个想法也很有意义,但这种意义依中国人看起来不太可靠","按照中国传统直贯的

① 牟宗三:《智的直觉与中国哲学》,载《牟宗三先生全集》第 20 卷,(台北)联经出版事业公司 2003 年版,第 248 页。

讲法,没有两界沟通的问题",①"康德没有合一讲,我就说中国人这方面合一讲的境界非常高"②。这与他早期美学观中强调真善美走向合一的思路是一脉相承的。但与早期提纲挈领式的简单论说不同的是,牟宗三对于三者由分别说走向合一说的过程与步骤,真、善、美合而为一所达成圆融境界的构成状况,以及审美与道德、认知的关系,审美在统一的过程中如何承担起特有的精神自由与价值引导的作用等关键性问题作出了独到而详尽的论述。在牟宗三整个的学术思想之中,对审美问题进行浓墨重彩的论述都集中在晚年对第三批判的思考和评论上,而先前对于认识论、道德论和中西文化的思考又为其晚期美学思想的全面迸发打下了深厚的基础。

第二节　牟宗三美学思想的主要来源

牟宗三的美学思想主要是通过对康德美学著作的译介、批判以及寻求它与中国传统儒家的道德哲学、美学的会通之处而形成的,因而康德美学、古典美学和熊十力等现代新儒家的文化观、艺术论对牟宗三美学思想的发生、发展具有十分显著的影响。

一、康德美学对牟宗三美学思想的直接影响

美学思想是牟宗三道德哲学体系的重要构成,对于审美的分析与概括却并非他着力最深、最重的部分,甚至从某种意义上说只是道德哲学问题不得不涉及审美、对康德哲学的全面定位不得不了解审美判断之时,他才将审

---

① 牟宗三:《康德第三批判讲演录》(三),(台北)《鹅湖月刊》2000 年第 305 期。
② 牟宗三:《真善美的分别说与合一说》,(台北)《鹅湖月刊》1999 年第 287 期。

美问题纳入自身的视野。可以说，牟宗三对于美的论述都是围绕着康德美学的概念、体系和结构而来，康德美学就是他论述、思考审美问题的直接原因和最初动力。这使得他的美学研究形成了以儒家的道德理想作为先验设定，通过对康德美学思想中的观点进行批判与发展，最终将审美也纳入道德理想境界中来的研究习惯。具体来看，康德美学对牟宗三美学思想的影响表现在以下两个方面。

（一）康德美学的特殊地位决定了牟宗三美学思想的发生由来

牟宗三曾在翻译康德《判断力批判》的时候说道："吾原无意译此书，平生亦从未讲过美学。处此苦难时代，家国多故之秋，何来闲情逸致讲此美学？故多用力于建体立极之学。……世之讲美学者大抵皆然，以为懂一点文学，即可讲美学，故多浮词滥调，焉能望其契入康德之义理？……如是，遂取 Meredith 之英译本逐句细读，据之以译成中文。"①依此我们可知，正是康德美学特殊的精神价值和理论地位影响了牟宗三关注美、讨论美的过程，这主要从两个方面来分析：

一方面，牟宗三对康德"第三批判"在当时汉语世界的翻译与传播状况并不满意，认为"对此《第三批判》，讲之者少，固知之亦少，尤其在中国，直同陌生"②；即使是通达德文和美学的宗白华先生的译本他也表达了不满，认为它"全无句法，无一句能达"③。在此，我们姑且不论宗译本的文法是否能够通达康德的义理，单从牟宗三的论述中就可见出：第三批判中的美学观是康德哲学这个整体的有机构成，对于全面理解以康德为代表的西方哲学

---

① 牟宗三：《康德〈判断力之批判〉·译者之言》，载《牟宗三先生全集》第 16 卷，（台北）联经出版事业公司 2003 年版，第 6 页。

② 牟宗三：《康德〈判断力之批判〉·译者之言》，载《牟宗三先生全集》第 16 卷，（台北）联经出版事业公司 2003 年版，第 6 页。

③ 牟宗三：《康德〈判断力之批判〉·译者之言》，载《牟宗三先生全集》第 16 卷，（台北）联经出版事业公司 2003 年版，第 6 页。

的逻辑思辨传统的确有着不可忽视的作用。几十年的学术生涯中,牟宗三不断流转于康德哲学和传统儒学之间,这也使得理解、消化康德哲学的方法成为一个相对稳定的过程存在于他的精神世界里,当他发现《判断力批判》这部要作的介绍和接受情况不尽如人意时,就萌发了讲解和分析它的念头。因此,美学这个他本无闲情逸致来涉足的领域,伴随着自身学术进程的推进和研究兴趣的转移而进入了牟宗三的视界,康德美学思想集中于《判断力批判》就是这一转向的直接动因。

另一方面,康德美学与牟宗三毕生努力所建构的"道德形而上学"之间的密切关联,也影响了牟宗三美学观念的形成。康德在完成以"自然"为核心的认识活动论和以"自由"为核心的实践理性活动论的梳理后,又从"人"自身的需要和目的出发,认定审美判断具备了在无外在目的的形式下又暗合道德目的的实质。可以说,美沟通二界的本质与特性在康德哲学中是经过独立分析、层层推进才推导出的结论。而牟宗三尽管在分析《纯粹理性批判》和《实践理性批判》之时就已表达了"良知"是本体与现象的合一,当自然与自由同以"道德良知"为思想原点就意味着已经达到全然不隔、相互融合的状态,不必另辟一个独立的中介来作沟通的思想,但是,他也充分意识到审美判断在康德哲学中的独立性及重要性不可能通过简单的论说予以消解。尽管在认识论中他证成了"智的直觉"可以为主体所掌握、在道德论中又证成了"圆满的善"在生命历程中可能实现,但"美"这个相对独立的世界所具有的性质与品格却又无法自动消解且统一在"智的直觉"或"圆满的善"中。因为"美与美感只对人类,即'既有动物性又有理性性'的人类而言",它是"纯睿智的存有",是"一特种的智慧"。[①] 正是由于审美不仅诉诸主体的真情实感,而且是意志自由的主体所特有的感性与理性相统一的行

① 牟宗三:《康德〈判断力之批判〉·卷首》,载《牟宗三先生全集》第16卷,(台北)联经出版事业公司2003年版,第67页。

为，牟宗三就在完成《圆善论》的分析之后通过翻译康德的《判断力批判》来发表自身对美的看法，这成为其学理上的必然迈进。应当说，当认识论和道德理想主义的论证完成后，牟宗三毕生所努力建构的“道德形而上学”的义理尽管已经逐渐明晰，但并不完整。只有针对“美”这种依据主体的妙慧之心所凸显的睿智世界所具有的特性进行分析，才意味着消化、理解康德哲学步骤的完成和重建儒家的“道德形而上学”努力的实现。

（二）康德美学的精神义理影响了牟宗三美学思想的充实完善

康德美学以尊重审美的独立自存性为前提条件并表现出深刻的道德精神和宗教精神，这对牟宗三看待美学问题时的层层推进和充实完善有着直接的影响。可以说，康德美学的道德精神为牟宗三思考以儒家“道德良知”为本体的美学思想具有的超越品格、伦理色彩以及价值引导提供了重要参照；而康德美学具有的宗教精神则成为牟宗三从西方传统的理路中跳转出来的契机，通过坚持儒家的基本核心“道德良知”而赋予审美步入现实、走向生命的品格，也依此展现了以儒家义理为基础的审美活动具有的不同于西方传统美学，能够在经验与超验之间表现出巨大张力的无限超越特征。康德美学的义理对牟宗三美学思想的推进与充实具体表现在以下几个方面。

在牟宗三早年美学思想代表作《认识心之批判》中，当时的牟宗三尽管还未能详细厘清康德美学在道德精神的外在形式下渗透的宗教倾向和神学色彩①，但是针对康德“审美论”与“目的论”的关系却发表了自身的看法。

① 按：针对康德关于审美判断的“反省性”论证，即作为一种发生在主体闲适静观的状态下又暗合道德目的“主观合目的性”行为的审美判断，牟宗三在晚年的美学代表作《康德第三批判讲演录》中才予以分析。在《康德第三批判讲演录》中，牟宗三认为：康德实际上将审美判断看作一种主体人类无限接近目的世界、领悟道德法则的过程，这显现了康德美学强调超验和无限的品格。但这种品格虽然在形式上是主体的个人的，但在本质上却显现了宗教彼岸的绝对力量，或者说人们通过审美判断的过程、通过向审美世界的沉浸，最终的目的却超出了单纯的审美而指向了一个无限的彼岸世界，这个世界牟宗三概括为“Kingdom of God”（牟宗三：《康德第三批判讲演录》（三），（台北）《鹅湖月刊》2000 年第 305 期）。

他首先论述了康德美学的一个局限:“康德开始是想建立一个超越原则。但因他不能将此超越原则归于道德目的或神,所以他又不能真实地建立之。”①即康德赋予审美判断一种超越品格,但由于这种超越品格没有以一个实存的“目的论”作基础,而造成了审美判断的超越性无法在现实中、逻辑中真正落实。进而牟宗三指出只有依据儒家的本体或天心才能将审美判断从虚显的位置转变为现实:“审美判断必须从其媒介地位转出去而为一最后之圆成,因而其超越原则必须是一实的根据。”这个根据就是“道德天心能下贯,则美的判断必转出去而为最后之圆成”。② 这即是说,审美判断必须以高于主体的感悟、理解等一般“认识之心”的“道德天心”或“形上的心”为基础方能成立,而“道德天心”就是与目的界、本体界相对应的主体超越性认识能力,它的“决定性”表现在以贯注、生成的方式落实在主体的生命历程之中,成为增强生命力量、巩固万物之理的基石。其决定性地位也必然向主体的审美判断力进行渗透和扩展,使得审美判断超越了感性个别的层面而达到当主客观和谐、统一之后的轻快和愉悦。审美判断与道德天心的合一,意味着审美活动与道德目的并不矛盾,审美论与目的论在“良知”这个关节点上同时具备了无限超越的意义和现实呈现的可能。正是牟宗三对康德美学所涉及的“美”与“道德”、“审美论”与“目的论”等问题上的不满,为其后期思考以“美善合一”为进路的道德论美学打下了根基。

牟宗三后期的美学思想则针对康德以审美判断来沟通自然与自由二界的中介论,以及将审美判断的原则归纳为“无目的的合目的性”的观点,依据儒家道德本体的“良知”来予以全面消化和吸收。牟宗三在翻译《判断力

---

① 牟宗三:《认识心之批判》(下),载《牟宗三先生全集》第 19 卷,(台北)联经出版事业公司 2003 年版,第 724 页。

② 牟宗三:《认识心之批判》(下),载《牟宗三先生全集》第 19 卷,(台北)联经出版事业公司 2003 年版,第 728 页。

批判》时说明了自己的意图:“以此,遂就审美判断之超越的原则,即‘合目的性之原则’,作一详细的疏导与商榷,盖以康德之述此原则实有不谛处故。疏释已,遂就审美判断之四相重述审美判断之本性,然后依中国儒家之传统智慧再作真善美之分别说与合一说,以期达至最后之消化与谐一,此则已消化了康德,且已超越了康德,而为康德所不及。”①牟宗三后期的美学思想克服了前期局部论说、简要分析的局限,注意从“点”与“面”两个方面分别进行一次拉动和充实。就“点”的方面而言,牟宗三首先从康德美学的关节点“无目的的合目的性”原则出发,详细剖析了审美判断作为一种自然对象与主体想象力、知解力相契合的过程,其实难以实然、确证地通达道德目的。由此目的世界的意义如何落实在审美判断中,审美判断怎样负担起沟通二界的媒介之责就成为一个困扰而被提出。接着牟宗三从康德美学的立场跳转而出,依据儒家的智慧提出以“无相原则”作为审美判断超越原则的看法。“无相原则”体现了牟宗三直接以“道德良知”为本体、直接以目的世界为出发点来看待、分析和规定美的实质。以此为进路,他论证了审美判断的“四个契机”不仅可以保留,而且更由于道德目的这个超越层面的义理成为审美活动的直接基础和本源,而使得审美的超功利性、普遍性、必然性以及审美共通感能够落到实处。可见,经过这次立场的跳转和视角的变换,牟宗三将康德美学的义理与儒家的心性观念结合起来,实现了自身美学思想的第一次拉动和充实。就“面”的方面来看,牟宗三努力从“道德”与“审美”两个领域来进行相互的分析和印证。从道德立场来看,他通过比较儒家道德的本体“良知”与康德道德的核心“自由意志”之间的差异,指出儒家的“道德良知”是世间万物的本源和基石、是本体与呈现的统一,其直贯而下的作用方式和涵盖一切的本质力量必然渗透在美的领域里,并成为赋予

---

① 牟宗三:《康德〈判断力之批判〉· 译者之言》,载《牟宗三先生全集》第16卷,(台北)联经出版事业公司2003年版,第7页。

审美活动超越品格的本体性力量。这就是说,道德的特性决定了它具有向审美进行渗透和贯注的必然。从审美的立场上说,牟宗三认为“美”特有的感性色彩和主观形式能够带来精神的愉悦放松,但由于“美”不同于“善”,任何的目的和意义都无法以绝对命令或外在强加的方式来给予;而美又无法摒弃目的或意义而独立存在,因为这将会造成主体生命力量的一味沉沦或下降。因此,他提出“把天地万物通通隶属到一个客观而绝对的从道体而发的一个目的上,就是统属到‘天命不已’上去”①,即将审美论直接建立在目的论的基础上,并强调这种目的只能以自然落实而非外在强加的方式与美发生关联。如此看来,就只有儒家的“道德良知”这一本体才符合作为审美终极目的的要求,因为它不是外在强加的,而是通过反观内心、不断保存的方式将自身本有的特质体现出来而已。由此,他从审美的独立性和必然需求出发也证成了审美向道德推进,甚至消融于道德的必然。牟宗三通过分析审美与道德关系时的视角转移以及二界相互融合的特质,对“美善合一”的可行性与必要性进行了论证,由此带来了自身美学思想的又一次拉动和充实。

二、中国古典美学对牟宗三美学思想的影响

尽管康德美学成为牟宗三关注和言说审美问题的直接原因,但构建以传统儒家“良知”概念为核心的“道德形而上学”才是他研究康德美学的最终目的,这也造成与美有关的概括与论说都围绕着道德问题而来,道德论美学成为“道德形而上学”体系的重要构成。伴随着美学研究的逐渐深入,同时为了更详细、彻底地解答自身在对康德美学的研读中产生的疑问和解释康德美学的偏颇,牟宗三开始了对传统美学观和艺术论的关注,通过继承和

① 牟宗三:《康德第三批判讲演录》(十一),(台北)《鹅湖月刊》2001 年第 313 期。

发扬古典美学强烈的生命意蕴、价值义理来逐渐完善自身的道德论美学思想体系。因此，古典美学对牟宗三美学思想的发生、发展以及完善这一过程的影响是显而易见的，具体可以从以下两个方面来分析。

（一）古典美学强烈的“生命意识”

对于古典美学，尤其是儒家美学的生命精神，牟宗三不仅从整体性精神品格上予以继承，而且注意将其放在中西哲学、民族文化、文学艺术甚至社会环境、时代背景之中来进行具体剖析和开显。从整体上凭借中西文化的比较分析来突出传统美学和文化中的生命意识，再通过对古典文学、艺术作品的分析和评论而在具体感性的层面上进一步强调这种生命底蕴，是牟宗三继承古典美学的“生命”意义并开显自身的美学学说的过程。

从“整体”上说，牟宗三曾多次对传统儒学的生命意识加以概括和强调，并使自己毕生的学问事业（尤其是与“美”有关的学问）都围绕着“生命”来展开。他曾经赞扬孔子“有《春秋》之笔，有忠恕之道：从委屈中求一个‘至是’。如是乃有文化。孔圣人是人与神的合一者。既是合一，则纯直无曲，当下即是，必在极高度的道德含忍中呈现”①；在概括了孔子“自然刚毅”的生命气质后，又赞赏宋明儒家对这种生命意识的继承，“王学所谓‘全体是知能呈现’，程朱所谓‘天理流行’，岂不是纯直无曲，当下即是？朱子临终时说：‘天地生万物，圣人应万事，直而已矣。’这个直却不容易。这个直是随孔圣人之圣人之路下来的”②。牟宗三以“纯直无曲，当下即是”来概括儒家自先秦孔孟以来形成的“生命意识”，它代表了儒家思想中最生动长久、最富有生命力量的那部分内容；正是这种坦荡开朗、与天地万物都融合不隔的品行以及由此带来的中正平和的人格气度，成为一代又一代儒者值得去体验和保留的思想精华。牟宗三也在自身的人生历程中去实践和贯

① 牟宗三：《生命的学问》，广西师范大学出版社 2005 年版，第 191 页。

② 牟宗三：《生命的学问》，广西师范大学出版社 2005 年版，第 191 页。

彻了这种“生命意识”,并将这种“生命意识”以学问的方式集中体现在美学思想中。牟门弟子蔡仁厚曾经这样描述牟宗三的学问道路与儒家“生命意识”的不解之缘:“其实,开朗就是牟先生的工夫。敞开生命,让它呈露在理性的阳光之下,使是非、善恶、诚伪、正邪,无所遁形。于是,生命中没有黑暗的死角,没有自私的隐曲。”①的确,牟宗三不仅将儒家传统的生命意识概括为“纯直”“开朗”,而且十分注意在自身的学术生涯中通过不断提点而将其朗现出来。在美的表现形式上,他曾强调文学艺术是一种真挚情感和生命力量的创造,“西方人关于生命的灵感与关于生命的指示,是在他们的文学艺术与宗教。……文学艺术是创造之事,不是学问之事。我们天天在学习西方的文学艺术,但是我们若没有他们那种生命情调,我们是学不来的”②。在美的理论建设上,他更将这种“生命意识”时刻呈现。如审美“无相原则”,就是无关系相,无方向目的性,它本意是凸显审美判断本有的纯粹静观、无所依待的品格,力图以这一概念来表达审美只有以“道德良知”为思想原点,以道德生命为内在条件才能获得的超越现实功利、概念范畴的限制而具有的普遍性意义的可能。主体的道德生命、良知心性在这个过程中起着关键作用,只有在将自身本有的“良知仁义”之心性呈现出来才能实现生命的净化与澄明,在开怀与坦荡的生命历程中才能实现审美的无相境界。

从“具体”上说,牟宗三对古典小说、诗歌等文艺形式的评论也围绕着“生命意识”进行。对文学艺术的感悟和鉴赏,在牟宗三的哲学、美学思想的发展历程中起着十分关键的作用,其弟子蔡仁厚曾将他 40 岁以前的主要工作概括为“从美的欣趣和想象式的直觉的解悟,转入‘为何、如何’的架构

---

① 蔡仁厚:《牟先生的思想及其对文化学术的贡献》,(台北)《鹅湖月刊》1990 年第 176 期。

② 牟宗三:《生命的学问》,广西师范大学出版社 2005 年版,第 31 页。

的思辨”[①]。而在此蔡仁厚所言的“美的欣趣和想象式的直觉的解悟”，指代的就是他前期受怀特海的学思重美感欣趣和直觉解悟的影响，针对古典文艺形式和当时（指20世纪三四十年代）文艺批评的现状所发的言论。[②]正是早年对文艺鉴赏、批评和创作等具体审美行为的思考，为他在后期构建以“无相原则”为基石的道德论美学思想以及凸显儒家道德哲学的生命力量，起到了较好的铺垫作用。牟宗三对古典文艺形式的评论主要包括3个部分，以《红楼梦》《水浒传》等明清小说为中心的“感悟式批评”，以李白、杜甫诗歌为中心的“诗词鉴赏”和针对古典诗歌范畴所发的“说诗一家言”。[③] 3种评论形式都表现出共同的特点，即十分凸显作品中与“生命意识”、人格气度有关的部分和围绕着“生命”问题来展开言说。以《水浒世界》一文为例，牟氏认为梁山好汉表现的就是一种“原始生命必须蠢动”，过分执着于历史背景的分析和社会阶层的划分反而会造成对《水浒传》所表达的生命境界的误解，因此“吾之感觉《水浒》境界，在由坝子上，在树底下，在荒村野店中，在世人睚眦下，在无可奈何之时，在热闹场中，在污浊不堪之社会中，花天酒地，金迷纸醉，冷冻小巷，皆有所遇”[④]。可见，他认为《水浒传》向我们所展现的那种原始生命的洋溢充沛和直率、坦荡、自然人性的本色表演才是最值得去体悟和感知的部分。

（二）古典美学中丰富的“审美范畴”和“艺术精神”

综观古典美学的发展历程，大量文人作家都针对浩如烟海的文学艺术作品发表了评述，这使得理论研究中尽管出现了丰富的诗学观念和见解，但

---

① 蔡仁厚：《牟先生的思想及其对文化学术的贡献》，（台北）《鹅湖月刊》1990年第176期。

② 参见蔡仁厚：《牟宗三先生学思年谱》，载《牟宗三先生全集》第32卷，（台北）联经出版事业公司2003年版，第104—106页。

③ 参见《牟宗三先生全集》第26卷，（台北）联经出版事业公司2003年版。

④ 牟宗三：《生命的学问》，广西师范大学出版社2005年版，第194页。

由于缺乏完整的诗学体系而造成了古典美学的理论研究往往都围绕着“范畴”、“概念”或“术语”来进行。正如朱光潜所说,“中国向来只有诗话而无诗学”,“诗话大半是偶感随笔,信手拈来,片言中肯,简练亲切,是其所长;但是它的短处在零乱琐碎,不成系统”,“缺乏科学的精神和方法”。① 牟宗三美学思想是其“道德形而上学”体系的重要构成部分。他在确定了传统儒家的“良知”精神为思想原点后,又借助西方哲学的思辨传统,尤其是康德美学围绕“判断力”来构建批判体系时所体现的分析精神来构建自身的美学思想。在此过程中,西方美学辩证分解的精神是“用”是“显”,古典美学超越综合的态度是“体”是“微”。可以说,古典诗学和文学理论中出现的蕴含着丰富美学精神的“范畴”或“概念”,成为牟宗三道德论美学思想的重要来源。尤其与诗论、词论关系密切的审美范畴还是他言说的重点,这表现在“格调篇”“唐雅篇”“诗意篇”“神韵篇”“诗境篇”等评论文章中。比如在“诗意篇”和“诗境篇”中,牟宗三不仅以现代哲学“思辨分析”的言说方式对古典美学的“意境”范畴进行了内涵上的厘析,而且以此为基础的“圆善”审美境界论成为道德论美学思想体系之范畴论的重要构成。在“意境”范畴的独立剖析上,他使用了“内蕴抉发”与“外缘观察”相结合的方法。其中,前者包含作者的气韵高下、工夫涵养以及作品在情景结合的状态下体现的“对于真、善、美的希求与憧憬”②和“由静生慧”③的飘逸超越之象;后者指代作者的生活范围与外界发生关系所形成的“关系场”,是“一个无穷尽而无遗漏的整体”④。应当说在“意境”论的剖析上较好地体现了牟宗三以西方思辨分析精神来对古典范畴进行层次化、类型化解析的过程;而在“意

① 朱光潜:《诗论·抗战版序》,安徽教育出版社 2006 年版,第 1 页。
② 《牟宗三先生全集》第 26 卷,(台北)联经出版事业公司 2003 年版,第 1115 页。
③ 《牟宗三先生全集》第 26 卷,(台北)联经出版事业公司 2003 年版,第 1135 页。
④ 《牟宗三先生全集》第 26 卷,(台北)联经出版事业公司 2003 年版,第 1028 页。

境”范畴的理论创生上，则显现了牟宗三中西互补、融合会通的思考方式和自身坚定的儒学立场。

（三）道家美学的思想资源

“儒释道三教是属于终极关心的问题”①，其中道家也体现着中国传统哲学的智慧，尽管道家与现实生活实体的关系不似儒家那样密切，但其对个人内心的平复和个体修为的关注却体现着浓厚的人文情怀。牟宗三毫不犹豫地将哲学思考的核心本质部分“交付给孔子”②，但在很多具体问题的思考中都会参考道家和禅宗。道家的自然无为缺少了儒家“道德良知”的奋进积极色彩，因而无法成为创生一切的本源，但他也多次讲到美是令人闲适、舒服、愉悦、安静的存在，相比较合一层面的“圆善之美”的道德诉求，分别层面的审美现象、审美经验和审美感悟是一种静态的美好，对这些问题的描述显然是在道家精神的影响下进行的。

第一，分别说、形而下层面的美以“自然”为最恰当。分别说层面的美是给人美好感觉的各种现象，存在于我们日常生活的各个方面。牟宗三特别分析和比较了艺术美和自然美两个主要类型。就艺术美而言，集中表现在美术、诗歌和音乐等形式上；就自然美而言，它是“气化的巧妙所呈现”，美的独立性、纯粹性以及特有的令人愉悦、轻松的感受就在自然美这里，“春天的风光是最美的，大自然摆在你眼前，整个是美的景色，这就是自然之美”。③ 这里，牟宗三以自身的审美体验为基础，剖析了形而下、现象层面的美，摒弃了外在因素的干扰和道德价值的成分，儒家的“道德良知”在他看来尽管层次最高、地位最重，但也不能替代美的独立性，这个独立的、纯粹的美以大自然呈现出来的景象为最恰当，因为只有自然美才

① 牟宗三：《康德第三批判讲演录》（一），（台北）《鹅湖月刊》2000年第303期。
② 牟宗三：《康德第三批判讲演录》（四），（台北）《鹅湖月刊》2000年第306期。
③ 牟宗三：《康德第三批判讲演录》（八），（台北）《鹅湖月刊》2001年第310期。

能构成“气化的光彩”①的客体,与审美体验的主体相契合。这与道家强调的自然,尊重世间万物本来如此的天性而不强制改变或放任自流,反对修饰、人为的立场十分接近。老子将自然看作天地万物之本,因而提出“人法地,地法天,天法道,道法自然”②的观点。庄子认为世间万物能自由发展、自然生长为宜,任何外在人为的修饰都是多余的甚至是破坏,因而对惠子说:“何不树之于无何有之乡,广莫之野,彷徨乎无为其侧,逍遥乎寝卧其下。不夭斤斧,物无害者,无所可用,安所困苦哉?”③可见,在现象的、独立的美的描述中,牟宗三在一定程度上接受了道家的智慧,主张自然美的境界略高于社会美或艺术美,暗示美好的东西,就其自身特质来说以自然和谐、整体呈现为最,加入过多的人为因素反而影响了与生俱来的光彩。

第二,审美判断“无相原则”中的道家元素。将审美判断的原则从康德的无目的的合目的性转为无相,是牟宗三在思考审美问题中最用心、详细和完整的部分,构建了无相原则的概念内涵、特征表现和功能作用。无相原则体现着儒道思想的互补,就其目的而言是与儒家的道德至善理想保持一致,就其表现而言体现着道家真人的自由和浪漫。无相,第一层含义是没有特定明确的方向,即无向;第二层含义是道德充实之后内心饱满、行为适宜。牟宗三是这样描述的,“无相令人舒服。譬如说道德,你天天表现一个圣人的样子,你这个圣人高高在上,谁敢与你亲近呢?你要先把圣人的架子拉掉,那就是圣人没有圣人相。道德的最高境界是把道德相化掉。凡是有相的地方都使人紧张……所以,美学判断的超越原则当该是无相原则”④。在

① 气化的光彩,是牟宗三在美学思考中多次提及的美的事物具备的特质,但他并未详细分析这种特质的内涵或构成,更多是一种感悟式的描述,即自然美给主体心灵的一种安静、舒适、愉悦的感受。

② (三国)王弼:《老子注》,(台北)艺文印书馆 2011 年版,第 53 页。

③ (战国)庄周等撰,(西晋)郭象注:《庄子》,(台北)艺文印书馆 2007 年版,第 29 页。

④ 牟宗三:《康德第三批判讲演录》(二),(台北)《鹅湖月刊》2000 年第 304 期。

他看来，美特有的愉悦、闲适、超然之感最好用无相原则来表达，无相的状态也正是道德至善理想所需要借助的形式，即主体内在饱含道德理想，外在善待、宽容一切人情事理。无相原则是审美活动的特征，以此可以通达道德理想、改善道德实践，从而实现了美善合一的构想。但仔细分析，除了儒家的色彩外，无相原则与道家推崇的真人、神人、圣人也非常相似。老子曾说："上善若水，水善利万物而不争，处众人之所恶，故几于道"①。上善的至人就像水一样，一方面具有水一般柔软、坚毅的本性，另一方面像水一样善于利用万物的优势长处，这样的至人超越了功利欲望，因而也免去了麻烦和困扰，因与世无争的本性和坚忍不拔的毅力反而更容易成功。庄子也认同自然无为、与道同一的真人，"古之真人，不知说生，不知恶死；其出不䜣，其入不距；翛然而往，翛然而来而已矣。不忘其所始，不求其所终；受而喜之，忘而复之。是之谓不以心捐道，不以人助天，是之谓真人"②。其中详细描述了空灵自由的身心和不为外事他物干扰的超越状态。老庄强调，悟道的圣人往往具备豁达的心灵和广阔的心境，尽管在地位和学识上优于一般人，但都将其作为个人内心世界的精神收获，这种收获看似虚幻无形却具有令人向上的力量，圣人的外表形态保持着凡人的平和与亲切。牟宗三强调的无相就是没有圣人相，具体而言就是道德世界中那些规范约束、好坏善恶、价值追问要以一种真诚接受、内心认可的方式存在，而非浅显的方式，如语言上的强调或文字里的规矩，这样讲道德不仅不会获得良好的效果，反而会降低道德理想的层次，给道德实践穿上冷酷严厉的外衣，从而拉开与大众生活的距离。因此，审美判断的无相原则尽管是一个理论层面的美学概念思考，但它有着浓厚的传统文化元素，尤其是道家描述的圣人那种不矫揉造作、刻

① （三国）王弼：《老子注》，（台北）艺文印书馆2011年版，第16页。

② （战国）庄周等撰，（西晋）郭象注：《庄子》，（台北）艺文印书馆2007年版，第132—133页。

意雕琢的自然宽大的心灵。

第三,道家"智的直觉"精神与审美体验。牟宗三认为儒家和道家都有智的直觉精神,但前者是有着道德功利目的的动态过程,后者是心斋坐忘而至虚静的个人体验过程,显然道家与个人的审美体验的关系更密切。在《智的直觉与中国哲学》中,牟宗三分析儒家的"智的直觉"就是"本体仁心之创造",道家的"智的直觉"是"玄冥,亦曰心斋,亦曰坐忘"。[①] 心斋就是虚静之心的自我活动,由表层的动经过不断升华而至无动无为;坐忘就是物我两忘、至空至静的意思,心斋坐忘的结果是至虚静,"以虚静推于天地、通于万物,此之谓天乐"[②]。可见,虚静就是超越了各种欲念和束缚之后高度自由的境界,是主体的修为达到一定高度之后获得的无限快乐,这种快乐与道家所言的"大美"密切相关。老子说"大音希声,大象无形"[③],庄子说"天地有大美而不言,四时有明法而不议,万物有成理而不说"[④],"天乐"与"大美"都旨在描述个人如何通过悟道而与自然合一,既有道的内涵也有美的成分,既是道的领悟也是美的获取,这种美不是看得见的、具体的美的现象或形式,而是一种看不见的、超越的精神满足。道家的虚静之心、大美之境都注重个人内心的体验,没有外力的约束和强加,牟宗三认为这也是中国哲学特有的智慧,将"智的直觉"落实在个人和生活中。道家"智的直觉"与审美体验的自由、个性和难以言说等特征十分接近,因而也是一种直觉性、整体性的审美体验。

在古典美学的主要流派儒、释、道三家的艺术精神中蕴含着大量与人生修养有关的智慧,它们对牟宗三构建以"道德良知"为核心、生命意义和超

---

① 牟宗三:《智的直觉与中国哲学》,载《牟宗三先生全集》第 20 卷,(台北)联经出版事业公司 2003 年版,第 267 页。

② (战国)庄周等撰,(西晋)郭象注:《庄子》,(台北)艺文印书馆 2007 年版,第 265 页。

③ (三国)王弼:《老子注》,(台北)艺文印书馆 2011 年版,第 88 页。

④ (战国)庄周等撰,(西晋)郭象注:《庄子》,(台北)艺文印书馆,2007 年版,第 405 页。

越价值显著的美学思想体系来说也是重要的补充。牟宗三对传统儒家的美学思想也在充分理解的基础上进行了继承与发展,不论是先秦孔孟美学思想中的“充实而有光辉之谓大”“义理悦心”,还是宋明理学家“仁体、性体、道体是一”的美学观,他都予以充分的考虑和吸收。以庄子为代表的道家美学思想与儒家美学的共同之处就是对人的气度、生命力量、精神力量的重视,因而他在思考道德美学的价值内涵时也吸收了大量道家美学的内容。对于美的最恰当概括,牟宗三认同庄子所说的“天地之美,神明之容”;对于有与无、美与丑的相对性,他则引用了叔山无趾不受桎梏、自然而为的故事;在美与人类生命力的关系上,他认为“美是气化的光彩”。这都足以见出道家强调自然纯粹的主体生命与纯然天成的外部环境结合,从而带来冲淡飘逸之情、行云流水之意的美学精神对牟宗三的影响。牟宗三对于佛教智慧的吸收也成为其美学思想的重要部分,特别是在美学系统中有方法论意义的概念范畴,如“智的直觉”“无限智心”“妙慧直感”,都是借助了佛家思想中“执与无执”“诡谲地相即”来进行辅助思考的;在中西美学思想的对比中,当遭遇古典美学的思想义理最为高妙的部分而难以用分析思辨的方式来言说的时候,他也借助了佛教重“直解顿悟”的话语方式来传达,如领悟诗歌的格调需要“静解”和“慧觉”①,而进行文学鉴赏和审美体验的主体本身就需要一种玄思和创化的智慧,因为“文学根本就是玄的,如果不至于无知到以文学为科学,则玄是必须承认的”②。

三、熊十力等新儒学思想家对牟宗三美学原理的影响

在牟宗三从审美表象的气化光彩与想象式的直觉解悟,转向逻辑与思辨的美学探讨,再到复归中国传统哲学的义理以系统地建立儒家“道德形

---

①《牟宗三先生全集》第 26 卷,(台北)联经出版事业公司 2003 年版,第 1122 页。

②《牟宗三先生全集》第 26 卷,(台北)联经出版事业公司 2003 年版,第 1060 页。

而上学”的过程中，老师熊十力以及唐君毅、徐复观等同时代思想家的影响力和感染力是显而易见的。这种影响可以从三个方面来论说。

（一）熊十力“生命本体论”对道德论美学人文精神的影响

熊十力先生之纯粹精神和原创色彩突出的原因之一，就是他对宇宙本源、本质的思考范域从客观外在的事理转至跳动流动的生命力量之上。他认为，人们时常向外界、现象界去追求本体。实际上，对本质的追求应该通过“反求诸己”“反求自证”“反之于心”来完成。从生命进化的历程来看，从无机物进化到有机物再到人的出现，只有人的心灵是生命发展的最高体现。他将“人心”的地位看得十分重要：“物含藏心，心主导物，物受心之主导，而机体组织日精，心得物之良缘，而明德开发日益。”①并且，作为万物本体的心不是思维之心，也不是理智之心，而是一种真实的、虚寂的道德之心与良知之心。这一思想原理不但与古典美学的精义共同影响了牟宗三美学思想浓郁“生命意蕴”的产生，而且更为重要的是它使牟宗三对于审美以及与“美”关系密切的哲学、文化、社会等问题的理性思考过程都时刻围绕着“内在精神”的层面进行，由此更加显扬了美学思想的人文情怀。牟宗三将自身思考审美、文化以及艺术等问题的中心观念描述为：“即在提高人的历史文化意识，点醒人的真实生命，开启人的真实理想”②。因为这种内在精神层面的探究不仅是传统哲学独具的优势，更是西方知性、理性和科技发达的分析思辨传统所欠缺的。也正是由于“生命总是纵贯的、立体的”，那么“专注意于科技之平面横剖的意识总是走向腐蚀生命而成为‘人’之自我否定”。③

牟宗三构建“道德形而上学”的意图从表面上看是借助了西方哲学的

① 熊十力：《新唯识论（壬辰删定本）》，中国人民大学出版社 2006 年版，第 64 页。
② 牟宗三：《生命的学问 · 自序》，广西师范大学出版社 2005 年版，第 1 页。
③ 牟宗三：《生命的学问 · 自序》，广西师范大学出版社 2005 年版，第 2 页。

思辨传统和批判精神在儒家道德本体“良知”的内部开显而出科学、民主，但从更加深刻的层面上说，则是向我们展现了凸显传统哲学的道德生命、内在精神和人性气质的一次尝试，西方哲学的架构思辨在此过程中承担着工具和媒介的作用，与传统精神的魅力相比反而相形见绌。而审美理论立于“道德形而上学”的内部，成为道德生命和精神力量向外显现的一种具体而集中的过程。可以说，牟宗三不论是对审美精神品格的审视还是对具体内涵的厘定，都紧扣着“道德良知”这一外在精神引领和“道德生命”这一内在主体条件而来。而在两者之间的关系上，他又偏向了后者。因为内在性“道德生命”一方面显现了道德所独具的理想主义状态和相对恒定的理性规则，另一方面更加强调外在的理想与规则必须以主体生命力量为基石。对外在天理的追求与反观内心的开掘将在审美活动实现统一，通过在审美中形成良知本体（理性）与道德生命（感性）之间的张力，在审美特有的精神愉悦状态下实现自我意识和生命力量的激发，由此“圆善”的道德理想不但可以审美为实现方式之一，道德美学深厚的人文情怀也自然体现出来。

（二）熊十力“体用不二”方法论对审美品格的影响

熊十力继承了古典儒家“体用不二”“体用一源”的思想传统，认为本体离不开现象，现象就是本体在功能层面的表现，本体就存在于流动、流行、生生不息的现象之中。他说道：“因为体是要显现为无量无边的功用的，用是有相状诈现的，是千差万别的。所以，体不可说，而用却可说。用，就是体的显现。体，就是用的体。无体即无用，离用元无体。”①“体用不二”的思维方式，不仅显现出熊十力以“良知”为核心的哲学本体论的成熟，更表达了他将这一思想原点推向具体生动的现实世界，将现实生活的人理、事理和情理都纳入到“良知”的目的世界中来的意图。深受其影响，牟宗三也坚定了

① 熊十力：《新唯识论》，中华书局 1985 年版，第 301—302 页。

“体用不二”的哲学方法论和在生命的长河中来实践道德生命力的看法，通过吸收西方哲学中逻辑的、科学的、认识论的思维方式和构建传统，以儒家道德生命实践为进路建立了“两层存有论”的系统。他更以“体用不二”的思维方式规定了审美活动的本体内核，将中国自先秦以来的儒家美学观念进行了整合与构建，总结而出一个道德色彩浓厚的美学体系。由于“道德良知”在牟宗三的学思中是现象与本体两层意义的合一，以此为逻辑起点和最终归宿的审美活动也形成了具体的现象之美和超越的本体之美两个层次：前者指代具体的审美表象和文艺形式，后者指代渗透在审美形式背后的精神义理和价值追求；前者是后者的表现和象征，后者是前者的引导和本体。本体之美具有的超越性义理是纯美、静观的，也是以“良知”这个目的论概念为依托、使主体在审美体验和鉴赏活动中不断自我提升和超越的过程。因此，纯粹从理论上考察牟宗三美学思想呈现而出的道德精神以及在此背后依存的更为广阔的价值世界，我们发现审美在“道德形而上学”的内部具有了独立而丰富的品格，这就是超越性与实践性的合一。就超越性而言，正是在道德良知与审美境界相统一的张力作用下，美在保持纯粹精神愉悦的品行之外更以“良知”这个思想内核为力量之源和提携动因，在此条件下的美和美感强调历经人格开拓、心灵净化的过程来实现自我超越。就实践性而言，伴随着“良知”最终在社会生活、道德人格和生命历程中获得呈现的理路，审美也终将走入实践、干预现实，成为一种体验圆善境界内涵和实现至善道德理想的方式。可见，在“体用不二”的思维方式下，美必然被赋予本体内涵义和现象外延义两个层面的内容，形成超越性与实践性相统一并在理想与现实之间相互流转的审美品格。

（三）现代新儒学家文化观与艺术论对道德论美学的影响

相同的时代背景和共同的学术兴趣，使得牟宗三与许多现代新儒学思想家之间的人际交往和思想交流成为学术生涯的重要构成。同时代思想家与牟宗三之间的往来和交流大致可分为三种情况：第一种是共事多年、交情深厚且志趣相投的知友，如唐君毅①；第二种是交流颇多且学术事业上多次合作的伙伴，如张君劢②；第三种是交情一般但能够在文化哲学观上达成共识的同人，如梁漱溟和徐复观③。不论是前两种情况从哲学理论和学术事业上对其直接的拉动，还是第三种情况以对话交流方式对其产生间接影响，可以肯定的是，牟宗三与同时代思想家们往往都是从理性思维的角度概括中西文化之间的差异并从哲学构架的角度思考传统文化的优势所在和生命力量。正因如此，他们之间产生了这些多样化的交流方式并带来了对民族文化和中西哲学等问题思考的不断成熟。

正是同时代学者在中西比较上出现了论述水平高、思考程度深的现状，为牟宗三在哲学开拓之途中凸显自身的个性特色提供了良好的外在条件。由此，他提出了自己不同于其他新儒学思想家的哲学思考理路。他说：

> 中国哲学是否有未来，除了挺显其自身的义理纲维之外，还要看吾人能否如当初之消化佛教而亦能消化西方哲学。能消化即有未来之发展，否则，便没有未来之可言。凡消化，必须从消化其高峰著手。西方哲学之高峰是康德。消化西方哲学必须从消化康德入手。在西方，亦实只有康德方是通中西文化之邮的最佳桥梁，而且是唯一的正途。④

---

① 牟宗三与唐君毅在抗战期间西迁重庆的中央大学，抗战胜利后的中央大学、江南大学共事，离开大陆后二人又在香港大学、香港中文大学研究院及新亚书院共同执教。

② 牟宗三与张君劢早年曾合作创办《再生》杂志，离开大陆后在学术事业上二人的交结也颇多，如1954年牟宗三为张君劢的著述《比较中日阳明学》写作《校后记》等。

③ 徐复观逝世时，牟宗三曾作悼文评价其思想成就；梁漱溟逝世时，牟宗三写作《我所认识的梁漱溟先生》以纪念其学思的贡献。

④ 蔡仁厚：《牟宗三先生学思年谱》，载《牟宗三先生全集》第32卷，（台北）联经出版事业公司2003年版，第44页。

这段话是牟宗三在面对国家民族与传统文化的时代问题时发出的独立思考。前段表达的意思与同时代其他思想家并无异处,传统文化的现代性转变不得不考虑西方哲学的优势和成就,只有从中西会通的角度才能更好地探寻传统文化的生命力量。而后半段言论却颇具个人色彩,他指出想要从哲学理论上证成传统文化中蕴含的与现代社会和谐一致的义理,体现传统文化的包含容纳性和无限开拓性,则必须从消化西方哲学的最高峰——康德哲学入手。只有在纯粹学理的世界里疏导出康德哲学与儒家哲学会通的可能方式,从理论上证明传统文化通过对康德哲学的吸收和批判,开显出现代社会必不可少的科学和民主,才能算作一个身处时代困境之中的思想家的最佳贡献。因为在牟宗三看来,仅停留于文化义理的比较和文化意识的显扬上不足以解决当下问题,只有在学理的世界里证明出来一条行之有效的路径才是最值得关注的。可见,正是其他思想家在思考中西文化之时达到的较高水平激发牟宗三将自己的思考重心放在了"以儒家的道德立场来消化康德哲学"的模式上,而译介康德的第三批判和在审美问题上的学思努力就是这一过程的最终、最关键步骤。牟宗三晚年的这些作为,不仅被其弟子蔡仁厚等誉为"针对第三批判之审美判断,试图说明康德之说穿凿之处,并提出自己的看法","论说精辟透析,妙趣洋溢",①而且在他自己看来也是历经"步步学思,步步纠正,步步比对,步步参透"②之后的顺适和洒然。的确,对康德前两大批判的成功理解和构建"道德形而上学"体系的初步成就,为审美论的出现奠定了理论基石。这直接带来牟宗三在审美问题思考上的思路清晰、目的明确,他通过"无相原则"这个一方面依存于康德对审美本质四性的分析,另一方面又蕴含了儒家道德精神和佛家无限智慧

---

① 转引自牟宗三:《真善美的分别说与合一说》,(台北)《鹅湖月刊》1999 年第 287 期。

② 蔡仁厚:《牟宗三先生学思年谱》,载《牟宗三先生全集》第 32 卷,(台北)联经出版事业公司 2003 年版,第 42 页。

的概念作为疏通审美的价值义理与良知的道德精神的桥梁，将自身的美学理论与“道德良知”这个思想原点以及“道德形而上学”的整体联结起来。如若缺乏了针对审美问题的判断和厘定，则消化康德批判哲学的事业就难以真正完成，对康德义理的通达也难以全面客观。

四、个人的使命感

牟宗三曾多次强调，翻译康德的第三批判并形成自身对于美的看法，这并不是自身学术工作的重心，从其学术成果最为丰富的20世纪七八十年代可以看出，研究成果大多是道德论方面的，他将以康德为代表的西方哲学界定为“道德神学”，将以儒家思想为代表的传统文化界定为“道德形而上学”，通过比较研究说明二者的差异并突出儒家“道德形而上学”的优势。在这一时期，关于美学的讨论并不多见。直至20世纪90年代初，在“道德形而上学”构建任务基本完成之后，他才将研究方向转移到美学上，坚持完成了对康德《判断力批判》的翻译工作并以16次演讲的方式将自己美学思想的主要观点发表而出，但一直未能写出系统的美学专著。从客观条件来看，牟宗三完成“道德形而上学”的论证之后已步入耄耋之年，加之他一直以来的专注领域是形式逻辑与道德哲学，对于美学这个理论家及流派较多、发展流变颇为复杂的领域并无太多基础，因而我们有理由相信，在很大程度上牟宗三是出于论证的完整性与严谨性、理论家直面问题的研讨习惯才会对这一自己并不熟悉的领域进行涉猎的。“将审美纳入道德世界”是他的基本思路，但一句话带过的方式仅能简化地解答审美问题，翻译第三批判并择几个重点问题进行解析，不仅带来了审美理论的丰富，也能够进一步凸显道德的涵盖作用，是对于中前期理论的进一步强调。从牟宗三学术思想的内在性逻辑来看，中前期以“道德良知”为核心构建的道德理论本身已经解决了本体与现象、超验性与经验性的沟通问题，美学领域的探索与存在价值是相对较小的,但不能否认康德对审美活动十分重视,并进行了全面而细致的论证这一事实,因而从研究的通行惯例来看,只有解读、理解、消化了第三批判才算完成了对康德学思的把握,否则总会留有遗憾并形成理论结构上的缺失。由此,牟宗三在各方面条件均比较受限的情况下进行了美学思想的构建,将自己最后阶段的关注点放在美学问题之上,展现了哲学家严谨治学的态度和不断完善、不断修正的探索习惯,内在性的专业精神和使命感是进行美学构建不容忽视的原因。

第一,牟宗三翻译《判断力批判》的意愿十分强烈,并克服了诸多困难与不便。在“译者之言”中牟宗三这样说道:“吾原无意译此书,生平亦从未讲过美学。处此苦难时代,家国多故之秋,何来闲情逸致讲此美学?故多用力于建体立极之学。两层立法皆建体立极之学也。立此骨干导人类精神于正途,莫急于此时。然自《圆善论》写成后,自觉尚有余力。人不可无事,偶见大陆出版之宗白华先生所译的《第三批判》于坊间,遂购得一本,归而读之,觉其译文全无句法,无一句能达。”①牟宗三中前期道德论的思考是顺理成章的,而暮年的美学思考却有不少踌躇犹豫,这直接造成道德论相对完善而美学论较为简单的结果。仔细分析原因,可归纳为如下几点:一是美学是自成体系的学科,这并非牟宗三擅长的领域,但作为专业的学术研究者不能故意绕过而留下空缺,因而在暮年时期开始了第三批判的翻译及美学思考。二是道德论属于建体立极之学,与美学相比更有现实意义,它一直处于自身学术思考的中心地位,但在《圆善论》中论述“德福统一”问题时遭遇了审美活动界定不够清晰带来的困惑,加之其不断探索、深度思考的一贯态度,故此顺势而为地开始了美学思考,这也十分符合牟宗三先生不回避问题、直接解答问题的思维惯例。三是关于宗白华先生的译本,笔者认为,牟宗三先生

① 牟宗三:《康德〈判断力之批判〉》(上),载《牟宗三先生全集》第16卷,(台北)联经出版事业公司2003年版,第6页。

具有中西会通的学理背景，从自身学说的视角出发自然有许多见解是超越于美学之上的，如果说宗白华先生是一种比较纯粹的美学视角，那么牟宗三先生则是带着道德论、文化观的视角去看待审美判断力的。由此我们认为，牟宗三翻译第三批判在发生之时就有不少踌躇和犹豫，也面临诸多现实的困难与不便，而构建并完善道德学说的“内部动力”与现代新儒家的影响力日益增强的“外部力量”共同推动着美学思考的进程。其中，他发现的新概念、新观点均以16次演讲的方式在香港新亚研究所与当时的青年学者、学生进行了最为直接和及时的交流。

第二，牟宗三对于自身未能穷尽的美学问题深表遗憾，对晚辈学者表达了深切期望。对于美学探索中遭遇的困境，牟宗三并不回避，“我现在一点不能写，翻译可以，因为翻译是被动的。翻译也是早晨两个小时，中午、傍晚一句也看不懂，视而不见”①，这即是说翻译第三批判是在自身精神及思维状况不佳的条件下进行的，翻译尽管是一个被动的工作，却只有早晨两个小时可以进行，其他时间处于一种“精神没有了”②的状态。这里一方面是直白的自我剖析，可与同行及晚辈进行真诚交流，真实交代了美学思考中遇到的困境，并暗示在美学概念及结构上存在明显不完备之处；另一方面也有示范的作用，告诉世人自己虽然走到了生命的最后阶段，但依然没有停止探索，身体力行地为文化思考做着默默的努力，最终完成了翻译工作。对于留下的诸多未解难题，牟宗三也提出了解决办法：“一个人的能力有限，但那不要紧，我做不完，你来做嘛。……在人这里一定要拉开，所以要一代一代往下传，生命要连续。这就是中国人所说的慧命相续。”③这里对晚辈学者提出了深切期望，自身的理论架构虽然不够完整，但至少提出了问题、引起

---

① 牟宗三:《康德第三批判讲演录》(十四)，(台北)《鹅湖月刊》2001年第316期。

② 牟宗三:《康德第三批判讲演录》(十四)，(台北)《鹅湖月刊》2001年第316期。

③ 牟宗三:《康德第三批判讲演录》(十四)，(台北)《鹅湖月刊》2001年第316期。

了注意,后辈学者可以沿着这一问题继续探索下去,那么未完之遗憾也就获得了弥补,这与“慧命相续”的传统文化十分符合。学者们不论出于什么样的原因关注了中国哲学与文化,都应当具有对传统文化坚定的自信心,应当以学术研究为中心形成一股合力,不断地修正问题、完善理论。通过学人们共同努力,在中西文化交流日益频繁的当今时代,传统哲学与文化才会获得更加鲜明的生命力和影响力,而不是一种远离现实生活、比较固化的思想形态。

由此可见,牟宗三个人的使命感,尤其是对于学术研究工作力求完善、力求周全、力求严谨的态度使之克服了诸多的困难,在晚年阶段开始翻译及美学思考,由于自身能力所限留下不少未解之难题与不完备之处,借此他向后世学者提出了“接替而上”的期望。可以说,牟宗三个人的研究动力及意愿与中前期相比,此时表现得更为强烈。

第二章 牟宗三美学思想的本体论

牟宗三美学思想的发生论主要针对牟宗三以儒家“道德良知”为思想核心与本体论基础的美学思想在起源、发生和发展方面的情况,而牟宗三美学思想的本体论则是深入到牟宗三美学思想体系的核心构成,考察“道德良知”这一思想概念如何渗透在美学活动的各个方面,其特有的“仁义”“至善”的主张如何引导着审美理论的性质、结构、目的和价值倾向。

第一节 以“道德”为本体的审美品格

本体论原是哲学研究中的基本问题,也曾一度成为美学、文艺学研究的重点。其本意是通过对客观存在物的构成、特性、样相和特征进行分析,而后对客观物的存在性和实有性进行终极追问的形而上研究。在牟宗三的“道德形而上学”中关于“本体”的论说不仅是整个思想体系的核心原点,也成为他思考全部实存性议题,尤其是感性愉悦性突出的审美问题的基础。对于这种以尊重和还原中国传统哲学的本有面目为旨归,又明显借鉴了西方哲学分析智慧的关乎“本体”的论说,牟宗三将其命名为“无执的存有论”:就性质而言,它是“动态的超越的存有论”;就深度而言,它“必须见本源”且“依智不依识”；就地位来看，“此种存有论函着宇宙生生不息之动源之宇宙论，故吾常亦合言而曰本体宇宙论”。① 此种“无执的存有论”在牟宗三的努力下符合了现代哲学本体论的阐发目的和价值诉求之余，又体现出紧紧围绕着儒家孔孟先贤所创立的“道德良知”义理进行归纳的态势，因为“此是依超越的、道德的无限智心而建立者，此名曰无执的存有论，亦曰道德的形上学”②。可以说，牟宗三道德哲学体系中的“本体”就是“良知本心”，本体论就是针对超越、普遍的道德本体“良知”而进行的内容重建和层次厘析，并最终将“良知”的要义推向人生、审美和艺术。审美活动作为一种融精神与物质、感性与理性于一体的多层次、多状态的主客互涉关系显现的特殊精神现象，本身就具有内容的复杂性与结构的交互性，因此更加需要我们从本体论的高度对其进行深入思考，以彰显其本质、分析其对于人们精神世界发生的影响机理。综观美学的发展历程，本体论层面的思考与成就向来都是颇为繁复的。然而，当审美活动被纳入牟宗三依据儒家传统的“良知仁义”观点形成的“道德形而上学”体系的时候，实际上展现了思想家对于本体层面与形上层面的审美活动应具有的精神品格进行的一次深度思考。鉴于牟宗三的美学思想发生在对康德美学的批判过程中，更由于二人的美学思想都表现出浓厚的道德精神与超越色彩，因而在此以比较研究的方式，即将牟宗三直接以“道德良知”为本体论基础形成的审美品格放在与康德美学的比较中，来深刻地审视道德本体论美学在审美地位、审美精义和审美教育等方面体现的独特追求。

---

① 牟宗三：《圆善论》，载《牟宗三先生全集》第 22 卷，（台北）联经出版事业公司 2003 年版，第 328 页。

② 牟宗三：《圆善论》，载《牟宗三先生全集》第 22 卷，（台北）联经出版事业公司 2003 年版，第 330 页。

一、“道德”内涵：“良知”与“自由意志”

牟宗三正是在完成对“道德良知”本体的思考之后将其作为一种涵盖乾坤的思想内核推向了美的世界，而康德哲思中的“道德”内涵“自由意志”也直接带来审美在沟通自然与自由二界过程中自身独立意义的形成。“道德良知”具有的先验与经验合一、予先验于经验的本质，使得个人从有限、经验向无限、超验的过渡之责落实在“良知心性”的关节点上，审美仅作为一种静观的感性愉悦过程被纳入“良知”的德性世界。而“自由意志”具有的彼岸超验性使“实践理性”代表的道德理想成为一种先验的假设，只有通过审美的桥接作用，尤其是“崇高”的体验才能完成从有限、经验世界向无限、超验世界的过渡。

（一）儒家“道德”的实质：“良知”

回顾漫长而久远的儒家思想发展历程，先秦孔孟在倡导人生伦理与社会教化的现实目的中所提出的“仁义”“良知”概念一直为后世儒者所继承发展，最终构成了一条未曾间断的、具有本体论和形而上指导意义的思想脉络。如果说道家思想以“道”为本体形成了重“自然无为”的人生论与价值观，那么儒家思想则以强调主体之“仁”的“良知”作为逻辑起点形成了涵盖宇宙论、自然观、社会论与主体生命论等在内的学问体系。“良知”在儒家思想体系中，不仅是对主体的道德品格与自然本性进行的概括，也是看待一切主客观世界和人情事理的逻辑起点。

1. 先秦孔孟对“良知”的论说

“仁”是孔子道德伦理思想的核心，“践仁知天”是对于人生存养修炼之道的概括。而“仁”与“人”又是密切相关的，如“樊迟问仁。子曰：‘爱人。’”①

① 《论语·颜渊第十二》，载（宋）朱熹：《四书集注》，岳麓书社1985年版，第171页。

"人而不仁,如礼何？人而不仁,如乐何?"①孔子所说的"仁"是指人们生而有之的善良本性,它围绕着主体而发、属于人类本有,但它并不限制在主体的精神世界或者价值范域,而是可以成为主体领悟天道之义、实现主客精神合一的思想入口。应当说,在孔子处,"仁"与"义"从单纯的对主体道德本性的阐释意义发展出具有社会规约性和影响力的内涵,以此为基点可以开拓更加超越无限的人生理想境界,这对牟宗三的道德哲学观产生了直接的影响。牟宗三哲学思想的核心"良知"不仅与孔子"仁义"观念有着基本一致的内涵,而且通过汲取宋明儒学等人的"心性观"和"天命论",使得"良知"在保持主体道德本性意义的前提下具有了通达天地本理的可能。

孟子在孔子思想的基础上,通过对主体"义理之性"的诠释与强调,更加坚定了"仁义""良知"的人生理想。孟子认为人生品行的充实是十分重要的,"可欲之谓善,有诸己之谓信,充实之谓美,充实而有光辉之谓大"②。充实就是当善良、仁义、真诚等道德质量达到了充溢、无所不在的时候,精神理想的超越境界才得以达成。在现实生活中努力保持自己最初的善良本心,就能在点滴之中体验世界万物变化发展的本质与规律以获得精神的超越。而要想获得充实饱满的人生经历就必须首先抓住人性中最重要的"仁义"部分,明白它的存在状态和呈现方式,才能在后天的修养中十分顺利地获得。由于孟子主要是从道德实践的层面上表示"本心即性",强调的是尽心知性则知天,所以才有"万物皆备于我矣,反身而诚,乐莫大焉"③的状态,也正是在这样的前提下,"义理之性"的重要性被突出了。孟子通过对"义理之性"的强调和对"生之谓性"的反驳,将"仁义""善良"看作个人固有的本性,且与"气性""才性"这些外在化呈现的表象相比有着更为基本和重要

① 《论语·八佾第三》,载(宋)朱熹:《四书集注》,岳麓书社 1985 年版,第 85 页。
② 《孟子·尽心章句下》,载(宋)朱熹:《四书集注》,岳麓书社 1985 年版,第 468 页。
③ 《孟子·尽心章句上》,载(宋)朱熹:《四书集注》,岳麓书社 1985 年版,第 444 页。

的地位，由此暗示出人生的修炼道路就是将人人都有的“善良”本性进行操存培养。牟宗三对孟子“性善”论说予以了充分的肯定，并以构建哲学体系的概念分析方式对其进行了发挥。他认为孟子的性善之说蕴含着“仁义礼智之本心”以及这本心所发的“仁义忠信之德”①两个层面的内容，前者属于“本体”，后者属于“工夫”。在两者中，尽管人们对于后者的态度是敬佩而推崇的，但是前者才是一切立身行事的基础，因为“孟子说仁义内在是内于本心，由本心而自发，相当于康德所谓‘意志之立法性’”②。正是由于仁义本心是主体固有且是无所依待、自觉自律的，因此，“至善”就应当成为生命意义达成的价值引导的最终目的。可以说，孟子在确定“性善”观念时表达的对道德义理的推崇和对自然物欲的反对恰好是一种关于“人生目的”的价值思考，而这种思考以及在其中显现的“至善”价值观念较好地为牟宗三所继承，因此他才能够以现代哲学的视角、话语对孟子“性善”说的本质进行概括（即“义理之性本身就是一种动力，由此说的动力是超越的动力，是客观的根据”③），并且将这种根据化作了自身构建“道德形而上学”的本体论基础“良知”。

2. 宋明儒学对“良知”的论述

先秦孔孟的道德观在宋明理学家们的刻苦研习中得到了继承与发展，他们将先秦儒家提出的“仁心”“性善”进行“内在本理”与“外在天理”两个层面的界说，认为通过向内心“良知”的回归与强调能够通达“外在天理”，从而将主观的“心”“性”与客观的“理”“命”统一起来。牟宗三指出了宋明

---

① 牟宗三:《圆善论》，载《牟宗三先生全集》第22卷，（台北）联经出版事业公司2003年版，第144页。

② 牟宗三:《圆善论》，载《牟宗三先生全集》第22卷，（台北）联经出版事业公司2003年版，第64页。

③ 牟宗三:《圆善论》，载《牟宗三先生全集》第22卷，（台北）联经出版事业公司2003年版，第65页。

儒学对先秦孔孟所作的两点深入阐发,其一是“孔子践仁知天,未说仁与天合一或为一,但依宋、明儒,其共同倾向则认为仁之内容的意义与天之内容的意义到最后完全合一”,其二是“孟子言尽心知性知天,心性是一,但未显明地表示心性与天是一。宋、明儒的共同倾向则认为心性天是一”。[①] 这就是说对“践仁知天”“内外通达”的过程进行分析以便更好地将“成圣”“至善”的人生修养道路明朗化是宋明儒学研习的重点。针对这些特点,牟宗三以“心性之学”为提挈对它们进行了详细的研究并以此为基础来构建自身的哲学体系。他将宋明儒学的论说划分为“关于仁与天”“关于仁与心性以及心性与天”“关于‘天命之谓性’”[②]3 个基本主题,而王阳明等人关于“良知心性”与“天命不已”之间的关系论说则是他研究的重点。王阳明一方面在“仁”的理解上,提出通过致知、格物的方式达到与良知无障碍、使良知在体内自然流行的地步,即“须用致知格物之功胜私复理,即心之良知更无障碍,得以充塞流行,便是致其知;知致则意成”[③]。这意味着常人容易被个人私欲蒙蔽了眼睛,逐渐忘却甚至放弃了自己的善良本心,如若像圣人一般以天地万物为一体,视天下如同一家,也能达到“致良知”的境界。此处的王阳明“良知论”不仅构成了牟宗三哲思本体“良知”概念的基石,而且为他在感性的生命活动之中注入道德的力量作为提携,使人性更富有理性与价值层面的内容这样的美学思考方式提供了启发。另一方面,王阳明又对“心即理”的分析十分深刻,如“冲天塞地中间,只有这个灵明。人只为形体自间隔了。我的灵明便是天地鬼神的主宰”[④]。这实际上强调了良知本心

---

① 牟宗三:《心体与性体》(上),上海古籍出版社 1999 年版,第 15 页。

② 牟宗三:《心体与性体》(上),上海古籍出版社 1999 年版,第 18—25 页。

③ (明)王守仁撰:《传习录》,载(宋)陆九渊撰、(明)王守仁撰:《象山语录　阳明传习录》,上海古籍出版社 2000 年版,第 8 页。

④ (明)王守仁撰:《传习录》,载(宋)陆九渊撰、(明)王守仁撰:《象山语录　阳明传习录》,上海古籍出版社 2000 年版,第 297 页。

的伸展力、涵盖力和遍润性，主体道德心性的自律自觉将会带来道德实践上的理想状态，本心就是这样不断运动才能将自身的道德要求推向实践、自然甚至万物，最终成为“本体宇宙论的实体”①。

3. 牟宗三对“良知”内涵的发展

牟宗三在先秦、宋明儒学基础上，对“良知”的内涵进行了知识论的阐发，在对其进行层次化、概念性分析的同时，确立了它作为思想本源和世界本体的地位。

首先，将“良知”的内涵从“体”“用”两个层面进行分析，并强调“体”对“用”的决定意义。在《现象与物自身》中，他认为在中国文化的背景下，可以证成“智的直觉”不是一个先验的公设，而是人类可以掌握并用于理解物自身的本体世界的认知能力。康德将彼岸超验世界作为纯粹的假定，但牟宗三依据中国传统文化精神对其进行了改造和发展，提出主体可以通过“智的直觉”洞悉本体世界的义理。人类通过“智的直觉”所体验到的世界本体对应于主体就是“心体或性体”，对应于客体就是“道德良知”，二者在本质上具有一致性，是天理道义在主客两个部分的显现。与此同时，作为主客世界共同本体的“良知”还具有在现象世界表征与显现的功能，通过“用”层面的时效性、当下性特点实现对现实世界的引导和干预。可见，良知具有本体与现象两个层面的意思，它不仅是道德的本体，更是一种现实的呈现，正如他所说，“一日先生与冯友兰氏谈，冯氏谓王阳明所讲的良知是一个假设，熊先生听之，即大为惊讶说：‘良知是呈现，你怎么说是假设！’吾当时在旁静听，知冯氏之语是根据康德。……而闻熊先生言，则大为震动，耳目一新。吾当时虽不甚了了，然‘良知是呈现’之义，则总牢记心中，从未忘也。及乃至其必然”②。这意味着，牟宗三赞同世界万物背后具有的创生性和决

---

① 牟宗三：《心体与性体》（上），上海古籍出版社1999年版，第28页。

② 牟宗三：《心体与性体》（上），上海古籍出版社1999年版，第178页。

定性彼岸世界就是儒家以“仁”为核心的“道德”,因为“道德”既有本体存在的意义,又有实践具体的内容;既能统率天地万物成为形而上的实体,又能在现实中发挥规范秩序、教化人心的作用;与真、美相比,还独有其奋发进取、生生不息的力量。

其次,牟宗三还从主体心性与外在事理两个方面来阐释“良知”的构成。从主体心性的角度来看,就是指人生而有之的善良本心或本性。它在本体的层面上是一种形而上的道德之心与善良之性,由于人人都具备这一先天素养,“良心是自然地先在的、本有的”①,因此它不是一个类概念,而是有着共同、普遍特征的实体概念。在现实的层面上,“良知”的道德本体通过“自我坎陷”过程将会对认识活动和审美活动起着决定性作用。“良知”不似康德所言的道德法则那样处于纯粹彼岸的地位,而是如实朗现在主体的现实生活中并成为生命力量的源泉,“我们的本心、仁心、良知随时在你生命中有震动,它有动就使你自己去觉醒它”②。至于审美这种感性主体所特有的情感活动不可能脱离本心的力量而孤立存在,它就是在“良知”充实之下的蓬勃激昂生命中进行的。从外在之理的角度看,它强调“良知”是自然万物的本性,是宇宙的本源力量与自然的生生之道,可以在“良知至善”这一关节点上实现人类精神与宇宙自然的和谐一致,带来“天人合一”理想的达成。儒家思想体系中的“天”代表了最为本源与超越的世界,成为决定与制约一切的力量。尽管儒者们对“天”的敬仰与畏惧毫不逊色于道家思想中对“道”的崇尚或者宗教信徒对教义的尊重,但他们对于“天理”的探索最终都实现了向主体内心世界的“回归”,认为“外在天理”与主体的良知心性在根本上是一致的。牟宗三就曾说道:“良知明觉自具有康德所说的‘良

① 牟宗三:《现象与物自身》,载《牟宗三先生全集》第21卷,(台北)联经出版事业公司2003年版,第68页。

② 牟宗三:《康德第三批判讲演录》(十四),(台北)《鹅湖月刊》2001年第316期。

心'之意义与作用,但它不只是一'感受的能力',它同时亦是道德底客观根据。它是心,同时亦是理"。① 这明确指出了良知就是内在本心与外在本理相统一的根据。那么,"良知"作为一种渗透了主客方面道德内容的"本体"自然还主导着真的世界和美的世界。不管是认识的对象自然界,还是审美的对象精神界,归根到底都是道德创生的结果。理性层面的真、善、美及现象层面的知解力、实践力、审美判断力和美感都是道德创生的结果。

再次,强调良知是"上提下贯"的动态存在。道德良知是牟宗三哲学思想的核心概念,牟宗三暮年时期展开美学问题思考时更强调它是一个可以上提下贯、于本质超越层面和现象经验层面之间自由活动的存在,从而将其与别的概念区别开来,使其成为美学思想的本质。在牟宗三看来,在真、善、美构建的世界中只有道德良知才能"上提下贯",上提就是提到道体,下贯就是说全部现象世界通通从道体那里创生出来。这表示我们的道德意志决定的,通过我们的行动就变成现实的存在。所以,一切存在不是机械的小原子蹦来蹦去所构成的。一切存在通到天命不已而使其有存在。上提下贯这就是纵贯的。②

经细读可知,在牟宗三的全部哲学思想体系中,道德良知是唯一具有动态功能、将超验性和经验性融为一体的概念,其他的概念如"圆满的善""德福一致""智的直觉""无相原则"等尽管也十分重要并施以大量笔墨去论证,但始终是静态的概念且内容相对稳定。强调"道德良知"动态性的原因,一方面是牟宗三对儒家思想,尤其是以"仁"为核心道德论的肯定,自己也多次强调,"最后关心的那个地方……我只能交付给孔子。到这里,我的

---

① 牟宗三:《现象与物自身》,载《牟宗三先生全集》第 21 卷,(台北)联经出版事业公司 2003 年版,第 69 页。

② 牟宗三:《康德第三批判讲演录》(八),(台北)《鹅湖月刊》2001 年第 310 期。

心就落实了”①;另一方面儒家的道德实践精神能够与西方哲学的道德论进行比较沟通,如依存于传统儒家文化的“道德良知”与康德哲学的“自由意志”之间,在同样强调道德理想与道德实践关系密切的前提下,二者的交互关系和相对距离却存在差别,从中可以见出以中国传统文化为背景的道德论重实践、呈现的特质。而强调“道德良知”动态性的目的,则是指出康德哲学的一些偏颇,即对道德、认知、审美三个世界的设定及相关的知识论、结构论的质疑,及其对中国儒家哲学道德实践精神的肯定。具体来看,牟宗三曾多次表达这样的观点,“照中国传统的讲法,道德的目的直接贯下来,全部自然界直接通上去。康德那个讲法贯不下来,通不上去,他靠中间的审美判断把二者结合起来”②。联系相关文献可知,牟宗三不满康德将真、善、美三个世界彼此独立,以审美作为桥梁去沟通自然与自由二界的静态结构设置,认为依据传统文化的智慧,道德良知本身就是“外在天理”与“内在心性”的合一,在道德良知的世界里已经完成了超验与经验、本体与现象的桥接或统一,并不需要设置一个类似于审美活动这样的中间地带。换言之,传统儒家与西方哲思都强调道德,前者已经为道德之理在现实生活中的呈现找寻到了方法和可能,后者却强调道德法则的先验性和神圣性、与现实生活的绝对距离。在牟宗三看来,西方的见解是思辨理性方法论的结果,强调静态独立的分析、三者似乎是永远的独立的世界;反观传统儒家却能够直截了当地将现实生活的个体与高高在上的圣人连接起来,连接的方法就是个人内心的良知本性和仁义修为。儒家的方法具体可行、论说通透,而西方的方法则太过曲折玄妙,我们不必舍易选难、舍近求远。因而,对道德良知动态性设定,不仅是一个概念论证的过程,更是一种文化态度的体现和方法论的

---

① 牟宗三:《康德第三批判讲演录》(四),(台北)《鹅湖月刊》2000 年第 306 期。

② 牟宗三:《康德第三批判讲演录》(四),(台北)《鹅湖月刊》2000 年第 306 期。

展示,在此过程中暗示着牟宗三对传统文化的绝对信任态度和对西方哲学分析思辨方法论的刻意取舍。

可以说,牟宗三对道德良知动态形态的设定及论证,是整个哲学思想、美学论述的关键步骤,首先证明儒家式道德良知的世界够大、涵盖面宽,在固有的世界里已经解决了经验与超验如何沟通统一的问题,接着将审美的桥接中介地位予以改变,将沟通的任务转换到道德活动中来,最后将审美定位为以道德良知为本体的"道德之美"或"圆善之美",审美也不像康德厘定的那样独立自存性明显,而是合一性大于独立性、境界内涵高于艺术形式。

(二) 康德道德论核心:"自由意志"

"自由意志"是西方伦理学家在思考人性具有的普遍而抽象的本质结构时提出的概念,带有浓厚的人本主义伦理学以及道德人格自律论的痕迹。奥古斯丁还由此建立了基督教罪责伦理学,卢梭曾经提出过人的天性自由与思想行为的枷锁这一关于自由的悖论,康德更将"自由意志"看作道德的本质属性,还以此为前提展开了整套道德哲学的理性构建。康德为了与自然的因果性相区别,强调主体意志在选择和决断过程中的能动性与自律性,提出了意志的因果性,也叫作"特种因果性"或"自由意志"。它是指主体的意志独立于自然因果性之外,在自我选择、决断、负责的过程中全然自主自律的过程和状态。

康德将道德、道德法则与"自由意志"联系起来,认为道德法则不能在经验领域建立,不能从"范例"引申,亦不能从人性的特殊属性及自然本性的方向来推演,更不能根据"上帝的意志"来建立,而只能从"自由意志"的角度来建立这一必然性假设。道德法则必须蕴含或建立在"自由意志"的基础之上:普遍必然的道德法则源自"自由意志",也就意味着"自由意志"在自身内部建立起先验法则;先验法则制定之后成为绝对而本质的道德规范,成为超越一切的制约力量,相对其他因素被动地遵守即"他律"而言,

“自由意志”是自己立法自己遵守,实现了“自主自律”。在《实践理性批判》的序言中康德写道:

> 自由的概念,一旦其实在性通过实践理性的一条无可置疑的规律而被证明了,它现在就构成了纯粹理性的、甚至思辨理性的体系的整个大厦的拱顶石,而一切其他的、作为一些单纯理念在思辨理性中始终没有支撑的概念(上帝和不朽的概念),现在就与这个概念相联结,同它一起并通过它而得到了持存及客观实在性,就是说,它们的可能性由于自由是现实的而得到了证明;因为这个理念通过道德律而启示出来了。①

道德法则要先验、普遍、有效地建立起来,需要肯定我们的意志是自由的,不为任何外在因素所影响。这里的意志自由包含了两重含义:第一,意志是自由而自愿地为道德法则决定,即接受决定的自由;第二,意志是自由的并且那些其自愿遵守的道德法并非外在强加,而是由它自己供给,即自己立法的自由。这表明,在康德的道德哲学中,自由与道德是相互交织、互为因果的,自由既是整个道德系统的基础,又通过道德法则体现自身的逻辑设定。一方面,自由是道德得以可能的前提,因为真正的道德是自律道德,离开了意志的自我选择,也就谈不上自律了;另一方面,通过道德,我们又可以认识到自由的必然性与可能性。

康德通过道德法则与“自由意志”的联结,构造了道德自律的形成前提、实现条件与达成经过。但“自由意志”的不可知性又是康德道德哲学的基本特征,因为自由本身归根结底只是一个假设的前提。在感觉界中,一切

---

① [德]康德:《实践理性批判》,邓晓芒译,杨祖陶校,人民出版社 2003 年版,第 2 页。

现象都在因果关系的制约当中,一切人与事都无法逃离条件与概念的限制,是没有自由可言的,只有超越感知界的本体界才能摆脱条件性制约。由此可以得出,自由是属于睿智界的理念、纯粹理想的概念。一方面,我们对之没有积极的知识,主体没有智性直观的能力去洞悉彼岸世界的先验法则;另一方面,它不能在经验中给予,即我们不能凭借感触直觉与感性印象来认知它。因而,它是超知识、现象和经验的。既然它不是一个经验的现象或现实的知识,就意味着必须通过对经验世界的超越与脱离,而在本体的世界中寻找“自由”。由此,我们可以说“自由意志”在康德哲学中只是隶属于超验世界的一个必然假设或前提条件。

（三）小结

上述两小节是我们分别对牟宗三与康德哲学思想中的“道德”内涵进行的概括。在此概括中可以发现,牟宗三哲思中的“道德”继承了先秦孔孟儒学、宋明理学的基本理路,个体领悟道德法则的模式就是道德实践,以良知(智心、本心、仁心)的觉润、创造而将道德理想的达成依托在感性经验的生命历程中;康德哲思中的“道德”却指代“自由意志”之符合于道德法则,“自由意志”的达成对有限的理性存在人类而言是难以达到的,因为人的生命存在无法超越时间和空间的限制,人类归根结底只是一个感性现象界的存在。因此,康德的“自由意志”与牟宗三的“道德良知”的经验性、呈现性相比,只是一个必然性假设。二人在“道德”内涵厘定时产生的差异,直接导致了他们看待经验个体从有限的现象界向无限道德法则进行靠近、理解之方式上产生偏差,由此也带来了二人审美思考模式上的差别。康德认为“自由意志”是设准,不是经验个体可以掌握的思想境界,因而其代表的彼岸超验义理在个人的道德实践中难以被落实和理解,遂提出“审美判断力”这个沟通感性与理性的中介。而牟宗三则认为“道德良知”乃人类本有,通过向内反求和彻悟就能够与天地万物的终极意义相沟通,既然在人们的道德精神世界就已然解决感性与理性二界的沟通问题，那么审美也就从独立自存的地位中脱离出来而成为道德精神贯注下的精神愉悦行为。具体说来：

依康德的思路，“审美判断”是沟通自然与自由二界的媒介力量，在《判断力批判》的第一部分“鉴赏判断”分析中，他就论证了审美是客观外在的感性形式与我们心中的目的性感受相契合，它遵循着“无目的的合目的性”，即“主观合目的性”原则。这即是说，“鉴赏判断”这种从感性对象中产生，通过引发主体美感继而由感性上升为理性的反省性判断活动，才具备将纯粹理性和实践理性沟通的可能。但是，康德以美来沟通自然与自由的构想并不止于此，因为在紧接着“鉴赏判断”而来的“崇高分析”部分，他更明确地指出了只有当根源于道德感的“崇高感”在审美主体的内心发生之时，才意味着一条更为确定的“无限超越”方式达成。“崇高”在康德美学中是主体从“有限”的此岸世界通向“无限”的彼岸王国过程中最为关键的步骤，因为“崇高”对于客观条件的要求是“无形式”，对主体条件的要求是“理性”。就崇高不涉及对象的具体形式来看，康德是这样描述的，“崇高也可以在一个无形式的对象上看到，只要在这个对象身上，或通过这个对象的诱发而表现出无限制，同时却又联想到这个无限制的总体”①。在这里，康德就能够引发主体愉悦情感且对每个主体都普遍有效的反思性判断的两种形式——“美”和“崇高”，在对象客体的形式要求和作用方式上进行了对比。与“美”必须关涉对象具体、可感、有限的外在形式不同，“崇高”往往在“无形式”或者“无限制”的对象客体身上发生，这种“无形式”的对象条件不仅不会引发主体在体悟和感知的过程中出现偏差、产生幻想，反而能够极大地引发想象力的能量和活动范围，并在主体的心理层面引发一种震撼人心、强

① ［德］康德：《判断力批判》，邓晓芒译，杨祖陶校，人民出版社2002年版，第82页。

烈、严肃的情感。就“崇高”对主体条件的要求来看，康德认为：“这是一种理性施加于感性之上的强制力，为的只是与理性自身的领地（实践的领地）相适合地扩大感性，并使感性展望那在它看来为一深渊的那个无限的东西”①。这意味着，通过理性对感性的不断提携和扩展，可以克服感性执着于有限自然或者个人内心带来的局限，从而在感性不断趋向理性的提升中朝着无限王国迈进。可见，“崇高”从某种意义上说就是主观的理性对于对象无限大的样貌或者无形式的外表而进行的体悟，在无形式对象的促发之下产生了瞬间的压迫和紧张，但是当我们意识到这种压迫和紧张与自身的生存条件存有距离时，伴随出现的就是心灵对“最高的善”的认可和接受。可以说，康德在“崇高”所代表的审美判断的分析中才真正地将有限与无限联结起来，才真正表明“无限”所代表的道德理想与现实相联的方式，述明道德理想在主体的心理层面得以实现的过程。

牟宗三对于“无限”问题的思考和解答则完全脱离了审美判断、脱离了美的世界，而在人的心性本体“仁义”中证成。牟氏对于康德的“崇高分析”亦有所注意，但认为崇高所代表的义理并不隶属于美，反而与道德更加接近。他说道：“审美判断也分成两支：一支讲纯美，一支讲崇高。崇高（sublime）不是美，美是 beauty。但是，崇高也属于 aesthetics，我们也可以对‘崇高’欣赏、赞叹，崇高（庄严伟大）也要有直感，需要直接感受才行。尽管崇高属于美学范围，但它并不是美。”②这即是说，牟宗三不但理解康德以审美为中介将纯粹理性所代表的“自然”与实践理性所代表的“自由”联结起来的思路，而且深刻认识到“崇高分析”在促成此桥接时有着至关紧要的作用。依此，他一方面认可“崇高”离不开审美直感，但另一方面却十分坚定地指出“崇高”并不隶属于美。依据牟宗三对“崇高”的界定，“如《中庸》说

---

①　［德］康德：《判断力批判》，邓晓芒译，杨祖陶校，人民出版社 2002 年版，第 104 页。

②　牟宗三：《康德第三批判讲演录》（二），（台北）《鹅湖月刊》2000 年第 304 期。

‘高明配天,薄厚配地,悠久无疆’这样的自然现象之直觉即为崇高者”,“此即所谓‘仰之弥高,钻之弥坚’。颜子此语即显示孔子之崇高”①,可以看出,只有那些顺应天地之本理的“自然现象”和圣人君子高尚人格的气韵下显现的“人文现象”才可称为“崇高”。鉴于“崇高”直接以道德目的相合、直接与道德情感相连的特性,牟宗三将“崇高”归至了目的世界,即以“良知”为本体的道德理想境界。那么,对于有限与无限的关联,对于厘定从有限向无限过渡的方式和步骤,牟宗三不似康德那样从审美判断形式之一的“崇高”来进行,而是完全从美的世界跳转出来,将问题的解答直接联系到道德目的论和人伦道德观的高度上来。对于人作为一个有限的生命个体,是否具有无限的道德力量或精神力量,东西方文化作出了截然不同的回答。在深受基督教义影响的西方文化中,创造者上帝代表了无限,人作为上帝创造的作品却是有限的。有限的人与无限的上帝之间存在着一条无法跨越的鸿沟:上帝是人膜拜信仰的对象,人可以听从上帝的训诫、启示和召唤,成为上帝的信徒和追随者,但不可能成为上帝本身,故“有限是有限,无限是无限,这是西方人的传统”②。反之,中国文化却透示着“人虽有限而可无限”③的主张,它的具体含义是“人可是圣,圣亦是人。就其为人而言,他有科学知识,而科学知识亦必要;就其为圣而言,他越过科学知识而不滞于科学知识,科学知识亦不必要,此即有而能无,无而能有”④。牟宗三在此将有限与无限相互关联、渗透和影响的依据断定为“仁义”精神主导下的道德人

---

① 牟宗三:《康德〈判断力之批判〉》,载《牟宗三先生全集》第16卷,(台北)联经出版事业公司2003年版,第220、223页。

② 参见牟宗三:《现象与物自身·序》,载《牟宗三先生全集》第21卷,(台北)联经出版事业公司2003年版。

③ 参见牟宗三:《现象与物自身·序》,载《牟宗三先生全集》第21卷,(台北)联经出版事业公司2003年版。

④ 牟宗三:《现象与物自身》,载《牟宗三先生全集》第21卷,(台北)联经出版事业公司2003年版,第125页。

格，借此有限存在的个体凭借先天的本心和后天的修养可以通往无限的宇宙本体世界，可以领会宇宙、世界、人生蕴藏的无限性意义。个体的“本心”，即能够与宇宙、自然之理形成对应、联结关系的“主观心性”，不是处于人格结构中较低层次的“自然之性”，而是一种“义理之性”，这在圣人君子的立身行事中就可明确见出。至于实现的道路，儒家观念中的仁义礼智是人生而有之的本性，只要克己复礼、大而化之并加强后天的保持与培养，不为邪念、自然之性所迷惑，就完全可以达到圣人君子的境界而“成圣”。

以上分析表明，康德以“崇高”来联结有限与无限，以“崇高”来论证有限个体步入无限理想境界的过程、方式和步骤。其美学思想在以感性为切入点的“鉴赏判断”的基础之上又推出了以理性为基石“崇高分析”的部分，如果说前者是基于审美活动的个别性和自存性而来的话，后者就是其美学思想的道德精神与宗教精神得以确定和固定的结果。因而，康德美学渗透着一种明确的价值论内涵，即对于审美“精神超越性”的倾斜和强调。而牟宗三将“道德人格”看作有限与无限相联的契机，即是说在以“良知”“仁义”为主导的主体人格内部就已经实现了有限与无限的沟通，我们只能通过向内探求、不断自省的方式来体悟发生在自我生命历程中的这种从有限向无限的超越方式。严格说来，牟宗三对无限超越的厘定和分析并不局限在美的领域，而是直接发生在以“道德良知”为本体的目的世界中，通过更高一层的目的世界将形而上与形而下、超验与经验等的关系进行梳理，再将它推向美的世界，将美的世界也纳入道德目的论的范域中来。这样的先决条件决定了道德论美学所具备的价值倾向和价值追求都伴随“道德良知”这个本体来进行。

二、审美地位：“合一说”与“中介说”

牟宗三与康德对道德哲学体系的思考，尤其是对道德先验自律性的定位，不约而同地形成了以道德来规约、提升和支撑美的美学观点。牟宗三的美学思想就建立在“道德”这一哲学本体论的基础上，康德的美学思想也体现出明显的道德精神。然而，牟宗三在“心理为一”的思想方法指导下，实现了对“道德”概念核心“良知”呈现性的坚守，最终提出了审美活动在本体层面上与实践理性、“智的直觉”实现内涵统一的“合一说”。而康德则在“心理为二”的主客二分式思想方式下，确定了“道德”核心“自由意志”只是一个必然的假设，最终将审美定位为在自然世界与自由世界之间流转、沟通的“中介”。

（一）康德“自由意志”公设性与审美“中介说”的提出

依据康德的理解，人是自然界、现象界的存在物，人的本心与本性无法超越感性直观的世界而具有超验的意味。作为主体人类的认识能力也只局限在感性直观的范围之内，不可能凭“智的直觉”能力去思考纯粹的智思界。而真正属于超验世界且对现象世界具有决定意义的“道德”却是以意志自由为前提条件的，道德法则最本质的特征在于它的普遍性与必然性，这种普遍性与必然性源于意志自律，即自己立法、自己遵守。但在康德的哲学观点中，“自由意志”是三大公设之一，它不可能在人类的生命进程中真正实现。因此主体心性与道德之理是截然分离的两个层面、两个世界，这种分离在牟宗三看来是西方传统文化中自然与生命、客观与主观二分模式的必然结果，因为“在西方文化里，不但把‘智’与‘意’看成对立，而且把‘生命’与‘理性’也看成对立。他们认为生命是非理性的概念，所谓理想、正义、公道、是非，都属于理性方面”①。于是，在康德哲学中表现出“生命只是生命，

① 牟宗三：《人文讲习录》，载《牟宗三先生全集》第28卷，（台北）联经出版事业公司2003年版，第29页。

理性便只是外在的理性，理智的理性"[①]这样"心理二分"的基调，就直接导致经验主体对道德法则的追求是难以当下落实的。主体以道德法则为先验性依据，以此无限接近道德圆满的理想境界是可能的。凭借智性直观洞悉道德法则的内涵，将道德的理想境界当即呈现在生生不息的主体生命中却没有可能。康德的道德哲学论显现了"心理为二"的思考方式，也正是由于道德世界的"先验假设性"与认识世界的"现象感官性"之间存在着无法跨越的距离，于是提出了以"无目的的合目的性"为原则的审美活动作为沟通自然与自由二界的桥梁。在康德美学观点集中的《判断力批判》中，他提出了主体的审美判断力是审美活动的来源，也是决定审美特性的关键因素。审美判断是反省性的，是以主体的想象力和知解力为中介，因对象的表象系于主体而引发快感或非快感的那种主体性判断。审美判断一方面联系着事物的表象，由表象引发自身对于美的鉴赏以获得感官快适或审美愉悦，经历客体作用于主体的过程。另一方面主体以自身的想象力与知解力为中介形成对表象的评价，而表象始终是纯形式、不涉及内容与概念的，即是说表象形式在审美过程中处于自足自立的地位而无所依待。那么，依此形成的审美感受尽管在形式上是主观个人的，但由于审美对象的独立自存性使得审美情感超越了实存条件与概念的限制，而实现了自由自律。也正因如此，主体个人的审美情感具有了普遍性意义和必然性特征，可以为人类群体所接受而形成审美共通感，以它来实现审美活动由主观性向客观性的回归。因为审美判断具有将理性与经验、客观与主观、理解力与想象力等矛盾性双方联系起来的综合作用力，康德遂将其看作将自然与自由统一起来的有效途径，将审美的地位和性质确立在"中介说"的范域内。

---

① 牟宗三：《人文讲习录》，载《牟宗三先生全集》第 28 卷，（台北）联经出版事业公司 2003 年版，第 30 页。

（二）牟宗三“道德良知”呈现性与审美“合一说”的推演

牟宗三对“道德”本质的看法则是在“心理是一”的传统认识论、人生观影响下形成的。他还以此为基础提出了道德本体论美学观。牟宗三继承了宋明儒学程颐、朱熹“心静明理”的内心修养工夫论，将人之“心”与天之“理”的关系概括为“本心即理故，诚体即理故。发于此本心诚体之自主自决之知即证实其为理”①。此中意义可作如下详解：中国文化中的“理”是指外在客观的“天理”，在儒家思想中就等同于主体心性的本体“德性”。因为外在“天理”与内在“心性”在本质是同源同根的，都是“良知仁义”对应于不同方面的不同表现。由此可知，既然主观之“心”与客观之“理”有着共同的起源和内涵，都指向“道德良知”这个本体，那么也就不需要以审美判断力作为两个世界的连接，可以通过“反观内心”“直接领悟”的方式，在道德心性的层面上实现与道德理想的沟通。这种“心理为一”的过程不但可以作一个整体的概括，“吾人之心气全凝聚于此洁净空旷无迹无相之理上，一毫不使之缠夹于物气之交引与纠结中，然后心气之发动始能完全依其所以然之理而成为如理之存在，此即所谓全体是‘天理流行’也”②；而且还可以从道德心性的内部与外部两个层面进行详细分析。就道德心性的内部而言，“良知”是客观外在的先验道德之理与主观内在的道德心性的统一。主体对于先验道德法则超越了无法认知、不能企及的状态，只要反观内心，将“良知”的本性进行强调与保存，就是先天道德法则在现实中的呈现，主体借此便达到了自由自律的人生状态。就道德心性的外部而言，“良知”特有的“创造性”，即对于主体心理、情绪、精神的积极强调与主动引领，也直接影响着认识活动与审美活动。主体性活动包含知、情、意三个方面内容，知是主体的认识活动，通过概念的分析与思辨的归纳形成知识系统，这一过程

① 牟宗三：《心体与性体》（上），上海古籍出版社1999年版，第91页。

② 牟宗三：《心体与性体》（上），上海古籍出版社1999年版，第90页。

中理性精神与分析态度是主导；情对应主体的审美活动，强调通过对审美表象的感受形成精神的愉悦之情，对主体精神的安顿与放松是其特有的品性；至于道德活动，“道德良知”有着明显的趋善避恶、明辨是非的价值主张，这对于主体的观念形成、境界提升、人格培养有着明确的方向性，因而它在人们从感性向理性的超越中直接处于主导和决定的地位。依此前提，牟宗三在审美判断能否沟通自然与自由二界的问题上得出了与康德截然不同的结论：由于“康德那个讲法贯不下来，通不上去，他靠中间的审美判断把二者结合起来”①，但按照中国传统的讲法，“道德的目的直接贯下来，全部自然界直接通上去”②，因此当“本心、仁心、知体当下可以呈现，一下可以贯下来。可以贯下来，自由与自然就可以沟通在一起，就不需要美这个第三者来做媒介”③。由此可知，牟宗三已经从康德“以美通善”的思路中转化出来，认为不是善借助美来表现自身，而是美必然与善合一，美必然以善为主导。美只有建立在道德所特有的“呈现性”与“创生性”基础上，才会凭借道德力量而具备一种积极、奋发、向上的精神，令主体在审美活动中真正实现精神超越。

牟宗三以“道德良知”为思想内核与逻辑起点建立了道德论美学思想体系。对于如何确立审美活动的地位，他不似康德那样将其看作沟通二界的中介，而是将审美活动划分为现象之美与本体之美两个层面进行分析。他在两个层面的分析中强调：美以“良知”为主导，美善必然合一。具体来看，本体层面的美对应于认识的无限智心与道德的良知至善，三者在内涵上有一致性，归根结底都是道德的本体“良知”在发生作用；而现象层面的美就是美的形式或艺术构造，它作用于主体的精神世界并表现出艺术之美所

---

① 牟宗三：《康德第三批判讲演录》（四），（台北）《鹅湖月刊》2000年第306期。

② 牟宗三：《康德第三批判讲演录》（四），（台北）《鹅湖月刊》2000年第306期。

③ 牟宗三：《康德第三批判讲演录》（十四），（台北）《鹅湖月刊》2001年第316期。

特有的纯粹性与闲适性。现象层面的美必然受到本体层面的美的制约。一方面就本体层面的美而言,它是在道德本体"良知"的直接作用与支撑下形成的意义世界,由于美的本体"良知"本身就是涵盖、包容一切的整体性概念,它既是自然万物生动流行背后的本体,也是人类安天命、得其所背后的制约。当人类主体保持着善良的本心去思考和行动,从某种意义上说就是在把握了道德法则前提下形成的自在自为的生活,也是在经验世界中洞悉超验世界内涵的过程。此时不仅实现了精神世界的真正自由,而且与审美的无所依待和超脱自由是相通一致的,因为将有限的生命与无限宽广的彼岸世界融为一体既是道德的理想,也是审美的理想。另一方面,就现象层面的美来说,它强调纯粹性与形式化,人们在艺术世界中也能获得精神的放松与生命的安顿,但审美本身却无法提供一个能够在闲适与放松之余给主体带来精神的提升、思想的开拓和生命的奋进的坚强有力的思想内核。只有"道德良知"通过对美的本质进行规定和制约,才能克服现象之美的局限,赋予审美活动某种精神价值性内容,强调美的形上品格与超越意义。因此,牟宗三强调道德本体对审美活动的介入和以"良知"为本体的美对现象、个别美的制约,依此可将他对审美的定位概括为真善美和谐一致的"合一说"。

(三)审美"中介说"与"合一说"比较

康德审美"中介说"与牟宗三的"合一说",从根本上看都是针对审美这种诉之于情的活动应有的地位来进行评定的,尽管定位的差异直接导致了二人美学理论的结构和内容上的不同倾向,但他们不隅于纯美论或艺术哲学的审美评价方式,却首先表现出力图使美突破自然和艺术的范围而扩展到整个社会人生的共同追求。"中介说"暗示了康德是以主体独有的审美判断力为出发点去思考审美与道德的关系,不论审美与道德的必然联系如何推导,审美作为沟通二界的桥梁所具备的独立地位和价值功能却是一定的。而"美是善的象征"这个结论也体现了他怎样立足于"人"本身、立足于审美活动的特性本身去将审美与超验的道德法则相联。如果说"美的分析"部分还只是康德关于美的感性经验特征进行的论说,还难以将审美与道德法则必然统一的话,"崇高的分析"则使我们真正看到了审美体验可凭一种震撼心灵、激发斗志的方式将道德法则内化为心的接受。整个过渡正如王元骧教授所言:"美的分析在康德美学中只不过是一个论述的起点,因为既然人只有当他的行为排除了私利,建立在对法则的敬重之上,才能成为一个道德的人而完成对自己的本体建构;这就使得他必然把崇高的地位看得远高于美。"①可以说,康德在美学思想中表达的对"崇高"的认可,是克服了先前经验论与理性论的局限而不断把审美的感官愉悦性向着彼岸超验的方向进行提升的动态过程,这实际上体现了他将审美情感与道德情感、审美体验与道德敬畏进行联结的目的,因此在道德与审美的关系上,前者承担着对后者的境界提升与价值引领作用是康德"中介说"蕴含的基本旨意。而这种旨意与牟宗三的道德论美学形成了不谋而合的态势。尽管牟宗三反复强调审美作为第三者不必生硬地用来沟通自然与自由,因为目的世界的核心"良知"可以直接贯注到自然现象的层面上,通过与主体"良知"心性的合一而在道德行为的内部解决二界沟通的问题,但这绝不意味着审美与道德之间的关系是模糊的,相反他更以一种直接规定的方式将审美纳入到"道德良知"的本体中来。"合一说"的目的就是将美的本质概括为"与善合一",牟宗三说:"合一有两个意义,一是如康德所说把三者合在一起成一大系统,这大系统其实是分别说的。另一个意义是中国人所了解的真善美之合一,就是说一物同时即真、即美、即善。这意思是康德所没有说到的;西方哲学没有这了解,没有这境界。但中国人最

① 王元骧:《再论美学研究:走两大系统融合之路》,《文艺研究》2009 年第 5 期。

喜欢谈这个问题,即真、即善、即美,合在一起;其中有真的成分、美的成分、也有善的成分。”①他在此说明了审美地位之“合一说”的真正内涵,即不是在西方哲学“分析尽理”精神指导下进行的一次“辩证综合”,而是从一开始就抓住了宇宙、天地、社会乃至生命的基石“道德良知”,通过对“良知”具有的在“体”与“用”、“本体”与“工夫”两个层面的意义进行开掘和证成,将充实而完整的“道德形而上学”推至审美和艺术,使得审美和艺术一开始就建立在“道德良知”的本体论说之上。可以说,分别说层面的美在相当程度上吸收了康德对鉴赏判断的独立分析方式,但这个步骤还只是技术层面的借鉴,与“美善合一”的义理相比它处于明显的次要地位;分别说层面的美在中国哲学的智慧引导下必然要进行提升和超越,从而达到理想的“圆善”境界,即“合一说”的境界。在此境界中,使得真善美三方融合为一、不分彼此的关键就是“良知”,因为它与真、美相比更具有普遍性、创生性以及绝对性,这不仅表现在“良知”作为古典儒学的核心、作为儒者们的内心信仰一直延续着它的影响力,而且与认识之真、审美之情相比,它处于无所依待、自由自觉的地位。由此,牟宗三道德论美学是以“道德良知”为本体基础和逻辑起点的,审美“合一说”中其实蕴含着美应当直接以道德为引领、以道德为主导的活动规律。因此,康德的“中介说”与牟宗三的“合一说”首先在道德与美的主次地位以及相互关系上表现出共同看法。

分析了“中介说”与“合一说”在终极义理层面上具有的共同性之后,还应当注意两种论说之间的差别。整体说来,康德是以感性经验为起点、以审美的独特性质为基础来实现向彼岸超验的过渡,经历了从感性到理性、从经验到超验的分析步骤。牟宗三则是以道德理性为起点,将“良知”代表的道德理想境界贯注在审美活动的独特性当中。美的独立性在道德论美学中是

① 牟宗三:《圆善论》,载《牟宗三先生全集》第22卷,(台北)联经出版事业公司2003年版,第334页。

相对而言的,合一性才是绝对而必然的。因而牟宗三审美“合一说”经历了由理性规定过渡到感性愉悦的过程。对于二说的差别,我们还可以从以下三个方面作深刻分析。

首先,在美的起源问题上,康德针对“英国经验派”与“大陆理性派”的理论局限,以及前人将宇宙本源的本质论研究成果等同于审美起源的不足,以解释人与世界的关系为切入点而将美的本源归于主体的“审美判断力”。他说,“一个这样的判断就是对客体的合目的性的审美判断,它不是建立在任何有关对象的现成的概念之上,也不带来任何对象概念”,而是主体的精神愉快与客体的形式表象之间的必然结合,“这样一来,该对象就叫作美的;而凭借这样一种愉快下判断的能力就叫作鉴赏”。① 这表现出康德将美的本体与宇宙本源、道德本体等问题的探讨区别开来,抓住审美活动的主客交互性、主体心理结构的介入性以及审美活动的情感体验性特点来归纳美的起源。而牟宗三继承了儒家重人生、价值、伦理的美学传统,将“道德”看作物质世界与价值世界的起源,“质的世界是价值世界,它的根源在于道德心性”②;审美作为一种诉之于情的精神超越行为集中体现了人们的人文情怀,尽管它隶属于价值世界,但根源也在“道德良知”之上。牟宗三还从学理上,将“道德良知”作为美的本源的可能性、必然性与呈现性都作出了探讨。就审美主体方面来看,尽管它是主体性的精神体验过程,有鲜明的个体性特征,但在其发生之时就受到个体道德观念的引导与制约;继而审美要获得普遍性的意义将会经历为他人接受、认可的过程,此时也离不开社会群体的道德规约与价值倾向的影响。就审美的客体方面而言,审美活动的主客交互性决定了审美活动不是纯粹主体精神层面的探索,还需借助具备审美

① ［德］康德:《判断力批判》,邓晓芒译,杨祖陶校,人民出版社 2002 年版,第 25 页。

② 牟宗三:《人文讲习录》,载《牟宗三先生全集》第 28 卷,(台北)联经出版事业公司 2003 年版,第 79 页。

特质的表象才能得以传达。而审美表象,不论是自然万物还是生命历程,抑或纯粹的精神现象,都是在道德的影响与制约下产生的。个人的道德观念、群体的道德倾向,甚至蕴藏在宇宙自然背后的道德创造力都以"良知"为核心,因此审美活动的主客二方在起源之时就受到"良知"本体的制约。牟宗三这种将审美根源于道德心性的学思努力正如台湾地区学者杨祖汉概括的那样,"道德实践先是克己复礼,继而是显充实而光辉之大相,最后是大而化之,化去大相,归于平平。牟先生认为此时人便显得轻松自在,此即'圣心'即函有妙慧心,此是'即善即美'之境"①。这即是说,牟宗三将"良知"看作宇宙和世间万物的本源,并将这种哲学层面的本体论研究结果也推广到审美活动中去。他不是从审美的独特性与自主性角度来思考美的起源问题,而是认为,只要抓住了审美与道德的合一性、审美的精神品格融入道德至善的价值导向性,美的表象、形式、类别等形而下的特质自然就具备了深厚的思想支柱,审美便会成为兼具生命力、创造性与精神开阔性的行为过程。牟氏的审美起源论尽管具有积极向上的质量和开拓进取的精神,却无可避免地带来对审美特殊性和在审美内部进行本源探索的忽略。

其次,在美的本质问题上,康德从质、量、关系、程态四个契机进行分析,将美看作超越一己的利害关心、不凭借概念或者其他制约因素具有普遍性、通过审美共通感而获得必然性的"无目的的合目的性"过程。这是依据审美活动的自身特性与发展过程,对美的本质包含的要素进行的厘定。牟宗三则认为康德对审美"无目的的合目的性"分析中出现了二律背反,从而将美的本质规定为"美善合一"。这是一种在道德本体的作用下,将现象层面的特殊审美表象进行道德提升的过程;也是将现象之美看作本质之美的象征与表现,将美的特殊性与多样性汇通在道德至善的理想之中的过程。在

---

① 杨祖汉:《牟宗三先生的圆善论与真美善说》,(台北)《鹅湖月刊》1997 年第 267 期。

牟宗三看来,审美的精神体验过程归根结底还是一种实践理性活动。

最后,对于美的集中表现形式——艺术的看法上,二人也存在差异。康德在《判断力批判》中将"通过自由而生产、也就是把通过以理性为其行动的基础的某种任意性而进行的生产,称之为艺术"①。康德将艺术看作以理性为基础,在"自由意志"的作用之下以审美为最终目的的主体精神性创作活动。艺术创造是"自由意志"的活动方式之一,但它又不同于其他的意志性活动,如信仰、宗教、道德等。艺术创造是超越概念限制,以无利害关心为基本特质,以获得审美感受为最终目的,在意志自由的状态下发生的行为过程,是美的本质得以表现的途径。通过艺术,美的本质与"自由意志"实现了沟通,这就更加确定了美作为主体精神层面的行为对于探析彼岸世界的本体意义具有的特殊地位。牟宗三将美的本质归属于"道德良知",美与道德本体在形而上层面上本来就是合一的,以道德为主导的审美就是领悟本体世界的意义。因此,审美与"自由意志"在"良知"这一本体概念上实现了统一,并不需要艺术创作活动来将二者沟通。艺术只是审美的现象之一,在现象层面的美通过艺术创作的过程与艺术表现形式体现了美的鲜活性、丰富性与多样化,但它最终还是要经历道德情感的升华作用,将纯艺术、纯形式层面的美提升到与道德理想合一的本体世界中来。因此,对于艺术,牟宗三并不否认它是审美特质与审美品格的集中表现,有着独特的感染力和震撼力,但更强调它必须停留在"善"的光辉之内,以道德至善的理想为引导。

三、审美品格:"静观的"与"震撼的"

基于前两小节的分析,我们知道"自由意志"的先验性令康德哲学尊重

① ［德］康德:《判断力批判》,邓晓芒译,杨祖陶校,人民出版社 2002 年版,第 146 页。

道德法则与经验生活的距离，设置为彼岸超验的存在，而审美判断力“无目的的合目的性”却具备经验、超验相关联的可能，通过对其本性的深入剖析，遂将其定位为沟通自然、自由二界的“中介”；而儒家“道德良知”的呈现性与经验性则使得牟宗三将沟通二界的责任委于“良知”本身，审美仅作为道德力量外化后之结果而存在，因而“美”在本体的层面上是“与善合一”。在厘清了康德与牟宗三的美学思想由于道德内涵的差异以及由此带来的审美定位之差别后，我们继续以康德美学为参照，分析牟宗三道德论美学依存于儒家“道德良知”而形成的审美品格，即“上提下贯”的整合能力为“道德良知”专属，审美无须承担沟通二界的任务，只是静态的、自然的存在或内在性感受。

（一）审美表象中“自然美”与“社会美”的差别

在牟宗三的美学思想中，针对具体审美表象的论述是由康德“自然的合目的性的审美表象”①这一议题所引发的。康德指出：“对象就只是由于它的表象直接与愉快的情感相结合而被称之为合目的的；而这表象本身就是合目的性的审美表象。”②在此，康德将具有“客体的主观形式的合目的性”的那些客观对象界定为审美表象。审美表象直接与主体的感性直观相契合，并且能够引发主体轻松愉悦的情感，它在与主体的感觉、想象相契合的一瞬间就表现出某种不依赖于对象概念而具有的普遍性意义，因而它不似认识活动那样合于客观、外在的目的，而是合于“主观的”目的。接着，康德在审美判断的两种形式——“美”和“崇高”中进一步描述了审美表象指代的内容。在“美的分析”中，康德研究的重心在客观对象与感性经验的结合上，在个人通过审美活动所获得超越现实功利的无利害关心的过程中，因此所描述的审美表象多为“纯形式”的。他通过“一朵玫瑰花”“一片草坪的

① ［德］康德：《判断力批判》，邓晓芒译，杨祖陶校，人民出版社2002年版，第24页。
② ［德］康德：《判断力批判》，邓晓芒译，杨祖陶校，人民出版社2002年版，第25页。

绿色”“一种单纯的音调”“一团壁炉的火焰”“一条潺潺小溪”①等审美表象的例举，来表达美感的产生根据是“主体的情感而不是客体的概念”②，即在审美判断中能够与主体的感触直觉或者主观目的相契合的对象都可算作审美表象，而美从本质上说就是一种凭借感官能直接引起人们愉悦的对象。在“崇高的分析”中，康德的重心转向了主体的地位作用和心理力量，而审美表象的特征也从先前的“纯形式”范域转向了道德至善内容。康德在数学的崇高中，引用了埃及金字塔、圣彼得大教堂、山岳、冰峰来说明在体积外形上无限大的事物所引发的想象力在统摄中自由前行之后，主体凭借理性所得的庄严之感。在力学的崇高中，康德又说道，“险峻高悬的、仿佛威胁着人的山崖，天边高高汇聚挟带着闪电雷鸣的云层，火山以其毁灭一切的暴力，飓风连同它所抛下的废墟，无边无际的被激怒的海洋，一条巨大河流的一个高高的瀑布，诸如此类，都使我们与之对抗的能力在和它们的强力相比较时成了毫无意义的渺小”③。从康德对审美表象的描述中，我们认为其对审美表象的范围界定十分宽泛，既包括纯粹形式的自然美，又包括渗透道德至善内容的社会美；既包括通过审美静观而感知的“优美”，又包括通过内心震撼才能获得的“壮美”。

牟宗三对审美表象的描述却较为单一，对审美表象的划定亦略显狭隘。他认为美是自然气韵作用下的美丽景色与主体气质生命的配合，因而审美表象或者审美客体很大程度上就指“自然之美”，故十分肯定地说“美的世界就在自然界”④。自然之美是整体、巧妙而又纯粹的，是审美艺术活动以

---

① 参见[德]康德：《判断力批判》，邓晓芒译，杨祖陶校，人民出版社 2002 年版，第 50 页、第 59 页、第 81 页。

② [德]康德：《判断力批判》，邓晓芒译，杨祖陶校，人民出版社 2002 年版，第 67 页。

③ [德]康德：《判断力批判》，邓晓芒译，杨祖陶校，人民出版社 2002 年版，第 100 页。

④ 牟宗三：《康德第三批判讲演录》（八），（台北）《鹅湖月刊》2001 年第 310 期。

及日常审美活动中所特有的那种难以用科学分析来言说的美好。对于这种美好，牟宗三举例说道，“我们村庄前面有一条河，河边种香瓜、花生，或者是种西瓜。晚上要在那里看管，要不然给小偷偷去了。夏天，我就在那里看西瓜。我们的西瓜地上搭一个棚子，我就在棚子里睡觉。那就是很美的自然景色。我们那一带还有梨，莱阳梨就出产在那一带。梨花浓密，最美了。千树万树梨花开，浓浓密密都是白花，叶都是绿叶。这种美是景色之美，合起来成一个美的景况，拆开来就没有甚么美了”①。而对于康德所说的“崇高”以及那些带来内心震撼的审美表象，牟宗三则认为，“从道德上讲崇高。所以，康德在美的分析中还讲崇高。崇高就是把人激动起来。美是不激动的，所以美中没有激情，也没有魅力，而崇高有激情”②。可见，尽管牟宗三对康德所言的那些引发内心敬畏、恐惧和严肃之情的崇高表象有所关注，对它们的作用方式也十分赞同，但由于对康德审美判断力的“沟通说”产生质疑，以及将这种质疑贯彻到审美地位、品格的认识上，故牟宗三将能够引发主体精神愉悦、舒适畅快的审美表象局限在了静态、微观的自然美，那些比较宏大、激荡的审美表象被排除在外。可以说，康德在审美表象的问题上展现了整体、宏观的视角，其内容既有自然美，也有社会美，既有静观的审美表象，也有动态恢宏的审美事物，内容丰富、涵盖面广；而牟宗三对审美表象的认定采用分离的、单一的视角，将道德表象和审美表象作了清楚的划分，那些动态、激荡的内容属于道德表象，只有安静闲适的自然美（既有纯自然界的风光景色，也包含文艺作品中以自然为对象的艺术加工）才是审美表象的集中展现，内容比较单一、范围略显狭隘。

康德将审美判断的形式区分为“美”和“崇高”两种。应当说，这种区分方式是康德以审美判断本身的特征为着眼点，围绕着审美判断这种主体以

---

① 牟宗三:《康德第三批判讲演录》（八），（台北）《鹅湖月刊》2001 年第 310 期。
② 牟宗三:《康德第三批判讲演录》（四），（台北）《鹅湖月刊》2000 年第 306 期。

自身需求为出发点,又以自身的无限超越为目的的特征本身来进行的。因此,康德首先以经验性说明的"美的分析"为开端,目的就是为"某种更高级的研究",即"崇高的分析"提供素材。① "美"与"崇高"在康德美学中是从感性向理性的递进说明,它们本身就是一个整体且相互补充。但牟宗三似乎并未理解康德以审美判断来沟通自然与自由,尤其是以审美来通达道德至善理想的思路,因而十分肯定地将"崇高"从"美"的领域中分离而出,即不在审美活动中论说"崇高",而将其直接归属为道德。由此,审美判断的形式在牟宗三看来就只有"美的分析"一种。关于"美的分析",牟宗三在赞同康德的"审美四性说"同时,又对其中表现的"混漫和滑转"提出质疑,因此他将美的本质直接规定为"美善合一",并试图以整体合一的方式来重新论说审美的四个特性。

关于牟宗三对康德美学内容的改写,我们认为既存在问题,又有一定的意义。就问题来说,牟宗三在此出现了对康德美学某种程度的误读。康德只是从对"纯美""优美"的经验性分析入手来表达审美与道德有相互关联的可能,再在"崇高的分析"中论述凭借审美活动和艺术行为可以召唤出人们对道德法则的理解和敬畏,在想象力对无限大、无形式对象进行的观照中将道德情感落实于个人内心,以"崇高感"来联结感性的自然和理性的自由。这即是说在"美的分析"中,康德分析审美四性的意义未必如牟宗三所说的那样,"康德提出那个合目的性原则作为美学判断的原则,他的入路是这样的,他的那个合目的性是这样进去的,但是这种入路是不行的。这是滑转"②,康德只是从感性经验入手来论"美",以"美"为基石和前提再论"崇高",最终在"崇高"中证成合目的性原则的实现。而牟宗三却对康德在"崇

① 参见[德]康德:《判断力批判》,邓晓芒译,杨祖陶校,人民出版社 2002 年版,第 119 页。

② 牟宗三:《康德第三批判讲演录》(二),(台北)《鹅湖月刊》2000 年第 304 期。

高论”中表现的从美向道德的过渡予以忽视，反而紧紧抓住康德在“美的分析”中表现而出的滑转，因此得出“来得太快”，“总感觉到不受用，不能落实”①这样的结论，或者说他认为感性经验的美与理性超越的道德目的仅依靠审美独立性的分析就实现弥合是难以做到的。因此，他将审美判断的原则归于“无相”，将审美活动的本体规定为“道德良知”。就意义来看，这种误读有理论和现实两个层面的目的。前者表现在，“误读”直接引发了牟宗三思考如何将审美判断的合目的性以确定的、必然的方式实现，因而他从“美”的独立性中跳转出来，直接从道德目的来规定“美”、思考“美”并最终构建了道德本体论美学思想体系。而“误读”的现实意义则表现在，以此为基础形成的道德论美学观与“道德形而上学”这个整体在精神义理上是完全一致的，它不仅成为“道德形而上学”的构成部分，而且为“道德形而上学”要解答的主要问题，即以“良知”开显知识、科学和民主从而实现传统文化的现代转型，也作出了一定的贡献。

此时，对于审美表象在牟宗三看来必定以“自然美”为主的这种限定，我们就不难理解了。由于首先将“崇高”与审美判断、审美活动进行分离，再以自身的儒家义理来对康德“美的分析”中四个契机进行分析并得出“美是气化的光彩”这样的结论，牟宗三最终将审美表象的形式固定在一种静态、单纯的模式中，即那些能够与主体的气韵、生命相契合，能够以观赏、默想的方式引起闲静之乐的“自然美”。

（二）审美形态上“优美”与“崇高”关系之差别

牟宗三的美学思想发端于他对康德美学的评述，但是不论他如何试图将儒家“天命不已”的道德本体向审美领域进行推导和灌输，康德对审美判断的两种形态——“美”和“崇高”的分析却始终是他难以绕过的问题。康

① 牟宗三：《康德第三批判讲演录》（二），（台北）《鹅湖月刊》2000年第304期。

德以审美目的论改造了博克对于“美”与“崇高”两种审美形态的经验性描述，通过“美的分析”和“崇高的分析”两部分的论说证明审美可以沟通经验世界和超验世界。从事审美判断的主体将会历经一个由感性到理性、由纯美到崇高、由美感向道德感过渡的自我提升过程，因而审美也被康德纳入到“人学目的论”的构想之中。但在康德的审美理论中，“美”和“崇高”在地位上不是完全对等的，正如王元骧教授所说：“在康德构想的通过审美以求沟通经验世界和超验世界，现象世界和本体世界，把人引向‘至善’，完成自身的本体构建的过程中，崇高的地位显然高出于美。因为它更接近道德本体。”①的确，“美”与“崇高”都是审美判断的形式，不仅在质、量、关系、程态这四个契机上都表现出一致性，而且道德目的是它们共通的价值引领，在主体从经验彼岸层面向道德法则、自由意识所代表的理想境界的过渡中，它们是相互渗透、相互补充的。但“美”与“崇高”的区别也十分明显，这一点可从“美感”与“崇高感”的区别来进行分析。不论是“纯美”的判断还是“崇高”的判断，它们都会引发主体的愉快之情，康德分别以“美感”和“崇高感”来概括这种情绪。由于“美”是经验性的，因而“美感”是那种不以概念为中介，仅凭形式外观就能使人感到愉快的过程；而“崇高”是超验性的，“崇高感”是那种无限大、无形式的景观强化了我们对人类的道德、至善以及尊严的敬重，是当我们历经无限的恐惧和严肃的重压之后又感觉到自己处于安全地带而产生的喜悦。“美感”通过“优美”经历的那种静观鉴赏过程，是以感性为介入点来分析美与至善相互连接的可能性；而“崇高感”通过崇高体验所特有的对于人心的震撼和压迫，则是以理性为介入点来分析美与至善相互关联的必然性。正是由于“美感”和“崇高感”在性质特征上存在差异，康德在对它们的安排中就显现了“以感性为基石，以理性为目的”的论说思

① 王元骧：《再论美学研究：走两大系统融合之路》，《文艺研究》2009年第5期。

路。这样的安排不仅十分巧妙，而且显现了康德美学思想的深刻性，正如王元骧教授指出的那样，“从经验出发还是从理性出发也就成了《纯粹理性批判》和《实践理性批判》截然不同的两条思路。他发现作为审美判断力的两种形态——美感与崇高感的产生途径恰好与这两条思路相符，因为美感总是基于感性对象，从感性对象中产生，继而由感性上升为理性；而崇高感则根源于道德感，通过心灵的反思而得到……这样，就可以通过审美判断力的两种形态，来达到现象世界与本体世界、知识理性与实践理性的对接，从而不仅完成了他的哲学体系的建构，而且也使得通过对于美与崇高的分析把审美活动的经验性和超验性、外观性和内省性有机地统一起来”①。可以说，康德以审美判断的两种形态“美”与“崇高”分别对应着感性界和理性界，尤其是“崇高”的发生机能表现了康德向实践理性方面产生倾斜。那种通过在内心产生的对先验道德法则的膺服和接受，再将其应用在人格修炼和培养的过程中产生的“崇高感”，成为我们从感性的人提升到理性的人、道德的人的力量支撑。因此，如果说康德的审美判断力是自然与自由之间的桥梁，既有感性因素又有理性光彩的话，在“崇高”这种审美判断力的分析中，康德则表现了向实践理性的倾斜。与“美”相比，“崇高”更加接近道德至善的理想，在审美判断的地位上是高于“美”的。

牟宗三则在“优美”与“崇高”的比较分析中，通过理论层面的分析和文艺批评层面的述说表现出对“优美”的推崇。牟宗三在审美理论的构建程序上与康德有较大差异。康德是首先完成以“自然”为核心的纯粹理性批判和以“自由”为核心的实践理性批判，再在“审美”这个独立于二界之外、又有着自身运行机制和存在价值的世界中寻找从感性向理性过渡的可能。因此，康德针对“审美判断”的论说是立体而丰富的，既包括经验性的“美”

① 王元骧：《再论美学研究：走两大系统融合之路》，《文艺研究》2009 年第 5 期。

的分析，又包括超验性的“崇高”的分析；既包括审美静观的论说，又包括崇高震撼人心的过程描述。而牟宗三则首先肯定先验目的世界的核心“道德良知”具有的包容性和创生性，将整个宇宙、自然和社会都看作“道德良知”决定下的表象世界之后，再来进行美学理论的构建。可以说，他是在一个论证彻底、功能完善的“道德形而上学”背景下来看待、分析美。康德那样过分执着于审美活动的内部并通过多层次的立体分析来探索审美背后的合目的性原则，在牟宗三看来不够确定和直接，远不如将道德目的直接定位为审美活动的本体和思想原点，再以此为前提进行美学理论的构建和审美品格的论说那样顺适不隔。既然“道德良知”就是审美活动的本体，那么美就无须沟通二界、无须通过自身的层次划分来向上通达“道德至善”。也正是由于审美活动在牟宗三看来缺乏向上提升、合于目的的内在动力，因为那是善所特有的，美便成为“道德良知”这个本体向下运行的结果，因而体验崇高、获得心灵震撼的感受成为道德活动的专利，与安静闲适的审美活动难以发生关联，“优美”成为道德论美学推崇的主要审美形式。

其一，在理论分析的层面上对“优美”形态的强调。一方面，牟宗三将“优美”看作审美特征的集中表现，认为主观的审美情感、审美品位和客观的审美景色、审美表象都具有“优美”的成分。他说，“主观方面的美感要跟客观方面某种气化的巧妙相合而表现出美”，而“主观讲美感，客观讲景色，乃至于通过我们的美感、美的景色而成功种种美术、音乐、绘画、庭院、诗词”。① 可见，不仅客观的自然景色是隶属于“优美”的，而且以个人的品位、气质和兴趣为核心的主观审美情感也是这样，因为“我们现实生活中每一种兴趣，每一种喜欢高兴，其中都有纯美的成分在里面支持”②。另一方面，牟宗三认为“崇高”不但难以和“优美”相融，反而会造成对“优美”的干

① 牟宗三：《康德第三批判讲演录》（八），（台北）《鹅湖月刊》2001 年第 310 期。

② 牟宗三：《康德第三批判讲演录》（四），（台北）《鹅湖月刊》2000 年第 306 期。

扰。他说，“善代表提起来，代表理想。崇高就代表善。……崇高是庄严伟大，使我们生命激动的，而真正的美是使我们生命安静的。崇高所得到的快乐是中间经过痛苦而达到的，所以，这个地方引发理想”。① 这即是说，牟宗三论说审美问题的总体思路是以道德至善的创生性来弥补美的闲适愉悦性，将道德看作美的提携和确保审美无限超越的力量。因此，他认为“崇高”这种震撼人心、激发敬意的活动不是审美的特长，而是道德的特色；美在基本特征上就是使生命安顿、休息的，即道德的任务是激发生命的创造力、奋斗力，而审美的任务是安抚生命和调整心性，让主体以暂时停歇、放下的方式去反思自身问题，以确保下一阶段的道德活动效果更佳，依此美只能够以“优美”这种风格和形式为主。他还说：“讲纯美是允许与魅力相容，不过不能以魅力作主，而要以纯美作领导。崇高就不能与魅力相容，崇高（庄严、伟大）第一步要把魅力拉掉。”②在此，牟宗三又将审美表象仅凭形式特征就引发主体的愉悦之情、使得主体以忘我的姿态投入于其中的精神魅力划归为“纯美”的特征。而在“崇高”中虽然也有愉悦之情和自我投入，但它们不是由审美魅力所引发，而是在庄严伟大的客体激励下由对道德法则的先天膺服之情引发了道德情感后才得以实现的。由此可见，在审美理论的论说中，牟宗三表达了对“优美”这种审美形态的倾斜。

其二，在文艺批评活动中对“优美”艺术风格的赞赏。牟宗三曾说，“诗是最高的美，是纯美”③。可以说，古典诗词不仅是他最推崇的艺术形式，而且也是其艺术理论和审美兴趣的发源地。牟宗三在 20 世纪 30 年代连载于《再生》杂志的一系列依据古典诗词而来的作家、作品评论和审美范畴论说，不仅成为他晚期构建道德论美学思想体系的坚实基础，而且也是他对

① 牟宗三：《康德第三批判讲演录》（八），（台北）《鹅湖月刊》2001 年第 310 期。
② 牟宗三：《康德第三批判讲演录》（三），（台北）《鹅湖月刊》2000 年第 305 期。
③ 牟宗三：《康德第三批判讲演录》（三），（台北）《鹅湖月刊》2000 年第 305 期。

“优美”艺术风格进行赞赏的集中表现。牟宗三曾对曹植、陶渊明、李白、杜甫以及韩愈、李商隐等人的诗歌发表评论。其中，他对杜甫诗歌的态度是：尽管有格律、显唐雅、述悲苦、表实事，但是没有“诗意”，因此“杜则立志作诗人者也，虽欲不以‘词人’目之，不可得也”①。这里他认为，杜诗固然是在盛唐气象之下表现了整齐、繁复、才华、自觉、稳健的形式特色，可以算作近体诗的集大成者和典范，但是由于缺乏古意和“诗意”，杜甫终不免沦为“词人”而非“诗人”。而所谓“诗意”的欠缺，则具体表现在杜甫常常执着于具体悲苦的描述，执着于孤独流离的个人情绪，其中难以见出诗歌应有的意境和气象，所以牟宗三得出了对杜诗的“贬抑”评价，认为“苦则苦矣，何必日事悲涕，作可怜相。歌咏生民艰难，社会愁苦，则为伟大之同情心。若篇篇自家告苦艰难，唠叨不已，则为看财老、村夫子之恶习，诗人不应有此”②。反之，牟宗三认为真正有诗意和格调的诗人是屈原、曹植、陶渊明和李白。其中，因为陶渊明的诗显示了慧觉与静解，所以是最上乘的。他说，陶诗“因为心境平静，事理通达，故不偏激，不过分。虽沉溺于麴蘖，却不毁谤圣贤，亦不气愤，亦不牢骚。感慨自然是有的。这是不可及处”③。牟宗三在此以为，陶渊明诗歌表现的冲淡自然风格，是诗人智慧的显现，这种智慧不仅是个体的、内心的，更是通过对天地人事道义的参悟而具备了普遍性意义的人生修养境界，其中可以见出“学养之厚”“文化责任之大”，且“人类精神表现无余”的优越。④ 由此两极的对比，我们可知：杜甫诗歌描写社会

① 《牟宗三先生早期文集》(下)，载《牟宗三先生全集》第 126 卷，(台北)联经出版事业公司 2003 年版，第 1111 页。

② 《牟宗三先生早期文集》(下)，载《牟宗三先生全集》第 26 卷，(台北)联经出版事业公司 2003 年版，第 1111 页。

③ 《牟宗三先生早期文集》(下)，载《牟宗三先生全集》第 26 卷，(台北)联经出版事业公司 2003 年版，第 1127 页。

④ 《牟宗三先生早期文集》(下)，载《牟宗三先生全集》第 26 卷，(台北)联经出版事业公司 2003 年版，第 1128 页。

动荡的思想内容和沉郁悲愤的艺术风格体现了诗人苦难的经历,给人展现具体、真实、苦难的社会情态和人生际遇。它要求鉴赏者在内心体验苦难、艰辛,从而引发对历史、时代、社会以及生命的严肃思考。可以说,杜诗是一种更为接近“崇高”的艺术形式。而陶渊明的诗歌则是在对自然景色的描写中表达一种平淡、从容的内心境界和乐观、幽默的人生态度,不论是客观之景的描绘还是主观之情的表达,甚至主客相互契合的情态,都以宁静、温婉和淡泊的方式来进行,因而陶诗是“优美”风格的典型代表。牟宗三对杜诗的“贬”和对陶诗的“抬”,从某种意义上与其在审美理论中向“优美”倾斜有一致性,是在针对诗人诗风的文艺批评层面上推崇“优美”的表现。

四、审美教育:“实用的”与“超越的”

尽管牟宗三美学是一种以“道德良知”概念为核心的主观观念式构想,康德美学也体现出以人学目的论为基础的“纯粹实践理性”①色彩,从本质上说它们都存在目的论与活动论分离的弊端,但不能否认的是,牟宗三和康德在美学思想中体现的精神品格和价值追问都会对现实层面的实践活动、主体生命发生直接的影响,都有着十分丰富的审美教育资源。其中,康德美学对后世审美教育论的发展产生了深刻的影响,如朱光潜先生所说:“把艺术、劳动、游戏和自由活动联系在一起来看,并且把自由活动看作艺术与审美活动的精髓,这里毕竟可以见出康德思想的深刻处,而且对后来席勒和黑格尔对艺术和劳动所作的对比,发生过显著的影响。”②而牟宗三的道德论美学则十分强调对理想化道德人格的培养。道德美学的精神不仅与儒家人文精神相互渗透和制约,“人的美的判断要慢慢培养,就是需要人文教

① 王元骧:《再论美学研究:走两大系统融合之路》,《文艺研究》2009 年第 5 期。
② 朱光潜:《西方美学史》(下卷),人民文学出版社 1979 年版,第 408 页。

育”[1];而且它对凸显儒家式人文精神的内核,即以“良知”为核心的实用理性传统作出了贡献,正如他自己所言,“儒家的基本精神是人文主义式的理性主义……它的具体内容要靠现实的生活、人生实践的生活”[2],而“美”却代表了与现实生命发生直接关联的领域,因为“美代表放平、喜悦,这才是真正的生命之源”[3]。既然牟宗三与康德在审美教育的主张和落实方面都表现出丰富的思想资源,那么我们就将道德本体论美学的审美教育主张放在与康德美学的比较中,来分析它重“实用”而轻“超越”的特性。

康德把现象与本体、经验与超验二分,把“至善”作为主体的永恒追求,并以审美判断尤其是道德情感引领下的崇高体验作为将自然与自由二界相接统一的桥梁,这显现出康德哲学浓厚的“宗教性”伦理倾向。与之不同,中国传统儒学虽然也有超验性的内容,但认为可通过“践仁”而“成圣”,以超验性义理体现在经验性实践中的方式把超验与经验两个世界统一起来,可以说它是一种世俗性伦理。在传统儒学的后世发展中,更表现出经验性成分不断地加强、超验性内容不断消解的状态,儒学本有的“实用理性”色彩得到了进一步凸显。这不仅直接影响了中国文化重实践、重人生、重当下特性的突出,而且使中国文人、民众在本性与气度上呈现出圆融状态。传统文化精神的这一特点对牟宗三产生了深刻的影响,直接导致他的审美教育论实用性色彩突出。牟宗三的道德哲学尽管首先发生于对康德哲学义理的消化和思辨精神的借鉴,但最终的目的却是证成儒家思想“道德良知”的本体论内涵,并且在确立了道德本体“良知”具有的先验性地位后开显出认识论、审美论等内容,以此将道德本体的先验性与自然、社会和人生完美地结合起来。也就是说,从理论上将道德论、认识论与审美论的关系进行分析,

① 牟宗三:《康德第三批判讲演录》(十四),(台北)《鹅湖月刊》2001 年第 312 期。

② 牟宗三:《康德第三批判讲演录》(一),(台北)《鹅湖月刊》2000 年第 303 期。

③ 牟宗三:《康德第三批判讲演录》(九),(台北)《鹅湖月刊》2001 年第 311 期。

从逻辑上将道德论内容推向认识论和审美论,使三者在道德精神的关节点上统一起来,这才是牟宗三以康德批判精神的要义来重述中国儒学的重点所在。那么,与传统儒家"世俗性"伦理思想直接成为牟宗三道德哲学的出发点和目的相比,康德哲学的"宗教性"伦理经牟宗三的消化后更接近于一种手段和工具,一种为更好突出儒家良知仁义的圆教传统而进行现代性阐释的工具。从某种意义上说,牟宗三在自身道德哲学中的阐发和构建并未脱离传统儒家实用理性的思路,对于重实践、重功用的文化精神更是予以了充分的继承。这在道德论美学论述审美活动对自我提升和心性培养时,即在论说审美教育这种将美与实践结合的情态上表现得尤为突出。具体来说:

其一,康德通过对超越于经验、感官之上且能够产生无限震撼力和压迫感的"崇高"体验的强调,表达了以"崇高"来提升人格和磨炼意志的愿望。康德认为"崇高感"虽然也属于审美判断的一部分,但是它却以经验世界为发生原点、以内在心灵完成对道德法则的领悟为最终目的,"崇高"体验的进行也就意味着个人从经验层面向超验层面的进发和感性愉悦向道德理性的过渡。这种过渡不仅使得审美领域突破了自然和艺术的范围而扩展到整个社会人生,还以一种震撼人心、强烈倾注的方式使个人在痛苦的历练之后实现真正的无限超越。正是"崇高"精神的特殊地位使得康德的审美教育观在强调审美静观对个人品位气质的培养之余,更强调困难、压力甚至恐惧对个人心灵的净化作用,更强调在各种艰难和磨炼中形成的意志品格。可以说,与审美鉴赏的静态熏陶相比,崇高体验以逆觉、冲击、震撼方式培养的"自由意志"和神圣品性才是更为宝贵的审美教育过程。正如王元骧教授概括的那样:"这就把现实生活中那些虽非赏心悦目,但却能给人以情感的震撼的事物,如迎战生活中的艰难险阻,抗击民族、国家、人生的深灾大难中所感受到的那种惊心动魄,深创剧痛,足以涤荡人的胸襟,净化人的心灵,提升人的境界,激发人们满怀激情为自己的人生理想和道德信念去奋斗的情感体验,都被视作一种审美的体验。这样,审美教育的对象就不仅限于美的,而且也包括崇高的;它的途径也不仅是单纯的感性观照、感官享受,而且也可以从紧张感、恐惧感所造成的内心震撼,从这种震撼所唤起人的生活激情,激发人的生存自觉中去领略。"①依此,康德是从静观和震撼两个方面来归纳审美教育的方式,并且在两种方式中他更加突出了崇高体验对人心净化、人格培养的作用,使得审美这种以感性愉悦为逻辑起点的活动方式具有了无限超越的可能。

其二,牟宗三通过在"道德形而上学"中对"世俗性"品格的继承将"崇高"情感排除在审美活动范域之外,进而又将审美判断的特性断定为"静观的"或"安息的",最终表达了将"美"的精神提升力量和价值引领功能定格为"实用性"的美育观。与康德主张审美通过激动人心的方式来无限提升个人精神境界的审美教育论不同,牟宗三将美的主要特质定位在"静观"、将美的主要形式定格在"优美",因此当论述审美作用于现实的具体方式时,他就将审美对个人思想境界的提升和教导局限在了某种单一的模式中,即审美这种诉之于情的主体精神愉悦状态只不过是将"道德良知"的本体推向实践、推向生命的辅助方式。也就是说,审美教育需要对现实主体发挥一定的功用和影响,其作用方式是培养个人的品位气质,"美单单在品位中,一遇到我们的品位,就令人很舒服,很愉快"②;其目的则是在道德力量的引领下实现主体与自然界、现象界的和谐一致,"要成美的景色、好听的声音,这表示跟自然现象相碰,你心灵中的品位就呈现"③。依此见解,在牟宗三看来,审美教育一方面要具有愉情悦意的功能,另一方面则应具备实用

① 王元骧:《再论美学研究:走两大系统融合之路》,《文艺研究》2009年第5期。

② 牟宗三:《康德第三批判讲演录》(十四),(台北)《鹅湖月刊》2001年第316期。

③ 牟宗三:《康德第三批判讲演录》(十四),(台北)《鹅湖月刊》2001年第316期。

性和生活化特征。

具体来看,牟宗三将审美教育定位在“实用”的过程。首先,他对于审美艺术的观照从不孤立进行,因为“中国人以道为标准,纯粹是一个诗家没有甚么意思”①,任何脱离了社会、人生尤其是道德的审美艺术在他看来都是毫无意义的。其次,生命的意义就是“践仁知天”地将理想化的道德境界予以落实和呈现,因为“依中国的传统思想而言,达到物我双忘,主客并遣,是经过修行实践而达到的圣境……中国人可经由修行实践而真正做到,而康德则由其思考而推测到”②,在此过程中,个人原有的单一世界得到了开拓,个体生命与民族生命、宇宙生命联为一体,因而审美与认识活动、道德实践一样都是个人为达生命的“圣境”而进行的“工夫”锤养的方式之一。最后,作为修炼存养“工夫”的审美艺术也是一种生命的学问,但这种生命不是自然纯粹的状态,而是一种建立在良知心性基础上的道德生命历程。在此条件下,美与艺术往往必须以一种贴近人生、契合生命的方式存在于人们的视野当中,才能与“践仁知天”的道德实践方式相统一且更好地为道德色彩浓厚的个人生命、民族生命所接受。牟宗三认为审美艺术在与现实人生发生关联、对精神价值发挥效用时,“生活化”或者“通俗化”是一种令美与艺术落实在生动流行的现实层面的最佳方式,“把诗生活化,而不是把诗当作一个技术去追求,不把诗客观化。诗的生活化最明显的表示在哪里呢?就是到处有对联。过年写春联就是诗的生活化。生活化就是近于道”③。可见,牟宗三不但从感性愉悦的立场来看待、分析美的本质,也只能从一种静态单维的角度来审视审美教育的功能,即使存在一种庄严肃穆的体察方式,也归属为“良知”心性的直接生成。由于崇高具有的力度和激情被排除

① 牟宗三:《康德第三批判讲演录》(十),(台北)《鹅湖月刊》2001 年第 312 期。

② 牟宗三:《中西哲学之会通十四讲》,上海古籍出版社 1997 年版,第 64 页。

③ 牟宗三:《康德第三批判讲演录》(十),(台北)《鹅湖月刊》2001 年第 312 期。

在了审美教育的范域之外，审美对于个人心灵的净化和提升只能以一种舒缓、静态的方式展开。在审美教育的无限超越品格缺失的同时，牟宗三“良知”本体主导下的道德美学无法像康德美学那样使美与艺术承担起个人乃至民族坚忍不拔、勇往直前等意志品格培养的责任。

第二节　道德本体论美学的结构层次

牟宗三将“道德良知”作为审美活动的本体论基础，使得其美学思想与整个“道德形而上学”不仅在内涵上呈现出和谐一致、相互融合的特质，还在结构上表现出合为一体的可能。应当说，美学就是“道德形而上学”的核心“道德良知”在主体情感与体验方面的延伸，就是“道德形而上学”的有机构成和重要补充。既然“道德良知”这个本体在牟宗三美学思想中成为审美发生、发展的决定性力量，那么必然也会从自身的形而上立场来规定审美活动的性质特点、发生过程和结构层次。因而，本部分笔者就从理论归纳的角度，来探讨牟宗三以“道德良知”为本体的美学思想具有的结构层次。根据牟宗三在构建“道德形而上学”中厘定的“执”与“无执”两层存有论结构，道德本体论美学也具有与之对应的两个层面的意义。在执的存有论、现象界的层面上，“美”是建立在主体的感悟、理解等认识能力之上，实现主客观和谐、统一之后的轻快愉悦状态，它与道德的目的论并不矛盾，完全具备达到真、善、美合一的圆善境界的条件。在无执的存有论上，“美”是在认识活动、道德实践的基础上自然达到的由精神独立、意志自由带来的审美超越之情。

一、现象界、"分别说"的"美":审美之品位

牟宗三认为:"分别说的'美'是生命之'闲适原则',是生命之洒脱自在。人在洒脱自在中,生命始得生息,始得轻松自在而无任何畏惧,始得自由之翱翔与无相之排荡。"①"主观方面的美感要跟客观方面某种自然气化的巧妙相合而表现出美。"②概括来说,"分别说"的"美"是主观妙慧直感与客观审美表象相契合而产生的自然气化光彩,牟宗三特别强调它的生活气息、自然特性和生命内涵。就生活气息来看,他认为审美与道德最大的差异就在其与生活的贴合程度更佳,不仅审美体验和审美感受会令现实生活的个体感到愉悦和舒适,在论及诗歌这种其较为欣赏的艺术形式时更说道:"从诗教方面看,通过诗而达到生活,生活要道化,而诗要生活化。"③也就是说,不但大量的审美表象、事物就存在于现实生活中,艺术之美也应当贴近生活、反映现实。就自然特性来看,牟宗三认为"分别说"、现象的"美",以自然之美为佳,社会美、艺术美都不如自然美那样普遍存在、打动人心,如"春天的风光是最美的,大自然摆在你眼前,整个是美的景色。这就是自然之美"④,"小桥、流水、人家这句诗……三者凑合起来烘托出一种气氛,就有一种美的感觉"⑤。牟宗三对自然美尤为重视,一方面与其个人的生活经验有关,童年在栖霞老家的田园生活、自然风光一直是他宝贵的回忆并影响着他对人生问题的思考;另一方面与其古典文学的兴趣素养有关,因其青年时代就开始逻辑学、哲学的钻研,故

① 牟宗三:《康德〈判断力之批判〉·卷首》,载《牟宗三先生全集》第16卷,(台北)联经出版事业公司2003年版,第79页。

② 牟宗三:《康德第三批判讲演录》(八),(台北)《鹅湖月刊》2001年第310期。

③ 牟宗三:《康德第三批判讲演录》(十),(台北)《鹅湖月刊》2001年第312期。

④ 牟宗三:《康德第三批判讲演录》(八),(台北)《鹅湖月刊》2001年第310期。

⑤ 牟宗三:《康德第三批判讲演录》(三),(台北)《鹅湖月刊》2000年第305期。

对于文学艺术的关注是十分有限的，几乎只集中在古典诗词领域，他自己也时常评论诗人及诗歌，“中国人以杜甫为诗圣，李太白为诗仙。他们都还不如陶渊明”①，可见，在古典诗词的赏鉴中，牟宗三推崇将自然景色、田园风光描绘得较有意境之美的陶渊明。就生命内涵而言，牟宗三认为现象说、分别说的“美”是一种感悟、境界或状态，离不开主体的生命感受力，如“美感就是在某种景观之下，你心中有一种愉悦，这就是愉悦于美。譬如，唱戏也是一种美术”②。从中可见，牟宗三认为审美与主体的生命历程的关系密切，主要是因为主体的审美鉴别力和创造力能够对美的对象进行再次加工，加工的过程也就是审美不断提升、专业化、理论化的过程；离开审美的主体，美的对象客体只是纯粹的、自然的存在，无法发生进一步的互动和改变，因而主体的审美能力在牟宗三看来，是产生丰富多样审美内容及形式的关键。

显然，主体的审美品位与客体的自然美景之间的相互圆融状态就是牟宗三认定的现象之美应当具有的主要内涵，这种主客相融的过程以呈现审美所特有的对于生命的安顿与关怀为目的，同时，自然的景观对个人品位的提升和审美愉悦的表达也承担着不可或缺的作用。我们认为牟宗三此处所言的分别说的“美”就是凸显审美独立性的地方，因为他曾说“先把美看成是一个独立的领域，是我们心灵凸显的，不是天造地设，只对人而有”③。正是由于他始终坚持审美是人类主体所特有的精神历练和情感体验，所以才会在这段关于美的描述中首先从美的愉悦性和闲适性入手，再将它过渡到所依存的道德本体“良知”的层面上去。

具体说来，他将美的独立性看作一种主客互动形成的统一状态，即

① 牟宗三:《康德第三批判讲演录》(十)，(台北)《鹅湖月刊》2001 年第 312 期。
② 牟宗三:《康德第三批判讲演录》(八)，(台北)《鹅湖月刊》2001 年第 310 期。
③ 牟宗三:《康德第三批判讲演录》(七)，(台北)《鹅湖月刊》2001 年第 309 期。

“主观方面的美感要跟客观方面某种自然气化的巧妙相合而表现出美”①。这一方面是受到了康德关于美是“无任何利害关心的满足”论说的影响,又根据传统儒学的人文情怀将美的“超功利说”集中在“生命的学问”上进行描述,认为审美属于情感生命的自由翱翔,能够使人从紧张的状态回归到放松与闲适的状态。应当说,现象界的美是“气化的光彩”的论说是牟宗三汲取了康德对审美独立性分析的看法,又依据自身独特的道德论视角以“生命”为“美”的延展而实现了对康德学说的发展。另一方面,这种主客相合的美学观在很大程度上又是对传统美学范畴“境界论”的继承与发展。牟宗三不仅从艺术论的视角分析了古典诗词的“意境”构成要义,而且将与“意境”有关的批评理论进行了提炼,使之进入到自身的美学理论中来。牟宗三曾经以如下的话语来描述自己最推崇的曹植诗歌形成的“意境”,“这个境界是云空的境界,是行云的境界。那是俯仰天地之间,静觉出来的。灵活轻松,悠悠和平,美妙生动,都从此境界中表示出”②。在此,他认为“静觉”是诗词境界的最佳表达,但凡添加了悲怆、笃厚或者怜悯之情的诗歌都不再具有真正的意境。这种论说不仅与古典美学重静观、重体悟的传统有一致性,而且通过对“静觉”状态的现代阐释,牟宗三证实了在审美静观中将经验与超验、感性与理性统一起来的可能。但需要指出的是,审美在安顿、关怀生命方面所体现的独立性并不是牟宗三对现象之美进行言说的目的,或者说以美的独立性为进路将渗透在审美表象背后的道德力量体现出来才是目的。遂他将分别说层面的“美”的局限也明确地指出:“但此妙慧静观之闲适,必显一‘住’相。若一住住到底,而无‘提得起’者以警之,则它很可以颓堕而至于放

① 牟宗三:《康德第三批判讲演录》(八),(台北)《鹅湖月刊》2001年第310期。

② 《牟宗三先生早期文集》(下),载《牟宗三先生全集》第26卷,(台北)联经出版事业公司2003年版,第1143页。

纵恣肆。”①

分析可知，牟宗三在现象、分别层面上的审美论说经历了由纯粹的精神愉悦性向“以善撑美”的目的性进行的攀登，而这种过程既是一种“提升”又是一种“转化”。其中，“提升”是指他不隅于艺术美或自然美的孤立层面来进行审美意义的探索，而是努力地使审美具有宽泛综合的趋势；不仅以道德伦理的力量实现审美地位的巩固，而且真实地将社会、生命的内容也纳入其中。而“转化”则是说牟宗三“善重于美”或者“善高于美”的观点带来的不利于审美独立自存性的分析。他在肯定美的愉悦性和闲适性的同时又指出审美缺乏一种更为基础和本质的内核，接着又以“道德良知”的本体地位对审美的独立性进行了消弭，这不仅使得美的独立性存在于一个有限、狭隘的空间里，而且造成在审美活动的基础步骤，即在感性直观的层面上，“善”就已经参与到审美活动当中，并且起着规范、引导的作用。

二、本体界、“合一说”的“美”：无相之美

牟宗三这样描述“合一说”层面的“美”：

“合一讲的美就是无相”②；“分别讲的时候，真是真，美是美，善是善，各自是一个独立的领域，原则都不一样。合一讲的时候，没有真，没有美，也没有善，也是真，也是美，也是善，一个东西”③。

概括来说，在无执的存有论，即本体的层面上，“美”是超越了感性、经验层面的现象界意义而达到与道德本体“良知”和谐一致，并以“智的直觉”来直观物自身的本体世界的无相之美。就逻辑关系来看，“合一说”的无相

① 牟宗三：《康德〈判断力之批判〉·卷首》，载《牟宗三先生全集》第16卷，（台北）联经出版事业公司2003年版，第80页。

② 牟宗三：《康德第三批判讲演录》（十），（台北）《鹅湖月刊》2001年第312期。

③ 牟宗三：《康德第三批判讲演录》（十四），（台北）《鹅湖月刊》2001年第316期。

之美是“分别说”现象之美的必要跨越和提升，其中主导因素是“道德良知”及其在现象、本体两个层面自由活动的能力，以道德为本体的牟氏美学必然会在“分别说”的基础上进行深化，探索合一的、本质层面的审美境界为何，成为更加高妙的学问。就内容构成来看，“分别说”层面的“美”强调个别性和特殊性，此时要集中思考审美专有的特质、形式和功能等，审美是独立的世界并按照自身的规律进行展现；“合一说”层面的“美”则强调整体性和统一性，此时的“美”不再是具体的表现或存在，而转化为一种境界或品格，与道德之善、认识之真融为一体，它看似虚无抽象，实则与传统儒、释、道文化中关于生命修为、内心净化的智慧挂钩。

具体而言，无相之美在内在、主观的层面上，对应着主体的“妙慧之心”。它是在认识活动、道德实践的基础上自然达到的心性超越状态。牟宗三认为在现象界，“美”是气化的光彩，个体从美的对象上获得了独特而个性的精神享受；然而在合一境界中，“美”不再是纯粹个体的精神活动，而是具有超越性和普遍性的圆融之美。合一境界中的审美个体，就是凭借着自身的“妙慧之心”去领悟蕴藏在审美表象背后的本源性内涵。但“妙慧之心”与“道德天心”在实质上是相通的，因为“沟通之者不是一第三者之媒介，而是天心之贯彻”，“康德所言之‘自然之形式目的性原则’全部透出来而建基于天心上（自认识之能方面言）与本体上（自本体之创造方面言）”①。牟宗三的意思就是要将审美活动的发生基础“妙慧之心”联系着儒家的“道德天心”来论证。“妙慧之心”超越了主体心性中自然与本能的部分，直接建立在无限智心与本体仁心的基础上，从本质上说是一种义理之心或道德之心。因此，审美活动中的“妙慧之心”与认识活动中的“无限智心”、道德活动中的“仁义本心”相互贯通和融合，在共同的“道德”本体上实

① 牟宗三：《认识心之批判》（下），载《牟宗三先生全集》第19卷，（台北）联经出版事业公司2003年版，第722页。

现了统一。主体凭借“妙慧之心”对审美客体的体验和观照,就是一种在直观物自身的本体世界、领悟道德的基本义理并在当下的道德实践中将其呈现后,使主体在精神上达到的意志真正自由的状态。这种状态不仅显现了一般意义上审美体验活动具有的自由超脱特质,更表现了在儒家思想的背景下,通过道德的创生力量将审美个体从独立自存、主观感知的世界中超越出来,通过良知心性的支撑使其在审美活动中实现不断的自我提升与境界开拓。

无相之美在外在、客观的层面上,则是将现象界存在物的各种表象进行化除,而后提升至道德本心充实之下的光辉而圆满的圣境或化境,并凭借意志的绝对自由而感受到的“圣心无相”的美。由于“合一讲的美就是无相”,而“最高境界的工夫是工夫而无工夫相”,[①]因而到“无相”之境界时,道德的律令不再是严格的规范去约束人们的立身行事,而成为主体一种自觉自律的行为。此时人们恢复了轻松自在,不必表现出道德的相貌而令人畏惧,这也就暗合了审美令生命愉悦畅快的“生息”原则。换言之,“良知”代表的目的世界与审美判断的超越原则是相辅相依的,它们都要经历由具体表象的化除而进入到本体的层面的过程,都是在道德光辉的照耀下达到的无所依待状态,且与禅宗所言的“圣心无相”十分相似。“圣心无相”含有审美鉴别的“妙慧之心”,也就是圣人常说的“游于艺”,此时主体有了道德力量这个精神的根基而在审美活动中表现出超脱的大度与从容,并从中领悟具有共通性与普遍性的精神愉悦内容。由于道德与美同时暗合“无相”的原则,于是“即善即美”的境界自然达成。与此同时,“无相”不但没有善相、道德相,而且连“现象之定相”,即“现象存在”之真相也化掉了,故与物自身的智思世界实现融合与连贯,因而它已经达到一种“即真即善即美”的状态。

---

① 牟宗三:《康德第三批判讲演录》(十),(台北)《鹅湖月刊》2001 年第 312 期。

三、"平地起土堆":"分别说"与"合一说"的象征关系

牟宗三引用陆象山的话"无风起浪,平地起土堆"来表述"分别说"、现象层面的"美"与"合一说"、本体层面的"美"之间的象征关系。他说:"'物之在其自己'是平地,平地无相。而现象是土堆,土堆有相。此作为土堆的现象虽凭依'物之在其自己'而凸起,却不是'物之在其自己'之客观地存有论的自起自现。"①显然,他将物自身层面的无相之美确定为渗透在现象层面各种审美表象背后的基石,现象之美始终是无相之美向着客观外部世界的一种呈现方式。离开了无相之美的力量支撑,审美表象也将失去意义分析的条件。这是由于在合一的境界中,物如之真与无相之美都统一到"至善"的道德理想中,三者都经历了对现象界各种表象的化除而进入到本体层面中来的过程,无相之美因与本体层面的"道德良知"更加接近而成为现象之美的基石。这种合一是中国传统的儒、释、道思想中皆有的智慧,"康德没有真善美的合一说,但在中国,无论是儒家、道家、佛家,尤其是禅宗,都是达至真、善、美合一的境界"②,正是由于中国传统文化的工夫论、人生修养论十分发达,因而产生了丰富的天人合一或圆融之乐的精神,而本体、合一层面的无相之美与它们在精神义理上十分接近,它不像西方哲学那样能够以概念术语、阐释分析的方式清晰地呈现出来,依靠的是个人的领悟能力和工夫修为。但在牟宗三看来,其义理水平上比西方哲学更加抽象、高妙,因为西方哲学的概念论模式属于"技术理性",而中国哲学的人生论模式属于"人文精神"。③ 对于这种精神,牟宗三主张应当在充分领会的基础上进

---

① 牟宗三:《现象与物自身》,载《牟宗三先生全集》第21卷,(台北)联经出版事业公司2003年版,第132页。

② 牟宗三:《圆善论》,载《牟宗三先生全集》第22卷,(台北)联经出版事业公司2003年版,第334页。

③ 牟宗三:《康德第三批判讲演录》(十),(台北)《鹅湖月刊》2001年第312期。

行继承，而康德对审美独立性的分析就成为补充传统美学所欠缺的“分别说”的重要借鉴，即借用康德美学概念分析、分层论述的方法来解析儒家道德论美学的丰富内容，如若没有具体的结构和内容作为精神义理的基础，传统文化简单玄妙的特性将会成为一个矛盾体，即境界高内容少，不利于当代大众对其理解和接受，“要是不撑起来，可以生误解，可以变成一无所有”①。在此，牟宗三将本体、合一层面的“美”与现象、分别层面的“美”之间的关系进行了再次的强调，前者是一种基本而传统的文化精神，后者则是将古典美学的精神进行现代阐发的具体方法和路径；前者具有本体和终极的意义，后者是本体的象征或者呈现。

尽管本体层面的美更富有内容超越性和形而上的品格，是现象之美的决定与制约因素，但专门对现象界的审美表象进行分析也有其特殊的作用。它们不仅有着具体分析的“可能性”，即可以通过对具体审美表象的分析形成审美形式论与审美感受论，而且有具体分析的“必要性”，因为现象之美对于本体之美有呈现与象征的意义，即“那分别说的美即是那无尽藏之‘无相的美’（天地之美，神明之容）之象征”②，故通过对现象之美的分析可以更加准确地洞悉合一境界中美与真、善的关系以及自身的独立地位和功能，并为以道德为核心的形而上美学提供审美表象和艺术精神上的支持。两者是工夫论与本体论、知识论与境界说的关系：前者依照现代哲学分析思辨的方法论去构建，以概念术语、分层厘析的方式呈现丰富的内容，从各个角度清晰地展现完整的结构形态；后者是传统文化蕴含人生论的智慧，以简洁含蓄、玄言妙语的方式呈现，传递一种人生的品格和境界。前者是基础和必要支撑，是文化智慧传播的途径或载体，后者是基本的精神义理，其中的人文

① 牟宗三：《康德第三批判讲演录》（十三），（台北）《鹅湖月刊》2001 年第 315 期。

② 牟宗三：《康德〈判断力之批判〉· 卷首》，载《牟宗三先生全集》第 16 卷，（台北）联经出版事业公司 2003 年版，第 88 页。

情怀是可无限开发的思想资源。现象之美独立分析的意义正如牟宗三所说,借助西方哲学对于“材料体会、思考、了解,然后把它展开,中国的智慧便很容易继承下来”①,我们传统文化中丰富的体会、妙悟、玄思以及其中显现的超越精神就具有了现代言说的方式。

第三节　道德本体论美学的性质特征

在分析了牟宗三美学思想的本体论核心“道德良知”概念以及它具有的现象、本体两个层面的内容意义之后,道德本体论美学的性质特征也随之朗现。在确立“道德良知”作为审美活动的主导这一前提下,审美在形上与形下两个层面都表现出自身独特的作用方式。更由于审美具备了对主体情感和生命直接关怀的可能,它能够成为另外两种主体行为,即道德和认识的有利补充。

一、“道德良知”:审美活动的主导与核心

合一境界中的“善”包含主体与客体两个方面的内容,在主体与内在的层面上表现为良知明觉,在客体外在层面表现为道德之善或道德法则。虽然从内外两个角度来看有不同的侧重并可用不同的概念来表述,然而它们都是“一心开二门”②的结果,即“良知”本心在内部与外部两个方面的对应。这意味着,从“分别说”和现象界的真、善、美进入到“合一说”和本体层的真、善、美,发生主导作用的就是主体的善良本心。它在真、善、美的合一境界中的主导作用和在审美活动的两个层面之间的流转过程是由以下三个

① 牟宗三:《康德第三批判讲演录》(十四),(台北)《鹅湖月刊》2001 年第 316 期。
② 牟宗三:《中国哲学十九讲》,上海古籍出版社 2005 年版,第 219 页。

方面的特性决定的：

一是由于善良本心的自律性。康德所言的道德理性包含德、福两个部分，主体之德与客观之福都是被动他律的，必须肯定灵魂不朽、先验人格神的存在才可以实现真正的道德理想。纯粹自律的道德法则与道德理想只存在于先验的假设中，在人类主体身上无法实现真正的道德理想，也无法真正认识外在先验的道德法则，因而人对于先验的道德本体而言都是被动、他律的。而牟宗三认为，"'本体'在康德分为三理念说之，在中国则只'本体'一名，无二无三"①，"此唯一的本体，以儒家为准，有种种名：心体、性体、仁体、诚体、神体、道体、知体、意体"②。依据儒家哲学的智慧，道德本体就是仁义的本心与本性，它无须向外部世界求索，是人生而有之的，这就是主体之德的一面。至于外在道德法则，即客观之理方面，则是仁义本心的外在行为和表现，或者说是本心本性的自然流露、如实呈现。因此主体的本心与客观的本理是合一的，并没有一个外在、先天的道德法则来约束与规定现象世界并使主体处于被动、他律的地位。主体只要将仁义本心不断强调并予以表现，就意味着他是主动自律、无所依待的。主体的审美活动就发生在个人情感世界中，是审美表象引发的体验与感悟。如果个人的审美情感没有建立在道德心性的基础上，那么它就没有与他人、集群和社会沟通交流的契机，会沦为一种纯粹的个人情绪而无法达到自主自律的境界。反之，如果个人的审美情感是建立在仁义心性的基础之上，那么这种情感就可以凭借道德心性成为一种审美共通感，个人的审美感受也就实现了某种程度的超越。当他感觉自己不再孤单，而是与他人、集群、世间万物同在的时候，也就得到一种精神的满足与自信，这种通过审美而实现的超越才是真正自由自律的。

① 牟宗三：《超越的分解与辩证的综合》，（台北）《鹅湖月刊》1993 年第 220 期。

② 牟宗三：《现象与物自身》，载《牟宗三先生全集》第 21 卷，（台北）联经出版事业公司 2003 年版，第 47 页。

二是由于善良本心的普遍性。在康德道德哲学中,主观成德是主体为不断接近道德理想境界所作的努力,但个人的道德意识、道德理想由于没有超越现象的感性世界,无法形成一个纯理性、纯客观的道德标准,因而造成个人道义往往以好恶、情感、欲望为准,这就没有普遍性和必然性可言。而牟宗三认为"良知"本心却有普遍、无限的意义。他说道:"此绝对普遍而无限而又有创造性的本心仁体即上帝——最高的主宰。此在中国以前即说此是天命天道之真体——客观说的天道天命必须与主观说的本心仁体合一,甚至是一。"①可见,善良本心不仅是现象感性世界的存在物,而且它与客观之理也能够融合,是具有超越意义和纯粹理性内容的智思物。主体只要注意后天培养保存,那么依据本心、本性而外化的行为也可以形成统一的标准。正是因为善良本心与生俱来,且通过努力还可以后天保存,那么审美活动这种与主体的人格条件和精神状态关系密切的行为也就必然会与之发生关联。如若将良知心性作为审美活动的主体条件,那么也就意味着审美不再是纯粹个人的喜好或偏爱,而是发生在道德人格的结构中,能够实现与他人沟通、交流的行为。因此,审美活动可以凭借善良本心这个主观条件而获得普遍性意义。

三是由于善良本心的创生性。善良本心,在牟宗三看来不仅是"天地万物之本",有着绝对的形而上超验意义,即"良知即是天心,天心即是道心,即宇宙之心";②而且,"良知本心"与科学之智、审美之情相比,有着更加重要的作用和功能,从某种意义上说是它们的根本和依据。牟宗三认为,自五四运动一直延续至今的以"科学"为代表的理智主义对中华文化有一

---

① 牟宗三:《智的直觉与中国哲学》,载《牟宗三先生全集》第 20 卷,(台北)联经出版事业公司 2003 年版,第 258 页。

② 牟宗三:《人文讲习录》,载《牟宗三先生全集》第 28 卷,(台北)联经出版事业公司 2003 年版,第 22 页。

定的不良影响，他坚定“良知”就是“道心”“宇宙之心”经过向内倾注或向下坎陷的结果，它不仅与天地万物之道、之理是相通合一的，而且它还是“使一切存在为真实而有价值意义的存在并能引起宇宙生化而至生生不息之境界者”①。这种生生不息的力量支撑着万物得其所、安天命，更支撑着生命力量的不断提升和坦荡开朗。继而他将道德与科学之地位进行了对比，“科学给你知识，不给你一个观念，所以科学一层论、理智一元论，必流入虚无主义。人的良知是天地万物之本，这只是给人生宇宙一意义……有了这个意义，则整个人生的根底上便不同了”②。可见，科学代表的知识和理智，尽管是现代社会发展所必需的工具和条件，但是依然无法与“道德良知”对个人思想根基或人生观念的支持相比，依然无法替代“良知”“仁义”具有的神圣感和超越性及其对生命之坦荡与开朗的引导。也正是由于“良知”占据着创生、决定天地人心的地位，它自然会对科学、审美发生影响，为科学、审美的进行提供“良知心性”这一主体性条件。这样不仅“于审美并无妨碍，于科学亦无妨碍”③，且能够为他们提供一种道心无限的力量。因此，善良本心就是这样一个不断进行着流动和发展的实体，“仁心随时在跳跃在呈现，感通周流而遍润一切的”④，它使得主体的内在世界与客体的外在世界都在道德力量的主导下获得不断发展和提高。而这种培养主体与创生万物的能力是善良本心所特有的，因此“善”可以凭借自身的创造力量和进取精神来主导和决定“美”。

---

① 牟宗三:《圆善论》，载《牟宗三先生全集》第22卷，(台北)联经出版事业公司2003年版，第299页。

② 牟宗三:《人文讲习录》，载《牟宗三先生全集》第28卷，(台北)联经出版事业公司2003年版，第17页。

③ 牟宗三:《人文讲习录》，载《牟宗三先生全集》第28卷，(台北)联经出版事业公司2003年版，第17页。

④ 牟宗三:《智的直觉与中国哲学》，载《牟宗三先生全集》第20卷，(台北)联经出版事业公司2003年版，第249页。

二、审美的独立自存性分析

尽管“道德形而上学”的两层存有论与道德、知识、审美三界说都以道德良知为核心与主导，但“美”却是形而上学体系的最高理境——“圆满的善”达成的关键因素。审美不仅在合一境界中保持其安顿生命、顺适个体的本性，在道德理想的实现中发挥其精神培养与净化心灵的作用，而且其特有的“无相原则”对现象界与本体界的沟通也有着特殊的意义。在现象层面的真、善、美有着不通透、不统一、不完善的缺陷，通过具体感性的表象呈现各自的形式和状态，因而都是“有相”的存在。而审美判断的“无相原则”在良知明觉的主导下，融合了主体“智的直觉”能力，通过审美活动作用于主体精神与生命的特殊途径，发挥着将现象层面真、善、美的各种表象进行化除并提升到本体层面的超越作用。

“转识成智”：美对真的提升。牟宗三认为，审美判断“必须超越于诸认识之能之上而自‘依据本心而现’之心境以论之。依是，美的判断终必转出去而自道德天心之圆成处以言之”①。这即是说，审美判断从主体方面说是“天心”借助“仁心”的自然朗现；从客体方面来看，并不似康德所说的“美”是自然世界与自由世界的沟通和桥梁，而是事理圆融的一种境界或状态。“天心”即是善良本心，有特殊的“上提贯通本体界，下显联系现象界”②的活动力。当审美活动在现象界层面上，审美判断就等同于欣趣判断，其判断的依据是主体具体而现实的认识能力。此时，认识能力的基础不是“智的直觉”而是感性直观，只能理解现象界的存在物而无法洞悉现象背后决定

① 牟宗三：《认识心之批判》（下），载《牟宗三先生全集》第 19 卷，（台北）联经出版事业公司 2003 年版，第 728 页。

② 牟宗三：《现象与物自身》，载《牟宗三先生全集》第 21 卷，（台北）联经出版事业公司 2003 年版，第 70 页。

性的物自身义理，在此基础上的审美判断也是个别而特殊的，没有共同性、一般性可言。但如果审美判断的基础是道德"天心"，通过"天心"的自我震动和自我超越，使得审美从此岸现象世界进入到彼岸的超越世界，实现真正的道德圆成之美。当主体通过审美活动进入彼岸的超越世界，也将带来对认识活动的提升。因为彼岸超越世界也是物自身的本体世界，当主体进入这种情境时，就意味着他实现了对于感性直观的超越而掌握了"智的直觉"能力，凭借"智的直觉"就可以去认知现象背后的物自身本体——"道德良知"的内涵与构成。

"由智化境"：美对善的补充。牟宗三思想体系中的"智"就是"圆成寂照"[①]，即道德本体"良知仁义"的直接朗现。道德本体对于康德来说只是"假定"或"公设"，而对于牟宗三来说却是真实的存在。至于审美，牟宗三更倾向于将其界定为一种"境界"而不是一个世界，即是一种通过"无相原则"将现象界的真与善提升到本体层面，凭借自身特有的精神愉悦和主动自发特征将知识和道德的特殊性进行综合最终进入圆融之境的超越过程。尽管其美学思想是以道德本体为核心而形成的，可以说在整个"道德形而上学"当中美处于一个依存与附庸的地位，但美的独特性并未被忽视且以"补充"道德活动的方式存在着，美与善之间是既相对独立、又互补协调，既保持距离、又在一定层面上圆融为一的关系。具体来说，牟宗三论美的时候，经常强调美的"自然、闲适、愉悦、休息"等特质，如"美一定要使人有一种愉快，这种愉快跟功利主义所讲的快乐也不相干"，"美是气化的巧妙所呈现……它无论如何巧妙也不能离开自然"，"真正的美是使我们生命安静的"。[②] 审美闲适愉悦特质是道德奋斗性的重要补充，以"道德良知"为本

① 牟宗三:《智的直觉与中国哲学》,载《牟宗三先生全集》第 20 卷,(台北)联经出版事业公司 2003 年版,第 241 页。

② 牟宗三:《康德第三批判讲演录》(八),(台北)《鹅湖月刊》2001 年第 310 期。

体的前提下展现着自身的独特性,详细来看:

首先,美的闲适愉悦特质是善所不具备的。牟宗三由始至终强调道德的主导地位,因为在真、善、美三者当中,只有"仁才能生生不息"①,生生不息的生命历程才意味着内在修为的提升和外在言行的进步,其他活动如认知、审美都不具备生命奋斗的内容,审美的特质是与道德截然相反的"安静"。对于"奋斗"和"安静",牟宗三认为看似矛盾,实则各有价值、相互补充。他十分反对单维度、绝对的奋斗,这样会给人疏离的感觉和严肃的印象,反而不利于道德理想在大众层面的认可及接受,而审美的感性愉悦特质恰好可以补充道德奋斗的理性抽象,淡化道德法则的规范约束色彩,增加现实生活的气息和情感的内容,进而可以将道德理想从狭隘的圣人君子之学的范围推广到大众的层面上,让更多的人去认识、了解并接受。

其次,美的闲适愉悦性是主体生命历程必不可少的内容。在牟宗三看来,道德理想及修为是主体生命历程的重要构成,但并非全部的内容,审美活动与道德活动并不冲突且对生命有益,"美就是把紧张化掉。所以我说,美是生命之源"②。就是说,道德的奋斗精神对生命有提携支撑的作用,主张理性、积极、向上;而审美的闲适愉悦则对生命有安顿满足的作用,主张感性、休息和安静。二者对主体生命历程都很重要且必不可少,审美活动的背后需要道德力量的支撑,道德实践的过程需要适当的反思和停歇,即使是道德修为很高的人也应该在恰当的时间暂时放下理想去审视自身的问题及效果。更由于审美作用于主体的内心和情感世界,以情感人、以情动人,若能与道德精神结合起来,可成为道德实践的辅助性载体;与道德相比,审美与现实生活、生命历程的贴合度更好,故牟宗三肯定其"生命之源"的地位,以此提醒人们应以更开阔的视野、广义的方式去理解儒家的道德论。

---

① 牟宗三:《康德第三批判讲演录》(八),(台北)《鹅湖月刊》2001 年第 310 期。

② 牟宗三:《康德第三批判讲演录》(二),(台北)《鹅湖月刊》2000 年第 304 期。

最后,道德活动与审美活动挂钩,对道德理想的实现有辅助作用。道德至善尽管是新旧儒家皆认可的个人修为的理想境界,但实践过程却有高下之别。在牟宗三看来,以平和愉悦的方式进行的道德修为才是最理想的。他说:“譬如说道德,你天天表现一个圣人的样子,你这个圣人整天高高在上,谁敢与你亲近呢?你要先把圣人的架子拉掉,那就是圣人没有圣人相。道德的最高境界是把道德相化掉。”[①]细读可知,他在这里强调的是广义开阔、生活化的道德修为,而非概念抽象、狭隘的道德修为,真正修为高的圣人君子不会刻意强调自己的优越地位,否则不仅无法获得他人的认可,反而会加深自己与他人的距离,背离道德修为呈现于现实生活的初衷,因而牟宗三特别提醒人们注意个人修为的误区。德行修为高的人,应更注意外在的言行举止,保持谦卑平和的态度。为了使道德理想更贴近生活、与更多的受众产生交互关系,牟宗三主张以审美体验的感性闲适来对道德活动进行补充。在审美活动中体验愉悦平和,可成为道德修为的辅助环节,一方面淡化了道德的约束力和张力,另一方面增加自然的、情感的、具体的内容,让道德活动的方式更加多样、风格更加多元。

可以说,审美对于主体才、性、气、质的培养有着其他行为无法替代的、直接作用于个体精神、情感的能力。审美不仅对道德生命力的安顿在整体形态上发挥着协调一致的作用,也为道德所特有的积极向上的品格提供一种生命和情感方面的补充和舒缓,有助于在清澈精诚坦白的真实生命当中去表现道德,这与儒家美学思想中“立于礼成于乐”和“亦庄亦美”的说法颇为相似。

三、审美归根结底是一种道德实践行为

牟宗三美学思想强调道德目的对审美活动的决定与主导地位,道德是

① 牟宗三:《康德第三批判讲演录》(二),(台北)《鹅湖月刊》2000 年第 304 期。

"美"得以成立的逻辑起点和最终归宿。"美"以道德为本源,而其职责和功能亦在于表现道德、在于把"善"的光泽推广到形形色色的现实世界中去。在他看来,"美"本身不具有独立自存性,而是依存于道德的,审美活动说到底也只是一种道德实践活动。这从他以文学为例表达将审美落实在生命,通过艺术对个人性情的正统培养进而为道德服务的观点可以较好地说明。他说:

> 我们主张文学应是理想主义,或人文主义的文学,仍是"文以载道"。……人文主义的理想主义,则是归于性情之正,以性情为主征。中国以前说:"温柔敦厚诗教也。"便是说的这个性情。孔子曰:"诗三百,一言以蔽之,曰:思无邪。"这便是归于性情之正。所以这个理想主义是合情理的。①

通过牟宗三对文学功能的论说可以见出,审美活动的"无所事事"与自由自在,恰好可以弥补道德人格在"成圣"的人生修炼中、在"践仁"的道德实践中所缺乏的内容,即情感的真挚开阔与心境的自然洒脱。在牟宗三的哲思中,尽管对道德的涵盖面宽、奋斗精神十分赞赏,也因此将其抬高到本体论的地位,但他理解的道德并非只有不断奋斗这一个侧面,也并非只有规范要求这一种内涵。换言之,它或许是最重要的特质,但并不是唯一的特质,否则道德实践将难以达到理想的效果。在牟宗三的认知中,道德的法令性、规约性与情感的闲适愉悦、言行的自然静默从来都不对立,他以传统的整体观、人性论来看待这个问题。就道德之意与审美之情的关系而言,其差别为:审美是感性鲜活和日常生活化的,道德活动是理性规范、引导现实生

---

① 牟宗三:《人文讲习录》,载《牟宗三先生全集》第 28 卷,(台北)联经出版事业公司 2003 年版,第 13 页。

活的。但它们却共同存在于主体人格结构中、活动于主体的生命历程中，也就是说，在“人性”这个契机上，两者是可以融合沟通的，而道德至善理想的关键因素是内心的自省，依存于“人”这个复杂体便无法将情感的内容排除在外。就人生奋斗与自由闲适来看，牟宗三认为它们是相互协调、缺一不可的关系。他曾说，“道德意志使我们提起来，美使我们放下”，“美的作用非常大，它使人愉快、喜悦。人的生长是在愉快、喜悦之中”。[①] 在他看来，道德代表人生奋斗的一面，强调积极向上、不断进步、永不停歇。而审美则主张人生应当自由自在、休养生息、超然物外，展现一种比较静态的品格。两者在牟宗三的构想中各司其职，道德的积极奋斗无法替代审美的自由无为，审美使人获得精神缓解和内心感悟，对生命有安抚作用的同时也能够为道德实践的进程积蓄力量。

应该说，审美活动诉之于情、感动于性，个人的感受在审美过程中没有丝毫的强制与被迫，个人的性情可以在审美过程中得到自然地熏陶和培养。审美的目的不在“美”和“艺术”本身，而在审美活动背后的“道义”。通过审美体验，人们可以去领悟蕴藏在表象背后的本质和义理，即美、善合一的境界；通过艺术感染，可以将主体的内在心性从自然层面提升至义理层面。审美活动的目的在牟宗三看来就是领悟道德的义理，使“道德良知”强调的价值和精神真正能够在现实人生中发挥效果。通过审美，道德理想以一种内心认可、真诚接受的方式为人们去理解和把握，使主体感受到“道德良知”不是神秘的理念、不是难以企及的世界，而是蕴藏在审美表象背后的那个价值与意义。审美活动带来美好感受的同时，也成为贯彻儒家道德理想“良知”的一种辅助性路径。

具体地说，审美活动与道德实践活动在牟宗三的思考中并非简单地画

---

① 牟宗三：《康德第三批判讲演录》(九)，(台北)《鹅湖月刊》2001 年第 311 期。

上等号,而是要经过从“分别说”的“美”到“合一说”的“美”这“二步曲”,经过向上提携的超越路径才能实现。

第一,“分别说”的“美”是独立自存的世界,属于个人情感体验行为。这个层面的审美体验和审美表象,依照其闲适愉悦的特殊属性来运行。审美体验与道德领悟不同,道德领悟以生命奋斗为己任,动态性大于静观性;审美体验更多是个人对审美对象的沉浸和欣赏,静观性高于动态性。细读牟宗三的描述可知,此时的审美以主体在自然世界的悠闲生活、阅览田园风光为最佳,展现出脱离世俗、超然物外的个人世界及内心追求,没有任何的现实功利色彩和道德功利目的,不似道德实践那样必须依存于世俗社会、以达到对个体乃至群体的言行举止规范为己任。因而,“分别说”层面的审美活动在特质上与道德实践差别较大,不能划归至道德实践行为的范围。

第二,“合一说”的“美”是与善合一的状态,此时的审美与道德实践才有统一的可能。从审美的分别性出发、还原审美静观闲适的特质是第一步骤,以道德的眼光审视美、以道德的价值提携美才是最终的指向,也是道德哲学家的时代使命所决定,即恢复“道德良知”在现代社会的接受度和影响力。牟宗三的美学思想与中西美学思潮史中那些比较宏大的思想主张相似,不看重具体的、细节的审美规定,而强调审美与人生、自然、社会、道德等因素挂钩而获得的无限意义。作为坚定的当代儒者,牟宗三的思想立场十分明确,“我只能交付给孔子”“托付给儒家”,①这样自己的内心才能落实、安稳。从中可见,将审美的分别性进行厘定只是后续论说的必要步骤,一方面可以确定审美活动的独特规律和作用,另一方面也可以将审美的不足展示而出,即静态有余、奋斗不足,进而将合一层面的超越之美与道德良知关

① 牟宗三:《康德第三批判讲演录》(四),(台北)《鹅湖月刊》2000 年第 306 期。

联起来，以道德之动补充审美之静。合一的“美”与分别的“美”是一种现象与本质的关系，“分别说”层面是审美的具体表现，“合一说”层面才是审美的内涵和意蕴。“合一说”层面的审美活动与道德实践活动息息相关，它们共同依附于个人心性的提升和生命境界的修为。也就是说，当个人内心的道德自省不断进步、在“悟道”的进程中有所收获时，也就拓宽了心境、提升了品位，此时的道德主体才能体验超验之美的深刻内涵。在合一层面上来看，审美活动与道德实践活动是能够统一的。

从牟宗三的论说思路可知，他主张一种以道德为主导的审美方式，纯粹的、艺术的审美世界不是其最终的指向。他坚持要给审美一个更加广阔的世界，借助的载体就是道德。在他看来，一种审美事物或对象，如果不具有表征道德内涵的意义便会有明显的价值缺陷，它使得个体生命流于放松和懈怠，即前文提到的“提不起来”，艺术形式方面或许可以不断美化，但思想内涵却会因为缺乏深度和意蕴而留有遗憾。这样的艺术形式，无法脱离物质媒介的限制与感官层面的影响，不利于生命力量的培养和个性气质的提升。而“合一说”层面的“美”与道德至善完全融合，其中主体的“仁义本心”与审美的“妙慧之心”相融，客体的良知明觉渗透到无相超越的美中。与审美相关的活动，包括审美判断、审美鉴赏与审美体验等不再是纯粹的个人喜好，而具备了与他人、群体沟通的可能，在审美自身的领域里添加了具有共通性和普遍性的道德实践的内容。

第四节　道德本体论美学的价值内涵

在分析了牟宗三美学思想的本体论基础“道德良知”具有的内涵与意义，以及以此为核心的道德本体论美学含有的结构、层次与性质之后，可以进一步分析以“道德良知”为核心而展开的关于美的要素与美的旨归等论述显示了牟宗三怎样的整体性精神追求、价值倾向。

一、以“道德至善”为审美的最终旨归

审美与道德挂钩历来是中外美学思潮、美学家关注的主要问题之一，并非牟宗三的独创。但在牟宗三这里，形成了以道德哲学家的立场看待思考美、以道德良知提携美的特殊方式，审美与道德之间在此展现了密不可分、互助影响的关系。

就审美的角度来看，道德论美学作为哲学思想本身蕴含的一种精神而出现，美学思想与哲学思想甚至人生伦理观念相互交织、难分彼此。牟宗三将审美品性定格在“道德良知”中，它不仅决定美的起源与美的本质，就连审美活动的主体也不可避免地带有道德色彩，从事审美活动的人都具备“良知”的人性之本、极具道德意识，自觉将“道德至善”作为人格修养与人生修炼的终极目标，由于“良知”依存于主体的生命历程，因而主体内在的三个层次知、情、意以及相对应的认知、审美、道德活动带上了“善”的色彩，它是道德实践的追求，是审美活动的目的，更是个体内在修为的基础功课。可以说，审美经过牟宗三的努力成为更加广义的存在，已然与道德、人生联系起来，审美境界融会在道德理想和人生境界中，他将这种状态描述为“即真即美即善，就是天德流行境界，就是以前中国理学家所说的天理流行，就是尧舜禹之也”①。除此整体性描述外，牟宗三在审美理论、审美观念上也延续着这种思路。其中，在美的本质理解上，他超越了局限在艺术与审美本身的思考方式而为我们打开了一个新的世界，将美的本质与世界的本源、人生的意义联系起来；在审美的境界上，他表现出对内省、人生、价值之美的强

---

① 牟宗三：《真善美的分别说与合一说》，（台北）《鹅湖月刊》1999 年第 287 期。

调和审美精神品格的极大开拓。牟宗三曾说:“知识固然重要,道德固然重要,但说到最后,最重要的是美。美是一个‘生息’原则。美不是‘安息’原则。美使你的生命真正可以生长,但它不在生长中,而在酝酿中,使你休息。那个时候,你真正有生命,真正有生机。”①传统文化中数目繁多、形式丰富的艺术作品集与批评赏鉴论以及近现代学人王国维、梁启超、钱穆、徐复观等人对艺术创作、艺术构成的理性分析,在带来美学理论不断完善的同时也引发我们的思考:审美除了艺术哲学范域的内容之外、艺术形式要素的知识论总结之余,是否还存在着更为开阔的精神品格或价值内涵?对于诗歌、小说、音乐、绘画等具体的艺术门类,牟宗三没有作出过多的评述与分析,他所看重的是这些形式背后的思想内核与精神义理。他认为,不论是传统道家思想的以“无”为本、强调先天自然,还是康德哲学的基督教传统和宗教伦理的先验引导,都不如儒家思想的内核“良知”更契合审美的精神与品行。“良知”是本体性与呈现性、超验性与经验性、理性与感性的和谐一致,它本身就包含了向上达致自然天理、向下贯通仁心本体的双重内容,兼具了本体世界道德的创造性与现实世界人伦的实践性两个层面的意义。以“道德良知”为核心的审美活动,更强调审美是一种指向形而上超验世界的体验与感悟,以及在审美意识与道德理想实现同一之后对经验生命历程的引领。“道德良知”成为审美活动终极的决定力量,它使得审美境界的提升、审美内涵的丰富与审美义理的开拓朝着道德本体、人伦价值这一更为宽广的世界、更为开阔的方向去发展和升华。

就道德方面来看,其特有的生命力量与创生力量具备成为“美之本体”的可能性与必要性。就可能性而言,审美活动本身就是感性与理性、经验与超验的统一,两个方面尽管各司其职、缺一不可,但在地位及重要性上还是

① 牟宗三:《康德第三批判讲演录》(四),(台北)《鹅湖月刊》2000年第306期。

有差别的。牟宗三曾说,“文学要有美的灵魂才能创造,唐朝的诗人,李白、杜甫都有美的灵魂,所以才能创造诗”[①],而形成“美的灵魂”的关节点却又在道德心性,因为“道德实践的心仍是主导者,是建体立极之纲维者”[②]。这即是说,感性方面的审美表象和美的形式具有灵动鲜活性与具体可感性,使得主体凭借轻松愉悦的形式获得美的感受与体验,为理性层面的美提供不断丰富的条件与材料。但理性层面的美更具决定意义,是感性之美的根本目的。感性之美只有以超越性价值为引导并最终上升到理性之美的境界中来,才能突破感性直观的限制而具备无限超越的内涵。就必要性来看,美的“生息”原则是静态纯粹的,而“道德良知”的原则是动态积极的,故“一定要拿实践理性作纲领,才能提得起来”[③],也就是要以道德实践的奋斗品格来补充审美活动的现实品格。美独有的感性直观性和精神愉悦性可以带来主体生命力量的放松与闲适,但过度的、长期的放松就是懈怠甚至懒惰,如若没有生命提携或意志强调的精神内核来引导,审美的感性形式就会掩盖实践理性的纲领地位。其后果表现在艺术审美中会导致“为审美而审美”“为艺术而艺术”等狭隘文艺观的盛行,在生活审美中则会导致“无为”掩盖奋斗、休息大于创造等人生观点的流行,仅局限在艺术与审美内部的研究模式将会替代对于审美超越意义的探索。因此,牟宗三认为,审美不仅要以“道德良知”为本体,而且只能以“道德良知”为本体和核心,方能弥补审美在感性直观层面可能出现的狭隘或片面,最终将审美提升到理性、超越、无限的境界中来。

---

① 牟宗三:《真善美的分别说与合一说》,(台北)《鹅湖月刊》1999 年第 287 期。

② 牟宗三:《康德〈判断力之批判〉· 卷首》,载《牟宗三先生全集》第 16 卷,(台北)联经出版事业公司 2003 年版,第 80 页。

③ 牟宗三:《真善美的分别说与合一说》,(台北)《鹅湖月刊》1999 年第 287 期。

二、强调审美对现实功利目的之超越①

尽管在审美的地位、本质以及与道德的关系等命题上，牟宗三坚持自己的思考脉络，呈现了与康德美学相异的看法，但在审美“非功利性”的问题上，他却对康德的观点表示赞同。康德深感启蒙运动以来，科技理性和资本主义工业文明的发展导致人类精神信仰的缺失与社会风气的沦丧，在“英国经验派”思想家夏夫兹博里、哈奇生、博克等人关于审美“无利害性”论述的基础上，将“美的非功利性”确定为美的本质研究中一个最基本的命题来分析。他认为人尽管是现象世界有限、受制的存在个体，却不能否认在经验生活之外还有一个超验的世界，人们尽管无法直观或理解它，但却可以通过道德法则的设定和审美活动的超越来不断接近这个形而上的世界。因此，以“人是目的”为出发点的审美活动是康德重建人们的形而上情怀、实现价值世界对现实经验生活和人的精神情操提升的一个手段，而“美的非功利性”原则就是在这一目的指导下，在对审美活动的本质进行规定时提出的第一契机和要义。康德对于审美无利害性的提法是“那规定鉴赏判断的愉悦是不带任何利害的”，“鉴赏是通过不带任何利害的愉悦或不悦而对一个对象或一个表象方式作评判的能力”。② 牟宗三十分赞同康德将审美看作超越现实功利目的的精神愉悦行为，他在分析康德审美判断第一契机时说道：

> 通过质范畴所了解的审美判断的第一相就是没有任何利害关心。

---

① 按：此“现实功利目的”主要指尚未超出经验、现象层面的个体化“物质渴求”或“一己私欲”，从而与“道德功利目的”相区别。

② ［德］康德：《判断力批判》，邓晓芒译，杨祖陶校，人民出版社 2002 年版，第 38 页、第 45 页。

无相就在这个没有任何利害关心中表现,就是把利害关心化掉。①

只当德性、善意、诚实,连同其所牵及的道德兴趣(道德的利害关心),皆不存在时,自由的审美品位始能在仪容、文雅、礼貌中显现其自己。②

这里牟宗三一方面表现出对康德审美超功利性观点的赞同,另一方面又显现出不同于康德立足于审美判断本身来分析,而主张以道德的本体力量来确保审美超越品格达成的看法。此处“德性、善意、诚实以及道德兴趣皆不存在”的状态并非指代与道德目的无关的纯粹美,而是说在“美善合一”的境界中两者已经通过“无相原则”化掉了各自的方向、目的或差别,成为不分彼此的整体,也就是在这个境界上才能真正获得超越现实功利目的的审美愉悦之情。故可以更确切地说,牟宗三的“审美非功利性”的主张是直接依据“道德良知”的内涵与特性而发出的。他认为“外在天理”与主体本性在本质上是合一的,共同归属于“道德良知”,因此主体只有将对外在世界本质的追求转化为对自身内在“善良”本性的保存与培养,将先天原则转化为自身的内在需要,才能促成意志的真正自由与人生“乐”境的实现,才能领悟圣人君子在天人合一境界中形成的纯粹人格。他说:“妙慧审美本是一个闲适的静观之‘静态的自得’,它本无‘提得起放得下’之动态劲力,此后者是属于道心之精进不已与圆顿之通化”,“但当道心之精进不已与圆顿之通化到‘提得起放得下’而化一切相时即显一轻松之自在相,此即暗合于作为审美之超越原则的‘无相原则’,亦即道德之藏有妙慧心。”③这

---

① 牟宗三:《康德第三批判讲演录》(四),(台北)《鹅湖月刊》2000年第306期。

② 牟宗三:《康德判断力之批判》(上),载《牟宗三先生全集》第16卷,(台北)联经出版事业公司2003年版,第154页。

③ 牟宗三:《康德〈判断力之批判〉·卷首》,载《牟宗三先生全集》第16卷,(台北)联经出版事业公司2003年版,第79页。

即是说，对人性本有的“良知仁义”内核进行不断的探索与还原，这既是实现道德理想的必经步骤，又是一个暗合审美的精神自由与愉悦超然品格的审美体验过程。美的自由自在与意志的自由自律在超越的层面上是合一的，或者说道德活动中的意志自由状态决定了审美精神自在境界的达成，使得以“道德良知”为本体的审美体验虽然在形式上是个人的、独立的，但在个人化的形式背后却蕴藏了深刻的道德义理，对“美”的体验和欣赏可以实现对一己私欲和物质功利的超越。

具体分析这一过程：首先，审美活动在理性层面上以道德为本源，并以此为思想的主要内核，形成无限向上的力量或方向指引，这直接影响着感性层面美的形式、美的要素以及艺术创造等活动。道德尽管有一定的规范色彩甚至言行要求，但儒家的道德观又很强调自觉自律性，即通过内心接受、外在践行的方式实现，因而以此为本源的审美活动也必然是作用于内心世界而非外在物质世界的。其次，以道德为本体的审美活动，使得感性层面的美是在主体将“良知”化为自身的行为本源与人格标准，超越了道德的约束性与强制性，而完全自主、自律、自发地去贯彻这个标准与法则，是在精神世界十分超然洒脱、人格心灵十分清澈宁静的条件下从事审美创作、审美鉴赏与审美体验等活动，是超越具体的、现实的、物质的功利目的。最后，依据儒家人性本善的道德观，提炼出“道德良知”的普遍性，以此为依据的审美活动也因道德这个契机而实现与他人、集群之间的沟通，获得普遍性和共通感。审美以社会群体共同而深刻的道德力量为源泉，从而使感官之美在个人感知的形式下获得了超越一己私利、与他人相通相连的可能，凭借蕴含了道德力量的审美共通感而实现与群体、社会的沟通。

三、赋予审美显著的道德功利目的

“道德功利”或者“价值目的”是对渗透在道德本体论美学超现实功利

性背后的那种深层次价值追求的概括。牟宗三赞同康德以四个契机分析的美在本质上是超越现实功利、一己私欲、概念范畴等的限制而具有普遍性、必然性的反省判断行为，认为“美还是要独立讲。艺术之美、自然之美，都要独立讲。不能拿合目的性原则作它的超越原则，尽管只是作为主观原则也不能用”①。他在此首先要强调的是在道德论美学体系中的审美精神或审美表象尽管以“道德良知”为思想内核和本体论基础，但并不意味着审美所特有的精神愉悦性可以消解于道德，或者由于美依附在道德的思想光泽之下而完全不用考虑美的独立地位和美感发生的特殊历程。那样将不仅会带来对审美分别性、特殊性的忽略，而且与传统美学的生命意蕴和圆融之乐的美学精神有所违背。但是，在确定道德论美学保持自身精神超越性的前提之下，牟宗三又以“无”来概括审美经过不断超越和无限提升所至的境界。他说道，“分别讲的美是美术、艺术。中国人不停在分别讲的美，他往上转，讲无言之美、无声之乐、无体之礼、无服之丧”②。这里的“无”并非“虚无”之意，并非主张审美向着形而上的彼岸世界不断超越之后成为纯粹而神秘的世界，而是指当美与无所不包、涵盖一切的世界本体相互融合的时候，美就达到了没有既定方向的牵引、没有概念范畴的局限、不以压力或者命令的方式却能让主体在美的世界中感受舒坦和逍遥的情状，具体感性的审美形式或者表象成为这种本体超越之美的外化与显现。显然这里的“无”已经超越了理论家们常说的纯粹美、形式美和艺术美等层面，其实质是在“无”的表相、方向背后贯穿一种积极、正面、向上的探求精神，即在“无”的指称形式之下渗透了“有”的思想内涵。而这种“有”就是指代儒家“道德良知”及永无止境的个人修为，因为在牟宗三看来，只有儒家传统思想中的“良知”才具备积极奋进的力量，“孔子讲仁，儒家讲仁，仁代表生的

---

① 牟宗三:《康德第三批判讲演录》(二),(台北)《鹅湖月刊》2000 年第 304 期。

② 牟宗三:《康德第三批判讲演录》(二),(台北)《鹅湖月刊》2000 年第 304 期。

原则。……‘仁’所代表的生是创生，那是道德意义的生长，生长就是奋斗”①。因此，在道德本体论美学超越现实功利目的之背后并不是虚无而是实有，即现实生活之上、超验境界之中的目的和价值，是一种深刻的“道德功利”，对其存在形态和作用方式可以从以下两个方面进行分析。

一方面，“道德功利”渗透在美的超越意蕴之下，联结着道德论美学精神的形而上层面。审美活动中的“道德功利”从本质上说是超越了感官、具象的限制而诉诸个人的精神满足、情感体验的一种价值追求。它所具备的精神义理和价值内涵需要通过审美体验所特有的自由心灵对于美的世界发出毫无保留的沉浸和投入才能感知。道德论美学中的“道德功利”尽管亦有目的和主张，但不同于“现实功利”或者“物质功利”。它已经完全超越现实层面的物质干预，甚至认为物质条件将会带来主体一己私欲的扩张和人格气质的下沉，这显然有损于建立在“道德良知”基础之上的审美精神价值。在牟宗三看来，“道德功利”和价值目的不是命令式的指导或者现实性的规劝，它所蕴含的目的和主张从存在形式上说，以一种价值导向、思想意蕴的方式渗透在审美体验过程的背后；从实现方式上看，必须通过审美主体对这种价值的理解和接受自然而然地成为审美活动的形而上引导。这从他十分强调“道德良知”不仅是美的本体和内核，而且是主体人格的根本性质就可证明。他说道：“通到天命不已的全部自然界整个是个美。因为全部世界都从天命不已来，通到同一目的，那么，全部世界是个美”，“天命不已也是创造，那个创造是根据孟子所说的道德心性的创造性的扩大。道德心性就是孟子所说的仁义内在，内在于本心”。② 此处的“天命不已”，是当主体个人的“良知”心性与天理流行的“仁义”之理相互印证和契合之后，当

① 牟宗三：《康德第三批判讲演录》(四)，(台北)《鹅湖月刊》2000年第306期。

② 牟宗三：《康德第三批判讲演录》(八)，(台北)《鹅湖月刊》2001年第310期。

"自我意识"得到肯定、"自我能力"得到确认之后的超脱状态。如此看来，美的世界在牟宗三的观念中向来不是独立的，而是道德本体向审美活动的直接下贯和倾注的结果，"道德功利"就伴随着本体向审美世界的运行而具备了。

另一方面，"道德功利"必然落实在人生实践之中，联结着道德论美学的形而下层面。渗透在美的世界背后且主导着审美的道德本体"良知"从客观外在的角度看对应着天命不已、天理流行，但它不同于康德哲学中所构想的自由、至善的彼岸王国，"良知"终将落实在感性流动的生命历程之中且落实的方式就是向内探求、反求自身。因此，伴随着道德本体与主体人格中的仁义心性的契合，审美超越背后的"道德功利"也将落实在人生实践当中，体现出形而下层面的审美意蕴。道德良知落实于仁义心性、道德功利落实于人生实践，这些与儒家思想"承体起用"的主张分不开。牟宗三说，"天命不已是道体，道德意志是我们的性体，不管是性体，或是道体，都当作本体看。直接承这个本体就可以起作用。起作用就是表现出来"，而独立审视的"美"尽管是"气化的华彩中的形式"，十分强调浑然天成的气韵和主客相契的和谐，但是"气化本身不能成为万物，一定要有天命不已的道体在运用"，因此"美"所代表的娴静、安乐，"也是道德意志的创造所呈现的，我们的道德应当通过我们的行为而成功的存在也属于气化"。① 可见，道德本体论美学尽管超越了现实功利、物质功利等的制约，但一种无形的"道德功利"却隐藏其中，它作为精神义理层面的价值主导可以实现对审美主体的提升和开拓。这种提升和开拓从方向上说，是面向内心将本有的仁义本性、善良本性召唤而出，以从外向内、由虚到实、从目的到实践为进行方向；从过程上说，它是人在理解了自我本有的趋善避恶的本性与世界的生生之道相

---

① 牟宗三:《康德第三批判讲演录》(九)，(台北)《鹅湖月刊》2001 年第 311 期。

通之后，凭借着这种本有的心性之体来从事审美判断、审美体验和审美创造等活动，必须经历一个将良知的义理和道德的精神表现于审美活动中的过程；从效果上说，以“道德良知”来实现对于审美活动的主导，在审美这种感性愉悦、自由顺适的活动中体现出“至善”的意义，甚至体现出“践仁”的主张，就是“道德功利”步入现实、走向生命的目的。可以说，在确定了无限超越的品格之后又回归人生实践，在肯定了形而上的超越品格之后又赋予一种形而下的现实目的，是牟宗三美学思想中“道德功利”的独特性质。

第三章　牟宗三美学思想的范畴论

对牟宗三美学思想的本体论内容进行全面审视，意味着道德论美学思想体系已经完成了形而上层面的定位和基本审美品格的交代。本章我们将立足于具体、形而下的层面，通过中西比较的方法对牟宗三美学思想包含的概念范畴进行梳理，通过探析审美范畴蕴含的独特义理使其成为牟宗三美学思想在完成本体论定位之后，在具体内容与结构上的进一步充实与深化。

“智的直觉”“圆满的善”“审美判断”是牟宗三美学思想中最具代表性的三个美学范畴。尽管它们的内涵意义、内容构成与理论倾向不尽相同：“智的直觉”是从审美认知的角度阐释主体凭借道德天心为主导的直觉能力领悟“道德良知”的本源意义之后，在当下实现的对以“道德良知”为本体的审美活动具有的超越品格与伦理品格的审美体验过程；“圆满的善”倾向于对真、善、美在本体层面的合一状态进行描述，尤其看重在“道德至善”的主导下、通过道德对美的提携而进入“圆善”审美境界的过程；“审美判断”则认为以道德的超越性、本体性与创生性为主要内容的“无相原则”才是审美活动得以进行的依据。但需要指出的是，它们的相通之处也十分明显，“道德良知”是三大审美范畴进行内涵构建、概念推演以及层次划分的中心线索，它们都围绕着“道德良知”具有的精神超越品格与伦理价值追求而来，依此进行自身理论体系的构建。从宏观、整体的立场确立了道德论美学在本体论层面上具有的审美品格之后，审美范畴论则承担着在具体内容和概念论述方面进一步完善、深化道德论美学体系的任务。在牟宗三的整个哲学思想中，对于源自康德哲学的范畴和概念进行论述并在儒家典籍中寻找充实它们的内容，是其消化康德哲学，为中国儒家思想寻找建体立极依据的重要方式。他对于美学范畴的提出和斟定，也遵循着首先对康德的相关论说进行引用、分析，在恰当的时机提出质疑，进而在儒家思想的背景下对相关概念进行再解读、再阐释乃至改写，最后在美学思想以及“道德形而上学”中确定其地位与作用。可以说，他采取先比较再构建的思维模式，康德美学的概念范畴是研究的开端或契机，在传统文化中寻找资源构建自己的美学概念才是目的。每个范畴的提出对应着一种或几种审美理论，具体个别的审美范畴构成了道德论美学思想体系的主要结构与框架，借助它们可将零散的美学思想进行整合而成统一的形态。与此同时，审美范畴又在中西哲学与文化的会通中承担起通过具体范畴的比较而寻找两种文化异同的重任。

第一节　“智的直觉”与审美体验论

“智的直觉”在牟宗三的道德哲学体系中是指经验主体对天地万物的终极本源“道德良知”的一种追寻方式。他不满康德将物自身的本体世界归属于纯粹智思界以及从中显现的绝对而超验的道德宗教色彩，赋予了物自身的彼岸世界以儒家式“道德良知”的主要内涵并十分强调道德本体的人生实践色彩。在他看来，源自康德哲学的“智的直觉”概念可以理解为这样一种认识方式，即“在此知上之‘合内外’不是能所关系中认知地关联的合，乃是随超越的道德本心之‘遍体天下之物而不遗’而为一体之所贯，一心之圆照，这是摄物归心而为绝对的，立体的，无外的，创生的合，这是‘万物皆备于我’的合，这不是在关联方式中的合……而只是由超越形限而来之人心感通之不隔”。① 可以说，经过牟宗三独特的儒家立场改造后的“智的直觉”就是“道德良知”得以走向具体生命并外化于实践活动的主要途径与方式。而“智的直觉”同艺术活动中的审美体验具有相似之处：对“良知”的体悟和对美的体验都是主体的心理活动，细腻、复杂、微妙不可言说的心理活动是它们得以实现的必要中介、必经之途。道德领域与审美世界一样，在感性经验的意义之外还有一个理性超越的世界在进行着精神引导与价值制约，而存在于主体内在心理的良知体悟与审美体验则同时承担着在两个层面之间进行过渡与承启的责任。因此，一方面，通过良知体悟与审美体验，个体生命与宇宙万物实现合一、消弭间隔，“我”的生命通过与天地万物的沟通而实现意义的开拓与境界的提升；另一方面，世界万物的意义、本体超越的内涵也只有通过“我”的良知体验和审美体验才能得以昭示，才能在现实中实现真正的同一，道德的意义、审美的内涵才不局限在一种先天的假设中而具有了当下呈现的可能。那么，“智的直觉”这个最初只是描述经验主体在当下领悟“道德良知”涵义的认知范畴，由于它一方面关乎经验主体的内在心理，即“吾人承认智的直觉以使其具体呈现为可能”，另一方面又与超验的道德本体挂钩，即“一切存在在智的直觉中，亦即在本心仁体之觉润中”，②因而它承担着将道德本体带入实践、影响实践的中介作用。在牟宗三的哲学构思中，道德代替审美去承担沟通经验与超验二界的任务，证明“智的直觉”为主体所本有及自由运用，则是实现沟通的关键。在“智的直

① 牟宗三：《智的直觉与中国哲学》，载《牟宗三先生全集》第 20 卷，（台北）联经出版事业公司 2003 年版，第 241 页。

② 牟宗三：《智的直觉与中国哲学》，载《牟宗三先生全集》第 20 卷，（台北）联经出版事业公司 2003 年版，第 257 页。

觉”论说中,牟宗三哲学与康德哲学的差异更为显著:康德是构建认知、审美、道德三个相对独立完整的世界,再用审美予以桥接的静态结合方式,审美有独立的空间;牟宗三构建“分别说”层面真、善、美和“合一说”层面真、善、美的两层论模式,两个层面之间跨越转换的关键并非审美而是道德,审美在“分别说”的层面上展现独特性,“合一说”的层面则是与真善合一的整体性存在,不再具有独立的空间。在“合一说”层面上,审美体验和“智的直觉”都是道德主体的内在能力,都是与道德理想挂钩的内心感悟或体验,“智的直觉”从某种意义上说就是一种道德色彩浓厚、道德目的显著的审美体验。本章节讨论的重点是“智的直觉”具有的审美体验意义,即审美主体如何通过内心的体验与感悟去理解道德超越之美、人生价值之美的境界并在此过程中实现自我提升与开拓;而我们讨论的方式是将“智的直觉”与审美体验进行对比,通过描述二者在“道德良知”这个外在目的、“道德心性”这个主观条件上的相似与重合之处,来证明发生在经验主体内在心理的“智的直觉”活动,从美学的角度看来,就是一种审美体验过程。

一、体悟“良知”:“智的直觉”与审美体验共同的内容构成

牟宗三首先将“智的直觉”的对象世界,即“物自身”的本体世界从康德所言“彼岸宗教”转向儒家的“道德良知”,进而论证了“智的直觉”对于“良知”进行体验的发生过程和进行方式,这也暗合了道德论美学中审美主体对于美的本质“道德良知”进行感知的审美体验过程。

(一)“道德良知”是“智的直觉”与审美体验共同的对象世界

“智的直觉”是牟宗三从早期哲学思考就开始关注的重要概念之一,它最初是康德在第一批判中论述“物自体是如何被理解的”时提出的。在《纯粹理性批判》中,“智的直觉”是超越现实生活、经验世界的一种理解力,并非现象的个体能够掌握的一种理想假设。牟宗三在对其进行详析解读后提

出,中国哲学文化的智慧中或许没有明确提出“智的直觉”概念,但有大量玄言妙语告诉我们,古代个人修为较高的圣人君子、真人道人都是因为“悟道”的能力很强才获得个人成就,因而他坚信,古典哲学中具有与康德“智的直觉”接近的说法,即一种个体通过不断努力而接近、领悟道德理想的能力,只是中国哲学缺乏思辨理性、概念论说的习惯,只能以零散、感性、简单的说法出现在古代典籍中,因而他以康德哲学为参照,详细论证了在中国文化,主要是传统儒家的背景下,“智的直觉”的存在状态和构成情况。

第一,牟宗三将康德“智性直观”的对象“物自身”从彼岸宗教转向了儒家的本体“道德良知”。“智性直观”是康德在《纯粹理性批判》中论述主体的认知能力与客体的认识对象“现象”和“物自身”之间的关系时提出的概念。康德说:

> 事实上,当我们合理地把感官的对象视为纯然的显像的时候,我们由此也就同时承认了,这些显像是以一个物自身为基础的,尽管我们不知道该事物就自身而言是什么性状,而是只知道它的显像,也就是说,只知道我们的感官被这个未知的某物所刺激的方式。因此,恰恰由于知性承认显像,它也就承认了物自身的存在,而且这样一来我们就可以说:这些作为显像的基础的存在物,从而纯然的知性存在物,其表象就不仅是允许的,而且还是不可避免的。①

康德将人的认知对象即客观世界分为“现象”②与“物自身”,而作为主

① [德]康德:《未来形而上学导论》,载《康德著作全集》第4卷,李秋零译,中国人民大学出版社2005年版,第318页。

② 按:此“现象”对应引文中的“显像”,因牟宗三在相关著作中都使用“现象”概念来表示“物自身”这个本体在感性世界的表征及对应,因此本书亦使用“现象”这一译法。

体的人类则具有两种认识对象的能力，这就是知性（智性）能力和直观（直觉）能力，这两者共同形成了我们的知识。知性（智性）的本质特点是能动创造性和先验判断性，它能够凭借理性知识而先验地提出概念或范畴，以此对认识对象作出判断，以这些概念去综合直觉中的杂多。相反，直观（直觉）的特点是被动地接受感性世界的表象对主体直接的刺激与影响，只是对象"被给予"的管道。智性与直觉不必截然分开而是共同作用在思维活动与认识活动当中，感性直觉是认识此岸"现象"世界的主体知解能力，而"智性直观"则是认识彼岸"物自身"世界的知解能力。

康德进而指出，人在认识"物自身"或者世界本体的时候无法掌握"智性直观"以说明它只是一个先验世界假设而非现实的存在物。康德说："某种本体的概念只不过是一个限度概念，为的是限制感性的僭越，因而只有消极的运用。但这个概念毕竟不是杜撰出来的，而是与感性的限制相关联的，只是不能在感性的范围之外建立某种积极的东西。"①康德认为"智性直观"是超越了感官经验的干扰而直接由知性给出的关于"本体"的言说，是一种本源的、能动的、创造的直观行为。而人类作为感性的存在只有"感性直觉"的能力，"智性直观"即使确有其事，也不可能为经验主体所掌握而只能存在于"原始存在者"如上帝、神灵之中。因为他们与经验主体人类不同，可以超越现象世界中物质、经验乃至概念等条件的限制，无须由外在的客体提供杂多的材料，而能够仅仅凭着自身"自发的"知性直接把对象的本质提供出来。因此，作为感性存在的人类只具有感性的直觉与知性，感性直觉只能认识事物的表象及经验的存在，而人类的知性虽然通过理智的概念去表现对象世界，但对"物自身"的表现依然是消极意义上的。

牟宗三将康德所言的彼岸超验色彩浓厚的"物自身"概念联系儒家思

① ［德］康德：《纯粹理性批判》，邓晓芒译，杨祖陶校，人民出版社2017年版，第177页。

想的义理来思考,发现儒家思想的核心“道德良知”与康德哲学的“物自身”有相似之处,不过在西方文化背景和基督教传统的影响下,形成了先验道德精神和宗教精神比较浓厚的康德学思,其中理性的实践色彩、呈现性并不显著,反观在东方智慧的玄思妙想中它们却得到了重视。因此,牟宗三提出:“良心上提而与自由意志为一,它是道德底主观条件同时亦即是客观条件。……它同时是心,同时亦是理。……只有这样的‘心理为一’,智的直觉始可能。”①这里的“心”是主体的“本心”和“本性”,“理”是外在的“天理”“道理”“事理”,它们都以“道德”为本、由“良知”所发;而“心理为一”又是“智的直觉”成立的前提条件,这就意味着“良知本心”构成了“智的直觉”的主体条件,“道德天理”则构成“智的直觉”的外部条件。“道德良知”就是“智的直觉”必须去认识的、“物自身”层面的“本体”或“本源”。这里,牟宗三首先不满意康德“物自身”概念的抽象性,将其明确为儒家的“道德良知”,再通过中西比较式研究来论述“道德良知”是一种涵盖一切、创生万物的力量,由此将“智的直觉”与审美体验都纳入这个本体的世界中来。下面通过“物自身”与“道德良知”的对比来进一步说明这个问题。

(1)两者的基本含义不同。康德的“物自身”是一个先验假设的存在,人类无法洞悉它的完整意义,或许可以通过坚持不懈的探索而无限地接近,却不能完全地理解和掌握。而“儒者讲本心、仁体、性体,则于此十分透彻”②。这即是说,儒教的本体就是人生而有之的本心与本性,他们的基本含义为“良知仁义”,只要注意后天修炼与培养并注意以圣人先贤为榜样不断提点自己的日常行为,就等于理解并实践了道义,本体世界可以明朗地呈

① 牟宗三:《现象与物自身》,载《牟宗三先生全集》第21卷,(台北)联经出版事业公司2003年版,第70页。

② 牟宗三:《智的直觉与中国哲学》,载《牟宗三先生全集》第20卷,(台北)联经出版事业公司2003年版,第248页。

现给个体,经验主体与超验本体之间没有绝对的鸿沟或距离,关键环节是善良本心的保存和提升。既然在儒家的理念中,世界的本源与主体的本心在内涵上是一致的,都指向"道德良知",那么"智的直觉"这种从主体的经验性存在出发来领悟世界本理、实现天人合一的过程,只要依据主体的良知本心或者道德天心建立并发出,那么它与道德本体、良知仁义就不存在间隔与阻断的情况。在良知本心的范域中,经验主体能够具有直视道德义理、直达"物自身"本体层次的"智的直觉"能力。

(2)两者的实现路径不同。康德认为,主体的审美活动暗合了"物自身"彼岸世界的根本目的,因而本体世界、终极义理需以审美活动为中介与经验世界发生关联,尤其在"崇高"体验中,道德与经验主体有实现沟通的可能。而儒家讲求的是以"体用不二"的认识方式接近本体,论说"智的直觉"落实于现实生活是"道德良知"体用不二特性的必然结果,也是构建"良知"呈现性的关键步骤。善良本心人人都有,在生命的长河中,在日常行为的点滴中只要保持了这种本心与本性,那么"人人皆可以为尧舜,成圣成贤"①。儒家道德论的主张是实践性高于规则性,实现路径需借助主体领悟道德义理的"智的直觉"能力;康德道德论的要求则是规则性高于实践性,道德法则一直保持先验抽象的特质,主体不需也不能凭借"智的直觉"去达成完全的理解。在牟宗三看来,康德哲学尽管有大量资源可以去关注和参考,但始终无法代替中国哲学的立场,中国儒家语境下的"智的直觉"就是主体通过体用不二的方式接近本体世界的具体过程。它以道德人格具备的道德心性为出发点,以领悟"道德良知"的两层含义为最终目的,即对应于客体世界具有的"外在天理"的一面和对应于主体世界具有"仁义本性"的一面。前者作为外在世界的基本法则尽管是理性超验的,但它与经验世界、

① 牟宗三:《真善美的分别说与合一说》,(台北)《鹅湖月刊》1999年第287期。

主体生命并不隔绝或矛盾，正是在“智的直觉”中，主体通过对“良知仁义”在人性构成中具有的内涵、价值与功能的逐步理解，实现了对世界本体“道德良知”意义的理解和把握，以由内而外、由主到客的方式通向“物自身”的本体世界。也就是说，主体的“智的直觉”和外在的“天理事理”皆与“道德良知”挂钩，而儒家的道德具有在两个层面活动、经验超验合一的性质，“智的直觉”作为理解“物自身”的能力，因儒家背景下的“物自身”被规定为“道德良知”而增加了实践色彩，儒家道德两层贯通的特质使得“智的直觉”具备了落实于个体人格、现实生活的可能，不再像康德认定的那样遥不可及。

（3）两者的作用不同。康德认为，“物自身”这个本体世界对于人类而言是高高在上且永远无法呈现的，它的作用是给信仰者一个信念、一个可能的方向，成为使之不断努力去接近理想的动力。这带来了自然科学知识的进步和思辨哲学的发展，从某种意义上说它为科学逻辑的充分发展提供了认识论基础。而儒家的道德本体“良知”既是最高级的，也是涵盖一切、范围宽广的，因为“天命天道在敬的作用中，步步下贯而为人的性，这里启开了性命天道相贯通的大门”①。它不是一个先验的理念性的假设，现实的人生既是它外在的表象，也涵盖了它全部的意义。因此，儒家的道德本体与康德归于宗教世界的“物自身”相比，有更加浓厚的人生论色彩、价值论内容和实践论的意义。与此同时，“智的直觉”因儒家式本体的特性也发生了改变，获得了更多实践论和人生论的内涵。就过程而言，它们都离不开主体的生命历程和心灵人格；就目的而言，“道德良知”始终是“智的直觉”活动的价值引导与最终目标；就性质来看，“智的直觉”不似康德所言的“智性直观”只对应于“物自身”的超越世界，而是在个人、

① 牟宗三：《中国哲学的特质》，载《牟宗三先生全集》第 28 卷，（台北）联经出版事业公司 2003 年版，第 26 页。

集群以及社会的日常道德行为、道德实践中发挥应有的当下现实效用，它不是一个先验假设而是一种呈现。因此，康德的认知本体“物自身”是作为假设性标准而存在的，其作用是进行先验彼岸世界的设置并以此来提携现实经验的个体，引导人们不断努力无限接近本体世界；牟宗三的认知本体“道德良知”是理想与现实、理性与感性的统一，其作用是告知人们在良知的范域中可以实现两个层面的跨越，本体世界并不神秘，通过“智的直觉”而展现出自己的全貌，主体通过“内心仁义”和“外在践仁”这两种平行的方式就可以掌握。

从以上三层面的分析可知，“智的直觉”通过牟宗三的发展，在内涵与意义上指向了儒家道德的本体“良知”，是人人皆可掌握的通向“良知本体”的必经之途。

第二，审美体验也流转于“道德良知”的范域之中。康德立足于美、审美活动本身具有的性质，将其看作经验主体无限接近“物自身”本体世界的努力方式，审美活动就是人们接近彼岸超越的道德、宗教本体世界的过程。与康德美学将彼岸超验的世界看作审美活动的先验性、潜在性目标，以此赋予审美体验以无限超越的价值意义和道德宗教色彩不同的是，牟宗三直接将超越性与呈现性兼具的儒家“道德良知”看作审美活动的终极目的，因此审美体验就是以“道德良知”为对象世界并在此范围内进行不断的流转变化的内心感悟过程。在儒家思想中，道德良知作为本体的存在，是目的论与工夫论的合一，它的价值目的、意义追求必然要推向形形色色的具体活动，诉诸情感与心理的审美体验也会受到道德本体的影响和制约。牟宗三认为，审美体验并不脱离道德良知的范围而独立存在，这体现在他对文艺家进行艺术创作的描述中，“内部情绪的纠缠自然也包涵着创作的自由性；但此自由却不必是游戏、是玩闹、是随便，而乃只是一种不得不发的自我表现”，“因为他负责，所以他是自由的，失掉了自由便是被动，被动即可以不负责，道德上的自由问题在此便可以与文艺的创造打通”。[①] 尽管这是牟宗三针对文艺创作时应当保持人格独立、心灵自由问题发出的见解,但其中也显现了审美体验的过程和审美体验的外化应当以道德带来的意志自由为基础的看法。

就审美体验的发生而言,它离不开审美主体的精神活动与意识作用,而审美主体在超验层面上就是道德主体,即以道德心性为主要特质的人,道德的本质力量已经扩展至主体的心灵意识当中,此时主体的意识结构与精神领域都已经接受了“道德良知”作为人生理想、人生目的的指引。那么审美体验的中介——主体的精神、意识与情感也就带了“道德良知”的色彩,形成审美体验与良知体验界限难分的状态。就审美体验的过程而言,是美的对象引发了主体的精神愉悦与心灵满足之后,带来的对于人生、社会、时代中具有普遍性、代表性问题的深入思考。而审美的愉悦闲适之情、自然安静之感实际上就是经验主体获得的无限超越意义,与“道德良知”带来的意志自由、人格独立的主张具有情境的相似性。在审美体验中获得的心灵感受与满足,和在良知体验中获得的精神鼓舞与力量支撑已经合二为一、难分彼此。就审美体验的目的而言,牟宗三的美学思想是道德哲学体系的构成部分,正是对道德问题的思考引发了他对审美的关注,其道德观点和道德立场从来就不是排斥其他、一家独大的状态,而是各种特质都可以纳入、多个方面整合为一的思考模式。审美就是以轻松愉悦、日常生活化的方式体现道德本体、实现道德理想的途径之一,“道德良知”是整个审美现象、审美活动的最终目的,因此也是审美体验的最终目的。审美体验的目标在狭义上面对的是主体的生命历程与人生境界,但个体生命历程带有浓厚道德的色彩,个体人生境界因为道德理想的存在而获得了更加开阔的意义,因此审美体

---

① 《牟宗三先生早期文集》(下),载《牟宗三先生全集》第 26 卷,(台北)联经出版事业公司 2003 年版,第 1024 页。

验的目标在广义上已经扩展到“道德良知”的世界中。

经分析可知，“智的直觉”和审美体验在牟宗三的哲思中都必然地与“道德良知”本体、儒家的道德理想发生关联，因为在超验的层面上真、善、美是难分彼此的整体，而其中起主导作用的就是具备奋斗精神的“善”。道德之善与认识之真的统一，就是调动主体内在的“智的直觉”去领悟道德本体的意义；道德之善与审美之情的合一，就是以审美的静态愉悦补充道德的动态和规范，增加更多的生活气息，而审美也需要以道德的奋斗精神为提携不断改善，超越一般艺术之美、形式之美的不足，为审美活动增加宏大宽广的道德内容。

（二）“良知明觉”：“智的直觉”与审美体验共同的价值引领

“良知明觉”，即是指“本心仁体之诚明，明觉，良知，或虚明照鉴”①。牟宗三在此所言的“本心仁体”就是孟子强调人生而有之的善良本心，也是主观个体与“外在天理”实现合一的依据，“诚明、明觉、良知、虚明照鉴”在此都是表现、呈现与朗照的意思。这一概念的提出，意在强调良知仁义应化作主体内在自发、自愿、自觉的道德情感，只有将其看作一种源自内心的接受而不是外力的强迫，“道德良知”的本体才能如实地在经验世界获得呈现，而“智的直觉”与审美体验不仅以“道德良知”为价值引导，更是从认识与情感的角度促进“良知明觉”过程得以实现的辅助因素。

1.“良知明觉”是将其内化为道德情感的过程

“良知明觉”意在描述良知本心的活动形态，是牟宗三在对孟子《告子篇上·良贵章》进行评议时提出的概念：

欲贵者人之同心也。人人有贵于己者，弗思耳！人之所贵者非良

① 牟宗三：《智的直觉与中国哲学》，载《牟宗三先生全集》第20卷，（台北）联经出版事业公司2003年版，第249页。

贵也。赵孟之所贵赵孟能贱之。《诗》云:“既醉以酒,既饱以德。”言饱乎仁义也,所以不愿人之高粱之味也。令闻广誉施于身,所以不愿人之文绣也。①

此段论述表达了先秦儒家关于良知本心必然呈现、仁义理智应当表现在现实生活中,“良知”不仅是内在取向、更是外化行为的看法。孟子说,想要有高贵的地位或为人所尊,这是人心共同的愿望。可是人们都会遇到他人在地位和权势上高贵于自己的情况,假设有人不这么认为,只是他不善于对自身情况进行客观反思罢了。只有那些在人生道义的修炼上不断自我超越的人,才属“良贵”,即真正的高贵。如果只是他人的力量和权势令你的地位高于一般人的话,这就是非“良贵”了。《诗经·大雅》有云:“既醉我以酒,又饱我以德。”所谓“饱我以德”是说我自觉主动地以仁义理智充满我的生命,这才是生命境界、人生修养实现超越的正途。可见,依据先秦儒家的哲学思想,善良仁义充满在人们的自然生命之中,修养就是将圣人君子所言的理想道德观念化作内心的道德情感并自觉地实践之,才能达到“兼体无累”“体用不二”的圆融之境;反之“如果缺乏超越感,对超越者没有衷诚的虔敬与信念,那末一个人不可能成就伟大的人格”②。

牟宗三进一步指出,善良本心的表现与朗照,即人的道德情操不是一个先验假设或纯粹理念,而是不断表现在现实世界之中的流动形态。他说:“本心仁体不是一个孤悬的,假设的绝对而无限的物摆在那里……当吾人说‘本心’时即是就其具体的呈现而说之。”③这里意在强调“道德良知”不

① (宋)朱熹:《四书集注》,岳麓书社1985年版,第426页。

② 牟宗三:《中国哲学的特质》,载《牟宗三先生全集》第28卷,(台北)联经出版事业公司2003年版,第29页。

③ 牟宗三:《智的直觉与中国哲学》,载《牟宗三先生全集》第20卷,(台北)联经出版事业公司2003年版,第249页。

似康德设置的那样是先验的准则，而是超越义与活动义、先验义与实践义的统一，也是理性精神与生命历程的结合，更是依据中国哲学的智慧才能得出的理解。牟宗三在此以先秦儒家对“良知”不断强调和提点的传统为基础，更巧妙借助了现代哲学的知识论阐释，将这一传统进行内容的规定和过程的描述。孟子在此将“良知”“仁义”与美食、美酒、华服以及地位、权势等事物进行对比，指出如若抓住了本性中“仁”与“善”，便意味着享有了充满仁义的人生和无限美好的声誉，那些物质享受、世俗追求与之相比微不足道。孟子对“良知”“仁义”充实的内心和人生予以肯定，以此鼓励世人以“仁”作为自己的人生修养目标。为了将“仁义礼智”的地位体现得更加恰当，牟宗三一方面继承了孟子对“仁义”的重视态度和基本义理，另一方面努力告诉世人掌握“良知”“仁义”的具体方法。这就是“要正视自己的生命，经常保持生命不‘物化’，不物化的生命才是真实的生命，因为他表示了‘生’的特质”①。的确，只有将“良知”“仁义”化作内心的真诚认可和真正接受，明白其与有形的物质实体相比呈现出宝贵、无形的价值；更要在明白了“仁义”先验地位的基础上，将其纳入自身的内心世界和情感范围，通过将自身心理和情感朝着“道德良知”的方向去培养或调整，去除内心的杂念、邪念，以仁义道德的精神境界不断提点，将“道德”的本体地位转化为道德情感、道德行为的方式存在并外化于现实生活，“良知”“仁义”才具有了外显的契机，不再是先验的假设，而是能够具体呈现的表象或行为。

2.“良知明觉”引领着“智的直觉”与审美体验

经过上段分析可知，牟宗三提出“良知明觉”的意义在于指出了道德精神步入现实、道德理想得以实现的方式和过程，那就是通过在主体的内心产生对于“道德良知”的膺服和敬重，在生命历程中有意识地去“践仁”“为

① 牟宗三：《中国哲学的特质》，载《牟宗三先生全集》第28卷，（台北）联经出版事业公司2003年版，第31页。

善”这样一种积极主动的方式。它的直接对象是道德活动,直接效果见于道德实践,直接目的则是实现道德理想。而在主体人格结构中,对应于认识活动的“知”、表现于审美活动的“情”和道德实践中出现的“意”,本来就是一个整体,更由于“良知明觉”依据德性优先性原则、自觉履行的方式,“智的直觉”与审美体验也间接受到“良知明觉”的价值引导。

第一,“良知明觉”显现了德性优先原则,影响“智的直觉”和审美体验。牟宗三说,“儒家以德性为首出”,“古人先对整个人生全体,对德性、对未达到德性时人生的痛苦与烦恼,有清楚的观念”。[①] 进而他提出“良知明觉”这个概念,在保存传统儒家道德意识的同时,借助现代哲学论证道德动态展现,其目的一方面在于强调儒家本体“道德良知”表现于实践的必然,古典儒家就强调呈现只是对过程和方式没有进行逻辑论说;另一方面借助现代知识论阐释主体在现实生活中自觉“践仁”“行善”的方式,那就是自觉地将道德精神作为实践的起点、归宿,时刻接受它的引导和规约,将它呈现在现实生活的点滴中。这个过程显示出“德性”优先于认识与审美的地位,而“智的直觉”与审美体验作为道德人格的构成部分,在其进行过程中必然受制于以“良知”为核心的主体道德心性。“智的直觉”与审美体验分别对应主体的认识活动和审美活动。但“智的直觉”不同于一般的认识行为,它实现的是对“‘物自身’或‘物之在其自己’这个身份”[②]的认识,而“物自身”的基本内涵在牟氏看来就是以“道德良知”为核心的“由无条件的定然命令说的本心、仁体、性体,或自由意志”[③],因此道德人格就是认识活动中的主体,

① 牟宗三:《中西哲学之会通十四讲》,载《牟宗三先生全集》第 30 卷,(台北)联经出版事业公司 2003 年版,第 96—97 页。

② 牟宗三:《中西哲学之会通十四讲》,载《牟宗三先生全集》第 30 卷,(台北)联经出版事业公司 2003 年版,第 222 页。

③ 牟宗三:《智的直觉与中国哲学》,载《牟宗三先生全集》第 20 卷,(台北)联经出版事业公司 2003 年版,第 248 页。

直观道德本体就是认识活动的目的,“智的直觉”在发生过程中与“道德良知”密不可分。审美体验也不同于一般的情感体验,它是在审美理想与审美超越的引领下,在精神人格绝对自由的状态下对普遍性、共通性生命问题的理解。而在牟宗三看来,道德哲学结构中的审美理想与道德理想在形上层面是合一的,美的“妙慧被吸纳于道心,而光彩亦被融化而归于‘平地’,此时只成一‘即真即善即美’之境地”①,审美体验对人生问题的关注也无法离开道德人格的基础。

与此同时,道德人格修养所遵循的“德性优先”原则与“智的直觉”、审美体验能够合一并不矛盾。“智的直觉”是经验主体在现象世界中去直观本体世界构成和义理的经历,它不同于一般感性直觉、科学知识的地方就是必须建立在具有超越精神的主体人格这一前提上。感性直觉在本质上是对现象作出描述、对表象作出总结,主体的观察力和鉴别力是关键的因素;科学知识在本质上是通过概念范畴对感性直觉的结果进行提炼,使之形成系统化的知识结构,主体的逻辑分析能力和归纳推理能力是最为重要的主观条件。但这两种认识都无法超越经验层、现象层的条件制约,缺乏形而上层面的精神价值指引。只有“智的直觉”能力才是感性与理性、经验与超验、主体与客体的统一,尤其是它以直观本体世界为目的,而本体世界是纯粹自由、无所依待的,不受现象、环境和概念等条件的制约,只有道德精神的引导才能使主体达到真正超越、纯粹直观的状态。因而牟宗三在此便将“智的直觉”统一在“德性优先”的原则当中了。而审美体验与道德色彩灌注下的主体生命也有相通之处,因为审美体验也是从经验、个别、特殊的层面提升到超越、普遍层面的过程,伦理教化和道德修炼将会赋予主体生命一种超越的情怀。这种状态正如牟宗三的描述,“仁且智的生命,好比一个莹明清澈

---

① 牟宗三:《康德〈判断力之批判〉·卷首》,载《牟宗三先生全集》第16卷,(台北)联经出版事业公司2003年版,第86页。

的水晶体,从任何一个角度看去都可以窥其全豹,绝无隐曲于其中,绝无半点瑕疵”①。这超越了自然本性的局限而以德性义理为提携的生命状态为审美体验的进行提供了基础。不仅在人格提升和情感开拓的契机上,审美体验与“道德良知”具有相通的可能性;而且由于德性具有的可以超越社会历史局限的那种共同普遍意义,审美体验不可能忽略这一领域而独立存在,审美体验和“良知明觉”有着统一的必要性。在审美体验中,“道德良知”的介入使之具备了明确的方向和目的,依此独立的个体可以实现与他人、集群的情感交流和精神共鸣。

第二,就“良知明觉”进行的自觉自愿方式来看,与“智的直觉”和审美体验也有相通之处。“良知明觉”不仅强调“德性优先”原则是其行为的依据,且更加主张自发主动、意志自由和创造奋发的进行方式,是道德精神与现实关怀的并行。牟宗三认为圣人君子对“天行健”“自强不息”的强调为我们提供了悟道践仁的典范,“君子看到天地的健行不息,觉悟到自己亦要效法天道的健行不息。这表示我们的生命,应通过觉以表现健,或者说,要像天一样,表现创造性,因为天的德(本质)就是创造性的本身。”②圣人君子对于道德法则的先验地位和本体义理是认可的,并认识到它在现实实践中不断呈现于生命历程的特质,主体才可能以内心接受的方式去实践良知道德的理想,而不是将其看作在外力作用下强加于主体的被动接受过程,故此德行修为高的人才会不断努力、毫不懈怠。“良知”以意志自由、人格独立的方式完成对于现实的介入和引导,而这种主体的精神条件和意识状况与“智的直觉”、审美体验是相通的。“智的直觉”的目的世界是“物自身”,

① 牟宗三:《中国哲学的特质》,载《牟宗三先生全集》第 28 卷,(台北)联经出版事业公司 2003 年版,第 28 页。

② 牟宗三:《中国哲学的特质》,载《牟宗三先生全集》第 28 卷,(台北)联经出版事业公司 2003 年版,第 32 页。

它作为本体的构成具有无限超越的意义，与之相对应的主体认识方式也是无所依待、不受限制的纯粹直觉，是超越了现象条件与概念范畴等因素的制约而达成的关于对象本质的直接获取。因此“智的直觉”在认识本体时对经验世界的无限超越与“良知明觉”中的意志自由，在情境与构成上是一种相同的主观意识状态。如若物质条件与概念范畴对认识主体产生了影响，那么主观精神条件就是有限而非无限了，主体就不可能处于意志真正自由的状态，形成的认识只能是感性直觉或科学知识，而不是“智的直觉”。审美体验所特有的精神愉悦与闲适轻松，也是不受现实功利目的或者个人狭隘利益制约的精神超脱状态，它以感性鲜活的审美对象为切入点，最终达到的审美愉悦也是在情感自愿自觉的条件下、在意志真正自由的情况下来进行的，这与道德法则成为主体内心接受的信条时自愿自觉的主观条件也是相通的。尽管以审美体验的方式达致对人生价值的理解，其与“良知明觉”在接受道德法则时对于强制力和约束力的克服却在特质上存在差异。审美体验以感性生动、轻松愉悦的方式来与理性世界、终极义理实现合一，整个过程中个人的情感、进行的方式是由此及彼的“顺取”之路。而“良知明觉”面对的是先验的道德法则，必须在理解法则的形上性与抽象性的基础上，再将其带入经验的世界，整个过程是由外而内的“逆觉”之路。但不论是从有限到无限、还是将无限带入有限，它们都离不开人格的独立、精神的超越和意志的自由，审美体验与“良知明觉”在保持各自运行规则、路径的前提下，按照牟宗三论说审美与道德之间“以静补动、以动提静”的原则可以实现合一。“良知明觉”的运行尽管是规则高于自由的“逆觉”方式，但优点是始终葆有奋斗不怠、积极向上的特质，审美体验则遵循自由高于规范的“顺取”方式，其优点是轻松自由、愉悦性情，但缺陷是泛化的自由不仅不会拉近与超验目标的距离，且会造成审美主体的懈怠和松散。因而“良知明觉”恰好可以增强审美体验的约束性，避免绝对自由的发生；审美体验也能够给予动态的良知本心适当的休息机会，短暂的中断以反思自身的问题、调整休息后继续努力才更容易获得提升。

既然在牟宗三构建的哲学体系中，以“良知明觉”为主要形态的道德世界对于“智的直觉”、审美体验具有价值引领的地位，在相关著作又详细分析过道德提携认知、审美，认知、审美又补充道德的三位一体式整合方式，因而从某种意义上说，三种活动有沟通合一的可能，在三者当中“良知明觉”的价值引领地位显著。

二、“真我”：“智的直觉”与审美体验共同的主体条件

“智的直觉”与审美体验以“道德良知”为共同对象世界、逻辑起点和价值引导，这是从外在客观的角度阐释了它们共有的精神品格和本质特性。然而“智的直觉”与审美体验不是先验的公设而是现实的呈现，它们步入现实、显于实践的本质决定了离不开经验主体的生命历程这个中介桥梁。而主体的生命历程也并非一种天然纯粹的状态，而是一种以“真我”为标志的道德人格。因而，直观道德本体的“智的直觉”、以体悟“良知”来实现自我开拓的审美体验，离不开流动而充沛的“道德人格”这个内在性主体条件。

（一）“自我”的三个层面意义和区别

“自我”在牟宗三的道德哲学思想中，“就是认识的主体，即认识心”，是“物件感动吾心而显现于吾心，而吾心即随彼之来感而有以应之”的过程。[①]依此我们认为，“自我”的本意是指认识主体的人格结构，也指代复杂的主观心理活动过程，是由主体的精神意志引导、定位在个人内心世界的有机整体与动态集合。尽管它在本质上是一个不断运动的有机整体，但在研究活动中对其具有的层次进行静态的解析却非常必要。牟宗三认为，从横向上

① 牟宗三：《智的直觉与中国哲学》，载《牟宗三先生全集》第 20 卷，（台北）联经出版事业公司 2003 年版，第 174 页。

看,“自我”在认识活动中表现为“知”,在审美活动中表现为“情”,在道德行为中则表现为“意”;从纵向上看,它亦有“假我”“思之我”“真我”三个层面的区分。① 应当说,从横向上的划分是宏观而广义地去认识“自我”,看待主观个体在认识、审美与道德活动中有怎样不同的表现;从纵向上的划分则是从微观而内在的角度来认识“自我”本身具有的层次结构与意义内容。前者在“道德形而上学”的认识论、审美论与道德论部分多有涉及,不是此处研究的重点。而后者“向内转”、反观自身、回归心理的划分方式,对于我们理解“智的直觉”与审美体验的活动方式却有重要的价值。因此,对“自我”本身的纵向区分而形成的结构层次是我们此节研究的重点。

牟宗三认为,当主体的认识活动从外部世界转向以“自我”为认识对象时,依据接近同一个“自我”在路径与方式上的差异,在理解上将会出现三个“自我”。三者在关系上是“‘异层异物’,而不是同一个我之三层意义”②,此即是说,“自我”并非相同对象在一个层面上具有三个方面的意义,而是相同对象对应于认识活动的三个层面将会形成三个层次的意义,三者在地位与价值上有着决定与非决定、本质与非本质的差别。他说道:“‘我’之问题仍可分别建立为三个我:第一,‘我思’之我(认知主体);第二,感触直觉所觉范畴所决定的现象的假我;第三,智的直觉所相应的超绝的真我。”③依据这段论述,我们可以从以下三个方面来详尽分析。

首先,必须将“思之我”与“假我”“真我”进行区别,因为它是介于现象与“物自身”之间的思维统觉活动凭借范畴的超越使用之后的结果。具体

① 参见牟宗三:《智的直觉与中国哲学》,载《牟宗三先生全集》第20卷,(台北)联经出版事业公司2003年版,第210页。

② 牟宗三:《智的直觉与中国哲学》,载《牟宗三先生全集》第20卷,(台北)联经出版事业公司2003年版,第217页。

③ 牟宗三:《智的直觉与中国哲学》,载《牟宗三先生全集》第20卷,(台北)联经出版事业公司2003年版,第220页。

来看,后两个“我”分别是与感触直觉、“智的直觉”相对应的现象意义的“假我”和“物自身”意义的“真我”,这与人类认知活动的一般规律无差异之处,但是第一个“我”(即“思之我”)却有着特殊的意义。“我思”之“我”是一思维主体,既不同于内在形而上学所决定的现象又不同于超越形而上学所决定的“物自身”,它是范畴的超越使用而形成的一个“统觉的我”“形式的我”“逻辑的我”“架构的我”①。可以说,它的目的就是在认识活动与思维活动中形成相对稳定的内核,凭借概念与范畴的超越使用形成知识形而上学的体系。例如,牟宗三借用西方哲学的逻辑推理和理性思维的方式来改造传统儒学,最终建立“道德形而上学”就是“思之我”活动的结果,就是认识主体凭借概念范畴将“本体”的超越性义理进行知识论总结的结果。

其次,“思之我”与“真我”的区别。“我思”之我并不就是“物自身”的“真我”,它与“事物在其自己”的本体或自存的实体还有明显的区别。“我思”始终隶属于人类的认识活动,由思维主体意识到一个形而上的单纯本体之后完成的认知跨越,即范畴超越使用形成“知识结构”。无论它的跨越程度有多大,始终都是经验主体的认识过程,无法实现对形而上层面的超越或存有论的超越。可以说,“统觉之思”是非创造的、有限的,并未越出人类经验知识的范围;它必定要默认主客对立的二分模式,受到时间、空间、范畴等形式条件的限制。而“物自身之思”则有创造性与无限性,可以超越杂多的现象直观事物的本质,就“自我”而言,可以意识到一个形而上的实体性的“真我”,不必进行主客二分,不受任何形式条件的限制。然而,尽管“思之我”与“真我”两者是异层异物的,但需要指出的是二者之间也存在密切关联。后者是前者的支持和根据,前者对后者可进行分析式、认识超越式的朗现。正如牟宗三概括的那样,“真我是它后面的一个底子,一个支持者,

---

① 参见牟宗三:《智的直觉与中国哲学》,载《牟宗三先生全集》第20卷,(台北)联经出版事业公司2003年版,第232页。

真我与它之间尚有一段距离，尚有一种本质的而又可辩证地通而为一的差异：它们两者不一不异，不即不离，但却不是同层的同一物”①。

最后，“假我”与“真我”的区别。“假我”是主体的感性直观以“自我”为对象进行认识的结果。感性直观就是对现象界的各种表象形成的直观反映，既不同于依据概念与范畴进行的知识论式提炼，也不同于凭借“智的直觉”去直观“道德良知”的本体世界，它始终停留在经验、感性、个别、特殊的层面上。正是由于感性直观立足于表象，使得主体依据它来认识“自我”的时候，只能关注“自我”的自然之性而非义理之性、“自我”的物质欲求而非价值内涵，甚至会带来对于个人原初本能、物质欲望、功利之心的极大强调，因而这样认识到的“自我”只能用“假我”来概括。而“真我”却是主体依据“智的直觉”能力去认识“自我”得到的结论。在牟宗三的哲学思想中，“智的直觉”虽然也发生在主体经验性生命历程中，但它建立在良知本心的基础之上，是通过将人类固有的“良知仁义”心性召唤出来并对其进行不断的强调、保存，以达到对于世界本体、“物自身”的存在“道德良知”的直接观照。因此，它发生在主体的善良本心之上，并以认识“道德良知”的本体世界为最终目的。当它以“自我”为认识对象的时候，强调的是义理之性对自然之性的超越、伦理价值对物质欲求的提升，认可道德伦理是制约个人、集群和社会并使它们实现秩序化、规模化的关键因素。具有普遍性、共同性的道德人格那部分内容才是“智的直觉”认识“自我”时需要关注的，具有价值意味和伦理色彩的道德生命才是“智的直觉”认识“自我”时得出的结论。

（二）“智的直觉”是“真我”对道德本体进行纯粹表象或判断的过程

经分析可知，“自我”可以区分为“思之我”“假我”“真我”三个层次，其中“真我”的含义就是以“良知仁义”为核心的道德人格和以“伦理价值”为

① 牟宗三：《智的直觉与中国哲学》，载《牟宗三先生全集》第20卷，（台北）联经出版事业公司2003年版，第211页。

内涵的道德生命。它与“物自身”的本体世界、“道德良知”的基本义理相对应，对于认知活动中的“思之我”以及现象世界的“假我”而言，处于制约与决定的地位。它是道德人格在良知本心的主导下、在道德本体的引导下趋向至善理想的不断超越。“真我”与“智的直觉”之间的密切关系，正如牟宗三所说：“真我，如以智的直觉来印证，则其为单纯的本体不复是一综合命题……因为这只是智的直觉之所印证，而智的直觉亦不需要概念，亦不需要综合。因此，在此说它是本体，这‘本体’亦不是一范畴，它的恒常不变性不是本体这知性范畴之所决定，亦不是罗素所谓‘准常’之设定，它在客观实在上就是真常。”①这就是说，当我们以“智的直觉”为契机来认知“自我”的时候，是对于“物自身”层面、具有本体意义的那个“我”的认识，从而得出“自我”就是道德人格、道德生命色彩浓厚的“真我”这一结论；而当我们以“真我”为契机来考察“智的直觉”本身经历的过程与本身具有的内涵，可以看出“智的直觉”就是“真我”对于“物自身”层面的道德本体进行纯粹表象或直观判断的过程。“智的直觉”是经验主体将“道德良知”的本体世界作为自身的认识对象，直观“道德良知”义理的过程。在此过程中，尽管经验主体中的三个“我”是同时存在的，但只有以道德为主导的“真我”那里才能发出“智的直觉”。因为只有“真我”才是以义理之性、道德力量为主导的道德生命。“真我”代表了社会集群共同追求的道德理想状态，实现了对于个别性、特殊性的超越，对于时间、空间的突破而具有价值超越的意义；“真我”与“道德良知”的本体世界浑然一体、全然不隔。在“假我”与“思之我”的层面上，自我活动的目的是认识个别表象和形成知识结构，因而没有出现“智的直觉”的可能。而在“真我”的层面上，自我活动的目的在于实现道德理想、培养道德人格。这一过程不是在盲目而抽象的状态下，而是在理解

① 牟宗三：《智的直觉与中国哲学》，载《牟宗三先生全集》第 20 卷，(台北)联经出版事业公司 2003 年版，第 235 页。

了道德理想是什么、道德人格应如何的基础上来进行。因此,“智的直觉”就是“真我”对于道德本体世界具有的各个方面内容,进行直接判断与主动感知后形成的理解。建立在“真我”基础上的“智的直觉”能力也不再是一个假设而是现实中的呈现,我们可以凭借它去认识“真我”努力实现的道德理想是一种什么样的情境,坚持不懈去培养的道德人格具有怎样的内容。

(三) 审美体验是“真我”对美的超越性进行体悟和感知的过程

正如前面所言,牟宗三认为“真我”对于“假我”与“思之我”而言,是“一个底子”“一个支持者”,在此前提下“若想智思体之‘在其自己’而具体地朗现之,则须靠一智的直觉始可能”。[①] 这即是说,作为规则制定者、与道德理想融为一体的“真我”凭借“智的直觉”能力不再是一个假设,他的存在为另外两个“自我”,即“现象我”与“思之我”提供了理性根据和道义基础。由此,人们的内心将会意识到“自我”不但可以超越经验现象、感官表象的层面,还可能超越概念、范畴所构成的知识论领域的局限,不断去探寻某种具有普遍性和共同意义的东西;在超越的层面上与终极的价值世界合为一体,达到激励人们在更高的层面上去追寻人生价值和生命意义的目的。而“真我”对自我意识的肯定和对自我超越的支持,与审美体验在美的世界中、以一种精神愉悦和人格独立的方式去体验审美本质的内容,达到人生境界的开拓与审美品位的提升有着相通之处。审美体验是出现在主体内心世界的活动,与认识体验、道德体验不同的是,主体的“精神愉悦”和“人格独立”在审美体验活动中发挥着主导的作用,是贯穿始终、前后一致的主观状态以及心理条件。认识活动与道德活动中也有体验,但因对象世界、体验目的之差别,它们表现出与审美体验截然不同的特征。就认识活动来看,面对

① 牟宗三:《智的直觉与中国哲学》,载《牟宗三先生全集》第20卷,(台北)联经出版事业公司2003年版,第211页。

的认识对象包括现象、知识系统和“物自身”三个部分，在此过程中认识主体受到认识对象的激发，在内心分别形成对表象的感知、知识的理解以及道德本体的直觉。尽管三种认识活动的认知程度、接受方式各不相同，但它们共同的“求真”目的，使得主体在面对现象世界的时候，必须保持客观冷静、逻辑辩证的态度，认识活动中的感知更多的是一种真实的反映和客观的还原，主体的个性气质、精神情感相对于客体的存在状态而言是处于次要地位的。就道德行为来看，个人内心的接受和体验也是必不可少的环节，因为先验的、普遍的道德法则必须通过主体的认可才能转化为规约现实的工具。而道德法则的先验性、绝对性以及内涵的稳固性决定了主体对它感知体验时必须与社会集群保持和谐一致的状态。也就是说，人们对于道德法则的理解应当是单一的、明确的，不存在任何中间地带和混沌模糊，不论主体的个性气质、品位兴趣有怎样的差异，在道德体验中都将趋向统一。只有在审美体验中，个人独特的内心世界、丰富的审美兴趣能够贯穿始终。在审美的世界中也有超越的内涵、永恒的价值，但它们必须首先在个体丰富复杂的内心世界发生作用，为人们在意志自由、人格独立的条件下进行接受与认可才算完成，如果参杂了任何形式的、与精神愉悦状态相悖的制约或者强制，那么就不是真正的审美体验。审美体验必须建立在“真我”的基础上，这是因为：

第一，“真我”代表生命的不断超越和无所依待，是人格独立、意志自由的体现，而这正是审美体验终要达到的状态。审美体验是受到了审美对象的激发才产生的，而审美对象以“美”为最突出特性，往往是艺术家将自己对于生活的感悟以一种艺术加工的方式表现而出，它生动鲜活、栩栩如生，既不如知识概念那般单调抽象，也不像道德法则那样姿态绝对。审美艺术在牟宗三看来就是个人气质和生命的自然流露，“表现为诗的是诗才、诗意、诗情，此时才情。……生命旺盛的时候所谓‘李白斗酒三百篇’，漂亮的诗不自觉就产生出来了,生命衰了则一词不赞,所谓江郎才尽”①。美的艺术必须以娓娓道来、真情实意的方式为人们观照、欣赏和感受,这决定了审美体验的内容充斥着“情”,受“情”的主导;审美体验的方式是打动“情”,诉诸“情”;审美体验的目的是开拓“情”,并以此来提升生命力量。审美体验的主体是情感主导、独立自存、自觉自愿的人。不论在体验之前主体选择什么样的审美对象,还是在体验当中主体如何去接受对象的思想内容,抑或对于体验的结果而言主体的情绪感动、情感接受达到怎样的程度,都不能遭遇任何强迫或制约,个人始终保持积极主动、力量充沛和自由无待的内心状况。因而审美体验只可能发生在“真我”的层面之上,以“真我”具有的人格独立、意志自由为基础来进行。

第二,在人格结构中,“真我”不仅是“思之我”与“假我”的理性依据,还代表了在更加广泛意义上实现自我价值的人生历练过程,这与审美体验超越现状、开拓自我的过程相一致。审美体验也有层次高下之别,局限在个别特殊世界中的内心体验,或者体验的对象是纯粹感性经验式的描写而无价值内容渗透其中,严格说来都不能称作真正的审美体验,或者只是较低层次的审美体验。只有当主体通过体悟和理解渗透在审美对象中的价值义理、人生道理,从而实现对于自我空间的开拓和现实功利的超越时,只有将关乎人生、社会和时代的普遍性内容,将永恒性精神价值的内容作为个人内心世界的引导时,才可称为真正的审美体验。对此,牟宗三说道:“一篇杰作,它必须要含着一种‘共性形态’而具有这两个方面的意义:有第一种意义即是有时代性,有第二种意义即是有永恒性。人类的情感中实有这两方面意义的共性相互含蕴着,不承认诗之永恒性的人们,完全不懂

① 牟宗三:《中西哲学之会通十四讲》,载《牟宗三先生全集》第30卷,(台北)联经出版事业公司2003年版,第25页。

得人性。”①因而，从这个要求出发，审美体验不可能发生在“思之我”或者“假我”的层面上，因为他们是有限的、经验的主观条件，受到表象、时空、概念、范畴等条件的制约，属于被提升、被引导的主体人格状态。只有当审美体验建立在“真我”基础上，体验的过程才能不仅保持着人格独立、意志自由的状态，还能在审美对象选择的时候，摒弃那些物质色彩与欲望观念浓厚的作品，让主体在审美体验中，以一种精神愉悦、纯然自由的方式去接受道德的本体和价值的义理，真正实现超越层面对于经验层面的提携。

三、“智的直觉”本身亦是一种审美体验方式

“智的直觉”与审美体验不仅以“道德良知”为根本目的和价值引导，而且以主观的善良本心为发生的依据和逻辑起点，并最终统一在以“真我”为代表的道德人格活动中。也就是说，“良知仁义”的心性贯彻于“真我”的人格结构中并成为主导力量，当以“求真”为目的时，它就成为直观道德本体意义的“智的直觉”行为；当以“求美”或“娱情”为目的时，这种活动就是审美体验。可见，“智的直觉”与审美体验是发生在相同的主观条件下，但有着不同侧重点的内心体悟过程，在发生、发展的经过中，凭借它们共同的目的和特质实现了内容上的融合统一。但如果我们抛开它们发生的主体条件和外在追求，直接参考“智的直觉”与审美体验本身的结构体系与性质特点，会发现“智的直觉”本身就是一种审美体验的方式。

（一）“智的直觉”具有本体论内容，使之成为一种超越性的审美体验

“智的直觉”与儒家的道德本体“良知”，从某种意义上说是“合一”的。

① 《牟宗三先生早期文集》（下），载《牟宗三先生全集》第26卷，（台北）联经出版事业公司2003年版，第1033页。

因为“智的直觉”是“形上的心所见的道德世界，亦如自本体之创造处言”①，这即是说它由道德天心直接发出，以领悟存于主体本心、本性中的“良知仁义”为目的的直觉过程。“智的直觉”对“物自身”的理解，在方式上不是向外寻求，而是向内探索自身的善良本心和良知本性，通过理解之后的认同使其获得保存和呈现。可见，“智的直觉”不但具有浓厚的实践理性色彩，是一种以道德天心为基础、以良知本性为目的的道德行为，而且从某种意义上说，“智的直觉”就代表“道德良知”。“良知”作为本体的存在，本身就是多方面、多层次的意义集合，当它对应外部自然的世界，就是“道德天理”；当它对应内在本心，就是“良知仁义”；当它对应着主体的认知活动，就是“智的直觉”；而当它对应着主体的审美活动，审美体验也可以具有良知本体的义理，成为“道德良知”的表现方式。因此，“智的直觉”作为直观“道德良知”的认识活动，是“良知”本体在某一方面的外化与表达，并赋予这个过程明显的实践理性色彩。而具有实践理性内容的智的直觉，本身就是一种超越性的审美体验。

牟宗三的美学观归根结底是一种以儒家良知为本体的道德论美学，其中的审美体验过程，“自主体言，只是天心之寂照，自客体言，则亦不必单割裂而言其形式方面，乃实是一事理圆融之圆成世界”②。这表示审美体验就是对于美的本质，即存在于合一境界中的那种具有超越、本体意义的无相之美进行的体悟。它发生的基础不是现象界的“假我”，也不是认识活动的“思之我”，而是凭借“智的直觉”去思考与认识对象世界的“真我”。达到“真我”境界的人类主体，严格地说就是一种领悟道德本体“良知”内涵并与

---

① 牟宗三:《认识心之批判》(下)，载《牟宗三先生全集》第19卷，(台北)联经出版事业公司2003年版，第722页。

② 牟宗三:《认识心之批判》(下)，载《牟宗三先生全集》第19卷，(台北)联经出版事业公司2003年版，第736页。

之融为一体的义理的、道德的人格结构。在“真我”的领域内,“智的直觉”是道德主体以“良知”的道德理想为引导,将自身固有的本心仁体呈现出来的过程,在此过程中认识论部分统一在本体论的内容之中,由此它成为一种实践理性色彩浓厚的审美体验行为。

审美体验本身在结构层次上是有区别的,包括形上满足与精神升华的“反思期盼层”,还包括满足本能需要、作为生命基础的“感官趣味层”①。在后现代思潮影响之下兴起的大众文化,认为传统美学将审美变成一种精神现象,忽视了在审美过程中肉身体验的决定性作用,只有当经验主体对于美的本质、美的意义以一种个别的、身体的、物质的方式来与之交结,才是审美体验的主要形态。他们认为,体验美学不仅应当承认形上理性的超越成分,更应当承认感官物质层面的内容;后者的意义和地位与前者相比更为重要,因为最基本体验动力来自“食”“色”的本性,审美体验就是围绕这些欲求而得出的满足与不满足之感。② 后现代学者的言论成为大众文化看待审美体验的依据,如梅洛-庞蒂说,“我们的知觉指向物体,物体一旦被构成,就显现为我已经有的或能有的关于物体的所有体验的原因”,“由于客观身体的起源只不过是物体的构成中的一个因素,所以身体在退出客观世界时,

① 按:此处是根据王一川先生关于审美体验论发生结构的划分,并联系自身的研究对象,即牟宗三先生“智的直觉”范畴中蕴含的“审美体验”内容,而进行的关于审美体验层次的界定。王一川在著作《审美体验论》的“审美体验的发生结构”一章中提出审美体验可以划分为三个层次:历构层、临构层和预构层。其中,历构层是过去的活动图示的历次内化建构物,临构层是现在的活动图示的临景内化建构物,而预构层则是不存在的未来的活动图示的预先内心建构物。此处提出的“感官趣味层”与王先生的“历构层”内涵相似,主要指群体或个体凭借经验的积累或历史的积淀而在美的对象世界中获得的“审美经验”,侧重对美的表象、形式、结构等外在要素进行观照;“反思期盼层”则与王先生所言的“临构层”“预构层”对应,既包含对隐藏在审美事实背后的深沉意蕴的反思,又指代人们在审美体验中获得的对于未来的构想、愿望和批判,侧重对美的内涵、义理、价值等内在要素进行观照。

② 按:依据陶东风主编的《文学理论基本问题》中关于大众文化的界定与文化研究的评价概括。参见陶东风主编:《文学理论基本问题》,北京大学出版社 2007 年版,第 292—304 页。

拉动了把身体和它的周围环境联系在一起的意向之线，并最终向我们揭示有感觉能力的主体和被感知的世界”。[①] 依此，大众文化的支持者认为，颜色、形状、声音等对于感觉器官的刺激，不需要意识加工和思考而产生的某种感觉才是最基本、最主要的审美体验。审美体验的感官层面内容与理性层面的内容相比，更为重要、更具有决定性地位。牟宗三对于审美体验论的思考和界定，却遵循一条与大众文化截然不同的道路。他所认为的审美体验，不仅建立在道德人格基础之上，而且发生于道德生命历程之中。“智的直觉”这种实践理性行为就是对道德本体的认知过程和本心仁体的呈现过程，而审美体验这种对于道德义理和“道德良知”的体悟活动，就统一在“智的直觉”活动之中；或者说，“智的直觉”本身就是一种审美体验的方式，并且是一种强调道德理性为主导、理性精神应当对感官物欲不断加以提升的审美体验方式。可以说，“智的直觉”是一种凸显超越性的审美体验行为，与大众文化张扬个人物欲、生命本能，将审美体验等同于感官快适不同的是，它继承了传统文化蕴含的“人虽有限，但人可以通过修养取得无限的意义、无限的性格”[②]这样的人生论内涵。在此前提条件下，审美体验的精神超越层面更为重要，它对于物质功利、感性直观的内容承担着不断提炼、升华的任务。牟宗三认为，实践理性介入、“道德良知”主导的审美体验，就是“根据于道德目的而后有此和谐，而后可以成为实现美的判断之转关”的“圆成世界”。[③] 通过将主体融化在美的对象之中，使主体完全浸润在美好的世界里，从而获得情感的放松和精神的愉悦，由此将肉身中的欲望私利涤除尽净，使得审美的形上内容、理性精神以及价值内涵占据主

① [法]莫里斯·梅洛-庞蒂：《知觉现象学》，姜志辉译，商务印书馆 2001 年版，第 99—105 页。

② 牟宗三：《康德第三批判讲演录》（七），（台北）《鹅湖月刊》2001 年第 309 期。

③ 牟宗三：《认识心之批判》（下），载《牟宗三先生全集》第 19 卷，（台北）联经出版事业公司 2003 年版，第 724 页。

导,美真正成为道德的象征。因此,"智的直觉"作为一种超越精神突出的审美体验过程,对于大众文化企图通过对个人物质欲望的肯定,达到为道德伦理解构等现象进行理论支持的本质,不仅具有理论上对比和参照的意义,更在现实上为我们提供了一种坚定审美体验超越意义的积极尝试。

(二)"智的直觉"显著的认识论内容,使其成为一种直觉性的审美体验

从词源学的角度来看,"智性直观"来自康德在《纯粹理性批判》中提出的,与"物自身"的本体世界相对应的一种先验的知解力。在牟宗三建构的儒家道德哲学体系中,首先也是在认识论范围内对其进行分析和解读,认为它是一种与本心仁体的"良知"相对应的既有现实意义,又有超验意义的认识能力。然而依据中国哲学的看法,"当本心仁体随时在跃动,有其具体呈现时,智的直觉即同时呈现而已可能矣"①,"智的直觉"不像康德所言只能被上帝或纯粹超验的力量所掌握,通过先天的保持与后天的修养,也可以为人们所掌握和利用来认识"物自身"的本体世界。可见,牟宗三通过在概念命名之时的一个转变,将康德哲学中"智性直观"用具有浓厚儒学色彩的"智的直觉"进行了替代,目的就是将其界定为服从"德性优先"原则的整体性思维方式。而这种思维方式又具有审美直觉的意义,成为审美体验的重要步骤,关于这一点可以从以下几个方面来分析。

首先,我们可以由"智的直觉"概念引发的争议入手,来分析它的认识论内涵。邓晓芒教授曾经指出,牟宗三所使用的"智的直觉"一词译自英文的译本,严格来说并不是十分准确。因为直观与直觉的区别在于前者是接

① 牟宗三:《智的直觉与中国哲学》,载《牟宗三先生全集》第20卷,(台北)联经出版事业公司2003年版,第250页。

受的、被动的（旁观或静观的），后者则是自发的、主动的（创造性的）。① 依此，他认为牟宗三在解读康德哲学思想的时候出现了偏差与滑转。对于这点质疑，我们认为牟宗三的"智的直觉"概念无论是来自康德哲学的"智性直观"还是佛家的"无限智心"（它是依佛家思想开显出的与"智的直觉"相同的概念），都是为了强调善良本心的生发性与创造性。牟宗三经过详尽分析指出在道德的关节点上，"智的直觉"不仅是一个理论上的概念，更是一个现实生活的呈现。② 这意味着，我们必须联系儒家"良知"来看"智的直觉"才能理解牟宗三对这一概念的看法。康德认为自由意志是无条件的命令，但在中国的儒者看来只有"良知"才是自由自律，无任何条件限制却有着绝对性和普遍性的本体。本心仁体不是一个先验假设，而是不断澄明与朗现在现实中的，故当本心仁体呈现的时候也就是"智的直觉"作用之时。因此，"智的直觉"与本心仁体都是儒家道德本体在不同情景下的表现，它们在本质上是一致的。从认识论的角度来看，"智的直觉"直观事物本质的能力是道德本体的朗现；从实践理性的角度而言，儒家的道德本体可以用"本心仁体"来概括其内涵。一旦明确儒家设立的道德本体是先验性与呈现性的统一，就不难理解牟宗三强调人类可以有"智的直觉"能力，其目的就是体会本心仁体的意义和体现从传统儒家贯彻到现代新儒家的"良能之德"，并且突出这种德性的优先地位。与康德的"智性直观"相比，"智的直觉"在牟宗三之处的确出现了发展与跳跃，但是这一切都是在儒家文化背景下、在"良知"本体的范域中进行的推演。牟宗三发展康德"智性直观"的意图，就是为了强调"智的直觉"是一种以"德性优先"原则为主导，为

---

① 邓晓芒：《牟宗三对康德之误读举要——关于"智性直观"》（上），《江苏行政学院学报》2006 年第 1 期。

② 参见牟宗三：《智的直觉与中国哲学》，载《牟宗三先生全集》第 20 卷，（台北）联经出版事业公司 2003 年版，第 249 页。

了让“道德良知”本体步入现实、显于实践，而认定的可以发生在经验主体身上的整体性思维方式。

其次，“智的直觉”是承认“德性优先”、道德主导的整体性思维方式，与审美直觉有相通合一之处。“智的直觉”作为一种特殊的思维方式，对于经验主体认识道德良知的本体内涵起着重要作用，通过反观自身、回到内心的方式将生命固有的本心仁体作为认识的目的，就相当于直接观照了“物自身”本体世界的整个内涵；更主要的是，它的创生力量还将渗透在审美直觉中，通过与审美直觉的合一实现对审美体验的作用。审美直觉是审美体验的必要经历，也使得审美体验具有显著的直觉性质。审美体验在很大程度上就是直觉的，或者说，审美体验离不开直觉的作用。审美直觉不仅在情感上发生于理性的审美判断之前，而且它意味着审美主体对审美客体外在的样貌、形式进行感觉、知觉的过程，而原先积淀的理智、情感也会加入其中，是一种比较复杂、难以言说的多种心理因素相互交结的思维活动。对于直接建立在审美主体内心情绪基础上的直觉过程，牟宗三也十分重视，“所有这样的作品，必是由于作者私生活中有某种情绪在那里纠缠着。这种情绪纠缠就是发生那样作品的原因。这个原因我们即叫它是作者的内蕴”①。这里的“内蕴”尽管牟宗三并未以“审美直觉”来呼之，但基于它“内部某种情绪的纠缠”②这样的意义，我们认为其突出的主观个别色彩和内心复杂性质与审美直觉十分相近。而且牟宗三也认为“那种内蕴却是由该作品之理解上窥探出来，暗示出来”③的，这即是说“内蕴”就是对审美创作主体内心

① 《牟宗三先生早期文集》(下)，载《牟宗三先生全集》第26卷，(台北)联经出版事业公司2003年版，第1022页。

② 《牟宗三先生早期文集》(下)，载《牟宗三先生全集》第26卷，(台北)联经出版事业公司2003年版，第1022页。

③ 《牟宗三先生早期文集》(下)，载《牟宗三先生全集》第26卷，(台北)联经出版事业公司2003年版，第1025页。

深处某种积蓄已久的情愫或潜在的内心渴求进行的归纳，因此他的“内蕴”之论很大程度上就是指代个人内心化色彩浓厚和变动性突出的“审美直觉”。而牟宗三对道德论美学思想的构建思路决定了审美个体与道德人格、美的生命与价值生命密不可分，所以审美直觉与“智的直觉”在道德人格的整体结构中是统一的。通过这种统一，“智的直觉”这种以“道德良知”为主导的整体性思维方式，不仅与牟宗三美学所表达的超越精神和道德精神这个整体基调相一致，而且直接带来了对审美直觉在本质上是超功利、超概念、超物欲的性质规定。因此，他将审美直觉统一在“智的直觉”过程之中，“智的直觉”对于审美直觉必然处于渗透和引导的地位。

最后，详细分析“智的直觉”与审美直觉实现合一的过程。一方面，审美直觉须以“智的直觉”为引领。牟宗三认为在审美的世界中，以审美愉悦的方式来体悟世界、感受人生，与良知仁义的道德理想并不矛盾。审美体验这种发生在个人内心世界的感悟方式，最终目的也是通过对以“良知”为核心的道德理想进行理解认知，以道德具有的积极向上内涵为决定性力量实现对于生命境界的开拓和精神世界的扩展。因此，“直觉”尽管是个人内心世界对于外在表象的反映，但同样具有超越一己私利、实现普遍意义的可能。如果将审美直觉等同于一般直觉，则会忽略审美直觉的精神超越性而仅仅局限在个人的内心世界中，使审美体验成为纯粹个人的、内心的体验过程。它对美和艺术的危害正如牟宗三所说，文艺如若没有“意识”参见，“便是盲目的、催眠术的、无所谓的”，“文艺若果是欲望之异化，则一切文艺将尽成性史作品了”。[①] 反之，如果将审美直觉等同于“智的直觉”，以德性优先为主导来对审美表象进行整体的观照，那么它将超越表象的变动性和特殊性，超越概念逻辑的抽象性和间接性，实现以审美的方式去把握世界，直

① 《牟宗三先生早期文集》(下)，载《牟宗三先生全集》第26卷，(台北)联经出版事业公司2003年版，第1023页。

观有益于生命力量的价值义理。另一方面,“智的直觉”也必然要渗透到审美直觉中去。牟宗三所构建的美学是一种道德论和价值色彩突出的美学,审美体验、审美直觉发生在道德人格结构中都以道德生命为中介桥梁。故审美直觉在牟宗三看来,不仅要肯定超越层面内容对于感知层面和个人心理的提升,更应当将这种超越性归属于道德的力量。在道德人格这个整体中,审美直觉就是“智的直觉”,二者在内涵上实现了合一。因为审美直觉与“智的直觉”一样,不仅以“道德良知”为主导,以对渗透于其中的人生理想和价值意义进行领悟、接受为目的,而且共同以德性优先原则为核心,在承认“道德良知”的先导地位之后,做到对于现象世界的整体性思考和直观性把握。因此,“智的直觉”具有的直观道德良知义理、从经验世界向超验世界的直接过渡能力,也将渗透到审美直觉中成为它的主导。

(三)“智的直觉”的方法论地位,使其成为一种整体性的审美体验

第一,“智的直觉”为整个道德论美学提供了方法论的支持。牟宗三对“智的直觉”原理的发展与深化就是儒家“体用不二”思维方式的集中体现。正如前面讲到的,儒家的本体“良知”与康德哲学中的本体“物自身”是有很大差异的,“道德良知”既是最高的本体性的存在,又是涵盖一切、有着丰富内容的集成。所有现象界的存在物或者本体界的义理都是“道德良知”本体在不同层面的表达与呈现。而“智的直觉”也有“体”“用”两个层面的内容,可以“上提下贯。上提就是提到道体,下贯就是说全部现象世界通通从道体那里创生出来”①,是贯通本体层与现象层并在两个层面自由流转的动态方法。在本体的层面上,它是直观物自身和超验世界的认识方法;而在现象的层面上,它可以生生不息地延续在人类的认识活动中。而道德生命的

---

① 牟宗三:《康德第三批判讲演录》(八),(台北)《鹅湖月刊》2001 年第 310 期。

最终理想——“圆满的善”包含真、善、美三个方面的内容，它们分别有着现象界和“物自身”两个层面的意义。在两个层面上实现联系与贯通，很大程度上要依赖于“智的直觉”提供方法论的支持。“智的直觉”本身也是“体用同源”的，它可以在两个层面之间实现思维上的过渡。通过“智的直觉”，本体界与现象界、超验世界与经验世界、理性与感性有了统一的交接点。对应在审美活动中，现象界意义的美是令人心情愉悦的审美对象，材质与形式使其呈现出美所特有的感性与鲜活，但它并不停留在表象或符号的层面上，因为美从根本上说是“本体上或道德上之实的目的性之投射”①，只有以道德本体为核心并且融合了真与善内容的美才是表象之美背后的基础与依据。两个层面的美在本质上是合一的，对于现象之美进行单独分析，其最终目的也是将其提升到本体界的意义中去。而这种提升则必须依靠“智的直觉”带来的“道德界与自然界之悬隔不待通而自通”②的力量。因此在审美领域，发生两个层面之间的独立分析与最终合一，都需通过主体的“智的直觉”能力来实现。传统儒家的“体用不二”精神，对于牟宗三建立儒家“道德形而上学”，思考认识论、审美论、道德论的关系，探求主体人格的知、情、意过程都产生了直接的影响。他不仅认为“道德良知”是本源性与呈现性的统一，还将审美活动划分为现象之美与道德之美两个层面。但是“体用不二”这个千百年来指导着儒者们去悟道践仁的精神支柱，如若在现代社会没有概念化的阐释以及内容构成的详尽分析，它将仅仅停留在抽象性人生教诲的阶段上。因此，“智的直觉”就是牟宗三将“体用不二”的精神智慧予以具体化、充实化而成的现代形态。“体用不二”不再是一种抽象的古训，

① 牟宗三：《认识心之批判》（下），载《牟宗三先生全集》第 19 卷，（台北）联经出版事业公司 2003 年版，第 726 页。

② 牟宗三：《智的直觉与中国哲学》，载《牟宗三先生全集》第 20 卷，（台北）联经出版事业公司 2003 年版，第 259 页。

通过“智的直觉”，它明确地告诉人们如何在当下生活中，凭借自身的认识能力去理解世界的本体，将“良知”的本体纳入内心，使其走入生活。只有疏导了“智的直觉”能力，价值与实践、本体与现象才具有合一的真正依据。而审美活动的发生、发展与目的也有着本体超越的意义和审美表象的具体形态，它们分别对应着“体”的主导与“用”的呈现。在两个层面实现本质上的合一与互动，离不开“智的直觉”提供的方法论支撑。主体凭借“智的直觉”能力可以直观“物自身”的本体世界，而美的本体——以“道德良知”为核心并融合了现象之真与道德至善内容的超越之美，也只有凭借“智的直觉”才能获得完全的朗现。而包括审美表象在内的现象界的呈现物也是“智的直觉”观照的对象，因为它们就是本体世界的真善美、精神超越层面的知情意在现象世界的具体表征。通过“智的直觉”，人们不仅意识到先验道德法则就是贯穿在审美表象背后的主导力量和制约因素，使表象之美与道德之美有了实现合一的可能；而且通过“智的直觉”特有的上下连贯、融为整体的思维方式，现象之美与道德之美能够实现相互之间的交往与转化。

第二，“智的直觉”作为“体用不二”精神的外在显现与具体阐释，使其成为一种重整体性的审美体验过程。将“智的直觉”看作“体用不二”的具体阐发，并将其作为整个道德论美学的方法论基础，是牟宗三对传统儒家美学重人生、重生命、重实践风格的继承。而将审美活动的精神愉悦性和感性鲜活性统一到良知人格、道德生命以及实践理性中来，即“自天心处言美言乐”“据本心而言美”①却是牟宗三思考美学问题的基本思路。然而统一的道路不应当被抽象化或概念化，应当遵循合理的方式、依据和过程。因此，“智的直觉”作为“体用不二”精神的实现方法，也将充实在审美活动

① 牟宗三：《认识心之批判》（下），载《牟宗三先生全集》第19卷，（台北）联经出版事业公司2003年版，第736页。

的各个环节。“智的直觉”作为整体性思维方法，会将审美客体与审美主体本身具有的多层次、多方面内容连贯为一个整体，也就是说，“智的直觉”本身就是一种整体性突出的审美体验过程。审美体验是审美主体对于审美对象的体悟与感受，这种体悟与感受并非单向进行而是十分复杂的。因为审美主体具有“个体性”与“超个体性”两个层面，审美对象也有“个别层面”和“超越层面”之分，前者重在描述客体的成分、因素和形式，后者重在描述对象之间的关联和共同特质。牟宗三美学思想中的审美体验是道德论美学这个整体的一部分，这决定了审美主体的个体性应当统一在超个体性中，审美对象的个别差异应当融合在普遍性与关联性当中。而这种提升与超越，如果缺乏过程上的理性描述和逻辑论证，将会变得十分空洞。因此，“智的直觉”就是将审美体验的不同层次、不同方面连接为一个整体的关键因素。审美体验在很大程度上要以审美直觉为基础，而审美直觉与“智的直觉”在道德人格结构中已经实现了某种程度的合一，因而审美体验可以直接通过“智的直觉”完成对于美的整体把握和统一观照。就审美主体方面来看，通过“智的直觉”可实现个体性与超个体性的统一，凭借道德天心使知、情、意成为一种整体性的心灵结构并投入对于审美对象的感知和体验中来，使审美体验成为审美主体对于美的事物进行的一种价值关注和理性判断。就审美客体的方面来看，只有渗透了道德、价值、伦理的内容，关乎生命、社会、时代并具有一定意义的题材才能成为以“智的直觉”为基础的审美体验的对象。此时，审美对象的个别性与特殊性并没有被抹杀，而是凭借相互之间的价值关联或理性成分实现了提升和超越。个别的审美对象不再局限于自身的结构，不再是一个静态的客体，而是不断突破自我、努力寻找与其他对象之间的共性和关联的动态过程，正是这个过程才是以“智的直觉”和审美直觉为基础的审美体验活动需要去面对和体悟的审美对象。

第二节 “圆满的善”与审美境界说

“圆满的善”亦称“圆善”或“至善”，来源于康德所言“幸福与德性”之间“严格成比例、因而使理性存在者配得幸福时，才构成一个世界的至善”①，即道德与幸福、德性体系与幸福体系之间相统一、相配称的思想。牟宗三却认为它不仅是实践理性的终极对象与最高目标，同时也代表了真、善、美相统一的人生理想境界；不仅是中国哲学按照道德理想主义的思路去建体立极的最终步骤，也是道德向审美活动进行渗透的必然结果和审美理想的最终归宿。牟宗三在《圆善论》《康德第三批判讲演录》等著作中提出了这样的结论：真、善、美在合一境界中就是一个整体，道德之美与“圆满的善”在本体超验层面上是不分彼此、融合为一的，“圆善”的境界就是审美的境界。同时他又指出，“分别说”、现象层面的美保留自己的特质，从现象层面提升到本体层面的动力并非审美活动本身，而是依靠“良知坎陷”，即“道德良知”上提下贯的活动能力去实现。笔者认为，牟宗三的美学理念有浓厚的道德色彩，这必然导致审美境界与“圆善”境界合二为一、“圆善”的道德理想将审美活动纳入自身的必然结果，研究者往往只注意到真、善、美皆归于“圆善”的这个结论，却忽视了其从分别迈向合一的过程，因而部分研究的重心就是具体的审美活动如何通过道德的动态能力实现上提，最终与“圆满的善”实现整合的详细经过，即美归属于善的过程和状态将是研究的重点。但经过分析与总结可知，“圆满的善”是牟宗三道德论美学的有机组成，是其整个道德论美学的理论构架之一，承担着在道德精神主导下形成的

---

① ［德］康德：《纯粹理性批判》，邓晓芒译，杨祖陶校，人民出版社 2017 年版，第 471 页。

审美境界说的诠释之责。“圆满的善”是一种对审美境界的论说，是“道德良知”作为审美活动的本体与制约力量引导审美主体不断进行自我超越的结果，是以“道德心性”为主导的审美主体向着超越的、形上的境界去不断探求的最终目的。不论是从道德的范域来看，还是立足于审美世界来考察，最终二者都将进行“殊途同归”式的交结，而“圆满的善”正向我们诠释着这种交结的发生历程和构成状态。

一、“圆满的善”：道德精神主导下的审美境界说

“圆满的善”本是经验主体的道德行为符合先验道德法则而后形成的理想状态，但随着“道德良知”成为审美活动的本体、道德精神成为审美活动的引领，在审美的无限超越和理想境界中凸显“道德至善”的内容也成为必然的趋势。由此，“圆满的善”在牟宗三的阐释中获得了更加宽广的内涵，从单纯的道德的领域进入审美的世界，从原来的道德理想或行为准则转变为审美体验的最佳境界。我们主要从“圆满的善”的基本内涵入手，从理论上探讨它向审美境界不断拓展，并与审美境界实现合一的可能性与必然性。

（一）“圆满的善”与审美境界合一的可能性

“圆善”，牟宗三认为“它是实践理性的对象，是依照一理性底原则而必然地被意欲（被渴望）的物件”。[①] 他针对康德“圆善”概念的公设性，在儒家哲学语境下发展出它具有的特殊含义及实现方式，并表明在以“道德良知”为本体的美学思想中，通过道德理想与审美理想的统一或者相通，“圆满的善”具有与审美境界合一的可能。

1.“圆满的善”内涵分析

牟宗三深受康德的影响，认为“圆满的善”既是道德的最终目标，也是

① 牟宗三：《圆善论》，载《牟宗三先生全集》第22卷，（台北）联经出版事业公司2003年版，第173页。

实践理性的直接对象,因为“道德法则自身是动力”与“属于我们之为有理性的可咎责的存有之人格性中的那才能”,①即本体界道德法则的自主自律与现象界理性活动的具体呈现有着合一的可能。他以理性活动的两个层面——“实践理性”与“思辨理性”在对象与特征上存在的差异为进路,分析“圆善”能够利用儒家道德本体“良知”,在主体“良知心性”的层面上实现道德法则与道德实践的一致。他说:

> 实践理性底对象与思辨理性底对象(即知识之对象)不同,后者由经验来供给,是外在的,不属于行动。前者系属于行动,是通过意志之因果性而可能者。意志决定你去行动,行动就是结果。实践理性底对象即从这结果处说。②

“思辨理性的对象”亦是“知识的对象”,即是通过概念、范畴来认识对象世界的过程,它处于感性、经验的层面并停留在科学知识的结构当中。实践理性则是强调通过意志的作用直接影响主体的实际行动,强调意志的真实化与行动化。前者以概念、范畴的形式停留在知识系统中,而后者是意志外化于道德的实践活动。然而,后者的“意志外化于行动”又可以分为以对象为出发点和以法则为出发点两种方式。意志如若以对象为出发点来决定行动,即是以自然、现象层面的事物为主体行动的逻辑起点,将会引发以主体的感性欲望来主导道德行动局面的出现。这使得善与恶的区分没有客观而恒定的标准,只能由个人的、经验的、变动的主观意愿成为区分善恶的准

① 牟宗三:《圆善论》,载《牟宗三先生全集》第22卷,(台北)联经出版事业公司2003年版,第78页。

② 牟宗三:《圆善论》,载《牟宗三先生全集》第22卷,(台北)联经出版事业公司2003年版,第173页。

则，形成“苦乐标准”。在此情形下，善恶并未获得真正的区分，“圆善”应有的内容与状态更加无从谈起。但意志如果以先验的道德法则为出发点来决定行动，并以此作为区分善与恶的标准，那么“属于善者之对象意谓依照一‘理性的原则’而必然地被意欲（被渴望）的一个物件，属于恶者之对象意谓亦依照一理性的原则而必然地要被避开（被厌恶）的一个物件”①。可见，依据此先验道德法则的规定所区分的善具有确定性、普遍性与必然性，道德法则本身不是他律、外部约束的，而是自律、内在自主的。由此可知，以对象为出发点的方式不能代表实践理性的对象，只有以法则为出发点的行动才是真正决定道德善恶的、实践理性的对象。以超验法则为出发点的实践理性活动必然导向“圆满的善”。正如牟宗三所言，“理性的原则”将会成为主体渴望、追求的目标②。在儒家思想中，道德的法则就是“良知”，之所以“良知”能够成为主体道德行为的标准，就在于它是主体生而有之、本身固有的道德心性。因此，“良知”与西方文化中的“道德”或者“自由意志”相比，在感知和接受的难易程度上显然更占优势，因为它不在遥不可及的彼岸世界，就存在于自身的人格结构、内心世界。

在此，牟宗三继承了传统儒家的“道德良知”观念，并借用康德哲学的逻辑思辨方法，对其作为道德法则的先验规定性和接受方式进行了加工改造。他认为，通过内心对道德法则的膺服、接受和敬畏（主体对于道德法则

---

① 牟宗三：《圆善论》，载《牟宗三先生全集》第22卷，（台北）联经出版事业公司2003年版，第175页。

② 按：概括自牟宗三以儒家心性观，尤其是孟子的“性善说”为理据而对康德“圆善论”的解析。在此，牟氏对于康德论述“圆善”达成的条件，即善恶的真正区分必须超越个人的感性层面和对象的逻辑层面，而直接以先验道德法则为逻辑起点和归宿这一思想表示了赞同，认为以先验道德法则为出发点的实践理性行为将带来“圆善”在现实生活中的达成。但是对于康德将先验道德法则看作一大公设，无法为经验主体去认识和利用，从而导致“圆善”仅是一个停留在彼岸世界的假设，他却表示反对。因为他认为依据儒家思想的义理，能够将先验的道德法则与经验主体相连接，从而使得“圆善”落实于现实生活。参见牟宗三：《圆善论》，载《牟宗三先生全集》第22卷，（台北）联经出版事业公司2003年版，第205—221页。

的认可过程不是纯粹精神探求式的,而是将本性中的善不断保存和强调,最终消除邪恶的、不善不恶的力量而得以现实地呈现),“良知”可以成为影响个人道德行为、主导实践理性的关键力量。当个人、集群和社会都以“良知”为行动的指南,时刻以“善良”“仁义”的观念来提点自己,那么“圆善”不仅在个人的生命历程中,还可以在社会时代的范围内得以实现。

“圆满的善”,经牟宗三的努力实现了内涵延展,它是主体将“良知”作为先验道德法则的主要内容内化于心并以此为道德行为准则的过程,是在实践理性过程中努力实现的一种经验与超验、感性与理性合一的道德理想状态。由此,我们可以将“圆满的善”的主要内涵概括为实践理性的活动范围、观照对象和最终目的。

2.“圆满的善”与审美境界合一的可能性探讨

以上讨论了“圆满的善”的基本内涵之一,即它是实践理性活动的对象和目的,在道德世界中发挥应有的引导作用,是道德行为努力实现的理想境界。然而道德活动与审美活动、道德法则与审美超越、道德理想与审美理想,在牟宗三的学术思想中并不是截然分开的两个世界,而是共同统一在主体的道德人格与道德生命之中。因而,“圆满的善”首先在道德世界中具有重要的意义,但它并不隅于道德或者止于道德。相反,它代表了善的光辉、道德的力量以及至善的人生理想,因而必然会将自身的义理推向审美活动、渗透在美的世界。依据前段分析,实践理性活动以先验道德法则为指引最终导向“圆满的善”,而审美活动则是以某种精神价值为引导,通过审美体验和审美感受实现对于具有普遍意义的人生论内容的领悟,以实现无限超越的理想境界为最终目的。那么,实践理性与审美活动,这两种分别对应着主体的“意志”与“情感”、发生在两个看似不相关领域的行为,有没有统一的可能性?答案是肯定的。我们可以从以下两个方面来分析。

第一,就道德的先验法则与审美的精神价值来看,有统一的外在可能性。道德法则与道德实践相比，处于先验的地位，而审美的普遍价值层面与个别体验层面相比，也有超验性与经验性之别。尽管在道德和审美、在感性与理性相统一的方式上有很大区别，但都十分强调超越的、普遍的、人生的内容对于个别、经验层面的提升作用。尤其审美活动的价值探求更是许多美学家都坚持不懈的追问，例如柏拉图认为理念才是美，康德强调道德精神和宗教精神对于审美活动的提携，叔本华认为可以通过审美静观摆脱生存意志的痛苦，李泽厚也曾经强调物质性、历史性的生产实践活动对于审美个体的决定性影响。而牟宗三认为，审美活动与道德活动不仅在强调理性层面对感性世界的决定性上有着一致性，而且审美具备的理性精神和价值内容就是“道德良知”。“良知”是道德的本体，也是审美的本体；是道德法则的主要内容，也是审美精神价值的主要内容。他认为，“康德不能将美的判断之根据置于本体或天心，故只好置于认识之能”①，如若依据传统儒家的智慧，则完全可以将审美活动建立在道德本心的基础上，审美与道德就是融合为一的。儒家的道德法则就是“天道”，是“天道运行到那里，就命令到那里”，“纵使我们不觉到，它也在默默地运行”这样一种绝对、无限且流动的本体。② 尽管儒家的道德核心“仁”“义”“德”在内涵上不同于康德理解的绝对道德律令，是超验性与呈现性的统一，但它作用于意志、心性的方式决定了只能以绝对命令的姿态为主体所接受。而在审美活动中，审美主体通过在个人的内心世界中进行的审美体验，可以用积极主动的方式去领悟“良知”具有的价值内涵，以及内涵中具有的关系人类共同体和普遍生命力的那部分内容。所以“良知”作为道德法则和审美价值，在道德活动与审美

① 牟宗三：《认识心之批判》（下），载《牟宗三先生全集》第19卷，（台北）联经出版事业公司2003年版，第734页。

② 牟宗三：《中国哲学的特质》，载《牟宗三先生全集》第28卷，（台北）联经出版事业公司2003年版，第102页。

活动中都实现了对于个别的、感性的、经验的超越,也使得道德法则与审美价值在“良知”本体上找到了契合点,为“圆满的善”与审美境界的统一提供了外在条件上的可能性。

第二,就道德实践与审美体验的关系来看,“圆满的善”与审美境界有统一的内在可能性。实践理性活动是一种将先验道德法则纳入现实,作用于道德实践、指导道德行为的经历。而审美体验则是通过在美的世界中获得精神愉悦、情感放松,最终领悟“道德良知”的本体意义和人生层面的价值内涵的过程。两者分别是道德世界的主体活动方式和审美世界的主体感受过程,虽然在方式和目的上存在差异,但在道德人格的契机上却实现了统一。不论是实践理性活动还是审美体验过程,都发生在道德人格提供的主观条件下,出现在道德生命的历程中。而道德人格和道德生命,从本质上说就是“德性义理”对生命强度的提携和对“良知”心性的确认,其内涵“不指生物本能、生理结构以及心理情绪所显的那个性讲,因为此种性是由个体的结构而显的。孔孟之性是从了解仁那个意思而说,所谓‘性与天道’之性,即从仁之为‘创造性本身’来了解其本义”①。他们为实践理性和审美体验提供了强有力的支持,使其不必受到人性的自然、本能层面的干扰而建立在义理之性的基础上。建立在义理之性基础上的实践理性活动,必然将道德至善作为活动的目的,导向以“圆满的善”为核心的道德理想。而道德人格对审美体验的影响也是显而易见的,它不仅带来审美体验对于感官刺激、物质欲望等内容的摒弃,而且凭借道德义理的力量将个别的、特殊的体验内容提升至超越、价值的审美境界中来。因此,实践理性与审美体验的交结和重合之处,为“圆满的善”与审美境界的统一提供了主观条件上的可能性。

---

① 牟宗三:《中国哲学的特质》,载《牟宗三先生全集》第28卷,(台北)联经出版事业公司2003年版,第103页。

（二）"圆满的善"与审美境界合一的必然性

主观之"德"与客观之"福"的配称①也是"圆善"的主要内涵之一，在此显现了"圆满的善"与审美境界统一的必然性。牟宗三汲取了康德关于"圆善"是"德福配称"的思想，并在儒家思想背景下论证了这种配称不是先验的假设，而是现实的呈现。德与福在现实层面上、人格结构中实现统一的关键是"道德良知"，以此为据可证成主观之德（良知心性）暗合着客观之福（道德法则——良知）。审美境界的达成需要经历这样一种过程：主体受到现象界的各种审美表象的影响获得审美体验，然后引发对于自然、社会以及生命本源的领悟，在一种意志自由、精神超脱的状态下进入审美的本体层面——真、善、美合一的"圆善"境界。康德认为"德福统一"是一种先验的、理想的假设，审美活动或许可以不断地接近理想却无法与理想完全等同；而牟宗三在传统儒家的语境下对康德的论说提出了质疑、改写和加工，认为"德福统一"可借助道德心性的修为落实于人，审美也不再是连接自然与自由二界的桥梁，在理想的道德生命历程中"圆满的善"与审美境界可以实现统一，"圆满的善"就等同于理想的美。由此，我们必须先厘清牟宗三与康德在"德福统一"概念理解上的差别，以及差别背后暗示的不同文化语境，才能理解在道德论美学中"圆满的善"与审美境界是必然走向合一的。

1. 康德"德福统一"论导致"圆善"与美的"象征"关系说

康德认为"圆满的善"是德福之间的必然联系与统一，他对"德福配称"情态的描述为，"我把对这样一种理智的理念称之为至善的理想，在这种理念中，与最高幸福结合着的道德上最完善的意志是世上一切幸福的原因，只

---

① 概括自牟宗三对"圆善"的定义，原文为"单说德是不够的，一定要加上幸福，才可称为圆满"。参见牟宗三：《圆善论》，载《牟宗三先生全集》第 22 卷，（台北）联经出版事业公司 2003 年版，第 332 页。

要这幸福与德性(作为配得幸福的)具有精确的比例"①。德福之间统一不依赖感性、现象界的法则,而是直接通过自由意志的因果作用在智思界中寻求其可能性的根据。就德的方面而言,它归于主体努力的范围,力求我们的心灵和意向完全符合道德法则,即"去做那使你成为配得上是幸福的事情吧"②。但人是感性、现象世界的存在物,只有现实意志而没有自由意志,同时又缺乏"智性直观"的理解能力,无法直接认识"物自身"的本体世界,因此人不能完全理解道德法则的内涵,即使偶然达到了也无法稳固地、确定地拥有它。人类只有在一个无限的进程中努力地接近先天道德法则,结果不确定,过程却十分重要。就福的方面而言,"圆满的幸福"就是对"自然王国"的控制、掌握,包括现象与"物自身"两个部分。人类凭借感性直观的能力可以去认识现象世界,现象世界可以归属在人的控制之下。而对于"物自身"的本体世界,人却只有在一个无限的进程或此进程的综合体中,凭借"智性直观"的能力去掌握它。而"智性直观"能力不是必然地属于人类,即使出现在主体身上也是短暂的、偶然的。康德认为,对人类而言,主观的成德与客观掌握自然王国都只是一个可能性假设,德与福之间的统一"只是在纯粹理性的理念中"③才能完全地实现。因此,康德是通过"意志自由""灵魂不朽""上帝存有"④这三个假设来实现"圆满的善",它对于经验世界的人来说,引领的作用大于实际的获得。

那么,康德理解的"圆善"与审美活动是一种怎样的关系?"圆善"能否具有审美理想或审美境界的含义?康德将审美看作人类自身的精神需要和精神追求,是以审美本身具有的特性、本质为出发点来看待美的意蕴。他认

---

① [德]康德:《纯粹理性批判》,邓晓芒译,杨祖陶校,人民出版社2017年版,第469页。
② [德]康德:《纯粹理性批判》,邓晓芒译,杨祖陶校,人民出版社2017年版,第469页。
③ [德]康德:《纯粹理性批判》,邓晓芒译,杨祖陶校,人民出版社2017年版,第469页。
④ [德]康德:《纯粹理性批判》,邓晓芒译,杨祖陶校,人民出版社2017年版,第464页。

为审美是超功利、超概念、有着普遍性和必然性的无目的的合目的性行为，人们在审美活动中通过对美的世界进行观照，以超越现实功利、一己私欲的方式实现审美共通感，再以此为基础去理解真正的“目的”，即道德理想的“圆善”和彼岸的“物自身”。审美在康德看来，是人类主体无限接近本体世界、道德法则、“圆满的善”以及意志自由的过程，道德精神与宗教精神以彼岸的、无限的方式成为审美的终极引导，令人们在审美活动中实现一定的提升和领悟。① 因此，“圆满的善”与审美境界的关系不是“等同”，而是“象征”。在康德那里，美是相对独立的，“象征”意味着“它不仅仅是消极地为了表象某种抽象的道德观念而存在，并不是因为载负某种隐喻性的意蕴而使自身丧失审美价值”②。“圆满的善”作为审美活动的引导，具备审美理想、审美境界方面的内涵，甚至从某种意义上说，“圆善”也是康德认为的审美活动应当去努力实现的一种境界。但是，“圆满的善”与审美境界，在康德的批判哲学中不是必然的统一，在内涵上不是完全地“等同”，两者的个别性大于合一性。因为在康德看来，“圆善”的道德理想色彩显著，在内涵上远离现象世界或现实生活，而审美主要作用于主体的情感世界，道德理想可以作为审美之情的引领却无法完全融合，两者是各自独立、静态区分的关系，审美至多是一种接近道德的路径或方式，而非道德本身。“圆善”在康德哲思中隶属于纯道德，是一种先验的假设而不是当下的显现，只能凭借自由意志才能实现；而审美境界是立足于审美活动本身的感性生动性和主观介入性来进行归纳和总结的，通过主体领悟渗透了道德精神的审美共通感或者崇高感来实现对于一己私利、物质欲望的超越。因此，在康德看来，审

① 参见王元骧：《“美是道德的象征”——康德美学思想辩证》，载《审美超越与艺术精神》，浙江大学出版社 2006 年版，第 44—61 页。

② 王元骧：《康德美学的宗教精神与道德精神》，载《审美超越与艺术精神》，浙江大学出版社 2006 年版，第 265 页。

美的独立自存性才是首要的,“圆满的善”可以看作审美活动的价值引导,善的理想与美的境界之间应保持各自的特质、遵循各自的规律。

2. 牟宗三“德福统一”论导致“圆善”与美的“合一”关系说

其一,牟宗三部分地接收康德观点,主张在全面审视之后还需从康德的思维模式中跳转出来,以传统儒家的道德义理去改造、丰富“德福统一”的内容。他认为:

> 仁与天俱代表无限的理性,无限的智心。若能通过道德的实践而践仁,则仁体挺立,天道亦随之而挺立;主观地说是仁体,客观地说是道体,结果只是一个无限的智心,无限的理性。①

牟宗三以“仁”来指代主观意志,以“天”来暗示道德法则,通过“仁”与“天”在“无限智心”(即良知之心)上的关联述说了“德福统一”的方式和过程。“圆满的善”是以道德法则为出发点的意志行为的必然对象,而促进“圆善”的达成又是意志的终极目标。与此同时,主观意志与道德法则在本质上是一致的,都以“道德良知”为本源,是同一个本体对应于外在世界和内心世界的不同显现。因此“圆善”的达成既有应然层面的可能性,又有实然层面的必然性。就“主观之德”方面来看,它是一个反思自身、向内探求的过程。“吾人之依心意知之自律天理而行即是德”②,是牟宗三对“主观成德”的概括。他从“仁义内在”的分析入手,首先肯定主体方面的“仁义”本心,通过对主体固有的“善心”进行强调来实现对人性、天道的理解。儒

① 牟宗三:《圆善论》,载《牟宗三先生全集》第22卷,(台北)联经出版事业公司2003年版,第300页。

② 牟宗三:《圆善论》,载《牟宗三先生全集》第22卷,(台北)联经出版事业公司2003年版,第345页。

家思想中的天道不是上帝，它“从人讲为仁、为性，从天地万物处讲为天道。人格神意义的上帝或天，在中国并没有”①，因而内在心性和天地万物的本体都指向了“仁义”“良知”。既然对“天道”的领悟可以落实为对“仁心”本心的理解和对“良知”本性的充实，那么在“主观成德”的看法上，牟宗三最终形成了“尽性尽仁即可知天”②的思路，并以此强调经验主体通过对善良本心的保存和净化，可以稳固而确实地占有道德法则。就“客观之福”的方面来看，它是主体依据感性直觉与“智的直觉”对客观世界的认识和掌握。牟宗三认为：“明觉之感觉应为物，物随心转，亦在天理中呈现，故物边顺心即是福。”③这即是说，主体依据感性直觉可以将现象界的各种表象纳入到自己的认识活动中来；而依据“智的直觉”，“道德良知”作为“物自身”世界的主要内容，也不再是一个无法企及的彼岸世界，它的内涵与义理可以为道德主体（建立在“良知仁义”之上的主体心性）所把握。由此，现象层面的“物”和“物自身”层面的“理”依据仁义本心的活动与主体有了统一的契机，“客观之福”也不再是一个公设。

此外，“主观之德”与“客观之福”又因为有着共同的本体“道德良知”，故可以此为契机实现“圆满的善”。以主观本体的“道德心性”为出发点必然汇出客观方面的仁义礼智行为。儒家亦有先验的道德法则，并且也代表了外在天理的内容。但领悟法则的方式不限于向外在的对象世界或超验世界去寻求，而是更强调以主体的善良心性为出发点去“践仁”“为善”，因为行为本身就暗合了“义理的法则”。那么强调实践主体“道德心性”的过程

① 牟宗三：《中国哲学的特质》，载《牟宗三先生全集》第 28 卷，（台北）联经出版事业公司 2003 年版，第 104 页。

② 牟宗三：《中国哲学的特质》，载《牟宗三先生全集》第 28 卷，（台北）联经出版事业公司 2003 年版，第 103 页。

③ 牟宗三：《圆善论》，载《牟宗三先生全集》第 22 卷，（台北）联经出版事业公司 2003 年版，第 345 页。

就是对于“道德天理”进行把握的过程、将“道德天理”进行当下呈现的过程。当主体的“道德心性”领悟了道德法则、道德行为实践了道德理想，则“德之所在便是福之所在”①，“圆满的善”就自然而然达成了。因此，儒家所言的“圆善”就是生而有之的本性之“善”，也是仁义之行外化的“善”，是不需要任何假设、中介或工具便无条件在当下呈现的“善”。

其二，对于“圆善”与审美境界的关系，牟宗三进行了不同于康德的论述。既然“圆善”的“主观之德”与“客观之福”是通过以“良知心性”为核心的道德主体在“践仁”“为善”的道德行为中实现统一，从而“圆善”不再是一个先验的、假设的道德理想，而是可以为主体所理解、掌握并在现实中将其显现的；牟宗三进而将“圆善”与审美联系起来，认为审美“当为一种境界”，并且是“自其贯通不隔而言和的圆成的境界”。② 审美境界是审美活动经过不断超越而最终实现的理想状态。牟宗三对传统儒家的文学观和艺术论十分推崇并深受其影响，尤其是“境界”这一古典美学的重要范畴不仅由牟宗三纳入他道德论美学的体系之中，而且在他的努力下，审美境界与道德理想获得了必然的关联，“圆善”成为审美境界的主要构成。“圆善”与审美境界的合一可以从整体结构和具体过程两个方面来分析。

从整体结构上看，牟宗三认为，只有达到“对于宇宙人生的静觉与慧解，对于真、善、美的希求和憧憬”才可称为“境界”，③它代表了人们在人生修养方面所达到的最高层次，必须通过主体在知、情、意三个领域中的不懈努力才能实现。既然真正可称为“境界”的，是具有超越性和纯理性内容的

---

① 牟宗三：《圆善论》，载《牟宗三先生全集》第22卷，（台北）联经出版事业公司2003年版，第345页。

② 牟宗三：《认识心之批判》（下），载《牟宗三先生全集》第19卷，（台北）联经出版事业公司2003年版，第719页。

③ 《牟宗三先生早期文集》（下），载《牟宗三先生全集》第26卷，（台北）联经出版事业公司2003年版，第1141页。

真、善、美合一的状态，那么尽管“圆满的善”首先是一种道德行为的理想境界，但由于该境界代表着人生理想的内容、代表着精神超越的状态，因而“圆满的善”与审美境界的关系是相通一致的。审美活动有感性特殊的层面，也有理性超越的内容，后者相对于前者更具普遍性和必然性，是弥补审美感性个别的局限、实现精神超越的重要因素。而审美的理性层面在道德人格这个整体中，与道德理性、道德法则能够沟通。因此，在境界的人生论内涵上，“圆满的善”与审美境界有着合一的必要性。

就具体过程而言，“圆善”的“德福配称”分别对应着审美境界中的“主观之情”和“客观之景”，这为二者的合一也提供了必然性依据。审美境界是主观之情与客观之景、内在心灵与外在世界的交互作用下进行的精神创造。以诗词的“境界”为例，就主体方面说是“诗靠天才，也是生命”①；就客体方面说是“所托之物，所藉之景，遂烘托而成为诗之境”②。这即是说，主观之情的介入强调的是审美境界离不开个人的情感和生命，而客观之景则是烘托、彰显生命强度和力量的途径。将牟宗三对诗歌境界的论说联系于道德生命、道德人格来看，审美境界中主观之情的方面，是道德精神作用下的审美体验过程，当我们进入这种体验时，我们的心境因为认知了人生的意义而变得无比阔大。我们不仅能从眼前的景象超越出来看到它们背后的决定力量，而且也能从我们个人的想象、情感与意志中超越出来，努力进入到一种会通上下、融合天地的境界。这种境界尽管是审美的，但离不开道德因素的影响，因为它能够以“道德良知”为桥梁实现个人与天地的合一，以良知仁义为中介实现个人与他人的同步。一旦实现，也就意味着主体在审美

① 牟宗三：《中西哲学之会通十四讲》，载《牟宗三先生全集》第30卷，（台北）联经出版事业公司2003年版，第25页。

② 《牟宗三先生早期文集》（下），载《牟宗三先生全集》第26卷，（台北）联经出版事业公司2003年版，第1141页。

世界中以审美体验为契机，以精神愉悦、主动介入的方式领悟了“良知”的义理。它与道德行为中“主观成德”的路径又是殊途同归的，因为“主观成德”最终的目的也是领悟主体的“道德心性”和外在的“道德天理”。至于审美境界中的客观之景的部分，不论是艺术家将纯自然的景物、生态、样貌作为描写的内容，还是对于人生、社会、时代的感慨，都是为了赋予有限的意象以一种无限超越的意蕴，即“每一作品都能映照出一幅（副）宇宙的面孔”①。那么从有限的意象到无限的义理，离不开意象的激发使主体产生某种真挚而感动的情绪，但是这种情绪如果没有价值的引导和本源力量的作用，将有可能局限在个人的世界中而没有共同性、普遍性可言。因此他将道德的“理性”精神作为主体情感和生命的调节机制，“人生的奋斗过程在生命之外一定要重视理性。当生命强度开始衰败，有理性则生命可以延续下去，理性能使生命有体而不至于溃烂”②，并认为审美意象在引发主体的审美情感时，若要摈除个人情绪的偏颇和偶然，实现从有限到无限的必然超越，则必须将审美客体纳入道德本体作用下的现象界与“物自身”的世界中来。这种“纳入”之实现，便意味着由审美表象或审美客体构成的世界与“良知”呈现下的万物融合为一，此时美的“物”“象”就是良知明觉的感应内容，物我无闲，相融相摄，审美客体在物化的形式下具备了无限的价值意义。这与道德实践的目标，“圆善”境界中“客观之福”的方面是一致的，因为牟宗三认定的“客观之福”就是“境遇皆为良知（无限智心、自由无限心）所遍润与转化，即一切皆随心而转”③。可以说，牟宗三为审美境界中主观之情与客观之景实现必然配称、理性超越的审美境界的必然实现，在道德的

① 《牟宗三先生早期文集》（下），载《牟宗三先生全集》第26卷，（台北）联经出版事业公司2003年版，第1035页。

② 牟宗三：《中西哲学之会通十四讲》，载《牟宗三先生全集》第30卷，（台北）联经出版事业公司2003年版，第26页。

③ 杨祖汉：《牟宗三先生的圆善论与真美善说》，（台北）《鹅湖月刊》1997年第267期。

世界中进行了一种努力和尝试。他以道德理性引领审美体验、以道德法则主导审美意象，通过赋予审美境界的主、客两个方面以共同的道德内容，将审美的境界统一在了“圆善”的道德理想中。

二、“圆善”审美境界的构成要素

尽管牟宗三论述美学问题的篇幅非常有限，但将美的境界描述为一种“圆融”“圆成”的状态，努力将审美从康德的中介说、沟通说的模式下转化出来直接联系在道德目的论的世界里，却是一贯坚持的见解。应当说，牟宗三的这种坚持，的确向我们展现了以道德理想来等同审美境界、将道德法则贯穿于审美活动始终这样一种道德家看待美、论述美的偏颇。但是，联系其学术思想出现的时代背景，却会发现，近代社会的革新派思想家们在对传统文化进行全面颠覆之后，并未带来国家的强大与民族的独立，在牟宗三眼中这反而造成了民族精神信仰的缺失和国破家亡的困境。因此，他主张恢复儒家“道德良知”的精神本体地位和价值观念主导，试图以此来为国家、民族寻找丢失已久的信仰；即使是在审美、艺术这样的领域中，他都无法脱离“道德至上”“良知主导”的思维方式，不是从审美活动本身而是以“道德良知”为出发点来予以看待、分析和评价。鉴于社会背景的影响和时代精神的需要，笔者认为，牟宗三的道德论美学是不限于对艺术形式本身进行分析的艺术哲学，而是具有丰富价值论、人生论内容，着重美的形而上品格、尝试以道德创生的力量来将美提升至一种超越境界的大美学观。那么，我们就不难理解，“圆满的善”与审美境界在实践理性活动中有交结重合之处，为“圆善”审美境界的达成提供外在关系上的可能性；“圆满的善”从理性分析的角度看是“主观之德”与“客观之福”配称的过程，通过逻辑的分析与理论的推演，恰好与审美境界中主观之情与客观之景的契合是相通的，为二者的统一提供理论上的必然。那么此节，我们就来进一步讨论二者统一的具体过程,即如何通过“道德心性”的向外探求与“道德天理”的向内直贯,在道德生命与“道德天理”的结合中,实现“圆满的善”向审美境界的倾注。

(一) 对几个概念的分析阐释,是“圆善”审美境界构成的前提条件

第一,关于“美”与“善”的关系。与康德将审美判断看作沟通自然王国与目的王国的中介,认定主体在审美活动中可以无限接近道德法则,将审美看作道德的象征不同,牟宗三认为真、善、美本身就没有分离,因而不必加以任何先验的假设,在人类主体的身上就可以自然呈现与统一。审美也因此从中介的位置中转化出来,成为与真、善平行并立的领域。一旦确定“美”没有沟通二界的任务,也就意味着我们应当从一种横向与直贯相结合的角度来看待真、善、美。牟宗三以为,从这样的立场来看待三者的关系,会得出美以善为引导并最终实现与真善合一的结论。他说,“据我考察的结果,审美判断负担不了这个责任,它负担不起来,沟通不起来”①,美的世界就是“道德目的直接贯下来”②的结果。这意味着,美的无所事事有利于生命的安顿,但并不妨碍它建立在道德目的这一依据之上,道德目的就是审美活动的价值引导。在道德创生力量的引导下,本体层面的美就是在完成了对审美表象的超越后进入到与道德目的、“物自身”义理相统一的状态。

第二,关于牟宗三审美境界说的独特性。“境界”“意境”是古典美学范畴之一。牟宗三的审美境界论既有对于古典范畴“意境”的接受,又显现了自身独特的创造力。牟宗三的审美境界与古代“意境说”一样,都是在美的世界中努力描述审美表象带来的对于经验主体在提升品位气质、增强生命力量、开拓人生境界方面的作用,都是对于审美现象的规律、样貌进行理性归纳的结果。但牟宗三的审美境界说与古代“意境”理论最明显的差异在于,他不是根据具体的艺术作品和详细的审美创造来总结的,而是从一种理

① 牟宗三:《真善美的分别说与合一说》,(台北)《鹅湖月刊》1999 年第 287 期。

② 牟宗三:《康德第三批判讲演录》(三),(台北)《鹅湖月刊》2000 年第 305 期。

想化的人生境界，即道德尽善的圆成境界出发，来思考审美活动最终要实现的理想。或者说，他是首先将道德尽善的理想推广到“生命不息、奋斗不止”的人生历程中来，再将它进一步推广到主体的审美活动中，以道德的创生力量来统率美、将美的境界纳入道德至善的理想中来。那么可以说，一方面牟宗三的审美境界说具有明显的概念化色彩。审美境界说就是“道德良知”这一本源性概念，朝着美的世界进行介入、将经验的审美表象不断提升，使之进入审美的本体层面且最终与主导审美的那个价值观和目的论实现合一的结果。他不是在对审美表象、审美活动、审美要素进行总结的基础上提出的理论范畴，或者说，他未将本身就是理论范畴的“审美境界”建立在实然的、现象的层面上，而是以另一个概念为起点，来构建这个概念。另一方面，这样的审美境界说带有较强的主观性。“境界”的构成本身包含主观挚情与客观真景两部分。尽管不少古典文论家、美学家更倾向于强调主体在构境、造境与写境过程中的创造力，但少有人以超越客观之景的方式来片面强调主体的道德心性和意志自由。一些艺术种类如诗、词“境界”的形成，关键就在景物描写的巧妙和精到，如果完全不考虑客观之景的样貌是难以形成“境界”的。而牟宗三的审美境界说却带有较强的主观观念色彩，他不仅将艺术家们笔下的客观美景看作“道德天理”的创造范围、看成“道德良知”的作用结果，而且将审美境界的主要内涵等同于“圆满的善”。而“圆善”本身就是作者为了解决时代精神需要、改善民族生命力、规范个人的道德行为而进行理想化思考的结果，是其将古典儒家的核心概念利用现代哲学的阐释方式、构建方法来进行发展的结果，并非立足于客观的物质基础、人类的实践活动总结而出的结论，因此牟宗三的审美境界说表现出较为明显的主观观念性。

第三，关于主观之情与道德心性、客观之景与“道德天理”。从上述分析中我们不难看出，牟宗三的审美境界说有着主观之情的部分，但这种感情不是自然的、个体的,而是义理的、普遍的,是在道德心性基础上形成的有着明显道德色彩的主观之情,因此主体的审美情感融会在道德心性中并受其引导。牟宗三的审美境界说亦有客观之景的方面,但不论在审美世界中出现了怎样的描写对象、自然景观、社会情态,抑或抽象的精神世界,都被他看作天理流行的结果。天理,这种决定着世界万物的流动衍变、蕴藏在丰富表象背后的本源性义理,在牟宗三的道德哲学中被赋予了“道德良知”的意义。因此,审美境界中的主体真挚情感的抒发是道德心性的作用,客观景物也被纳入万物本理的范域之内。

(二)道德心性主导下的审美情感对渗透在审美表象背后的道德天理之观照,是“圆善”审美境界构成的主观条件

通常意义上的审美境界论往往以描述主客交互的过程为主要内容。牟宗三道德论美学中的境界说尽管也强调主观之情与客观之景的结合,但颇为特别的是,主观审美情感与客观自然景物由于都带上了“道德良知”的色彩,令审美境界的达成着实向我们显现了一种与其他审美境界说不尽相同的路径。也正因为主客双方都受制于道德,道德牵引着它们的方向、归宿以及目的,因而审美活动最终要达成的境界不再独立于道德的理想而存在。审美境界的完成意味着审美个体对真善美合一的圆融之境的体悟,“圆满的善”既是道德行为的目的,也是审美活动的理想。审美情感,在牟宗三的道德美学思想中更看重主观形式背后具有普遍性和超越性,他认为尽管提升个人审美情感的方式有多种,但只有“道德心性”这一因素,才能在一个更为广阔的范围内、在整个社会集群中实现共同性和普遍性。因此,只有当审美情感融入道德情感的内容,甚至审美情感等同于道德情感的时候,人们对审美表象的关注,才能摒弃感官的、物质的、自然的部分,产生一种崇高的、开阔的、自由的主观情感和主观条件。那么,以这样的主观条件为前提将会怎样去观照审美客体?

第一,情感的主动介入。尽管“意与境是极能表现个人自己的”①,但如果“理性没有恢复过来,生命不苏醒过来,便没有真善美的表现”②。这意味着,主体的才能、情感和气质总归要以道德心性为主导,形成自由而独立的精神内涵与心灵意识,这样才不会被客体的材质、表象所牵引去被动地表现。只有始终保持与客观表象之间的距离和张力,才能将那些与自由的心灵意识相和相契的客体纳入审美境界之中。

第二,理想的确定实现。审美的境界“圆善”,是审美主体在美的世界中以一种超然愉悦的方式看待自然、人生和社会,以道德心性为力量之源来提升、超越、开拓自我,在一个更高的层面上领悟美、善合一理想的过程。在此超越中,道德心性的作用十分关键,因为“‘心’为道德心,同时亦为宇宙心,其精微奥妙之处,是很难为人理解的,但其实是根据孔子的‘仁’而转出的”③。它是人类生而有之的仁义本心,它不光圣人君子拥有,平凡而普通的民众也有,只是圣人君子能够更好地保存、不丧失并通过人生实践体现出来。圣人君子保存、践履道德心性,具有实现“圆善”审美理想的必然条件。一般人也有实现审美理想的时机,因为即使人们不能在现实生活中完全领悟道德心性,但它是生而有之并随时呈现的本体,任何主客之间的交互、主体之间的交往都可以成为道德心性呈现的契机。因此在一般的生命历程中即使没有呈现道德心性的必然性,但也不能否认它的可能性和时机性,审美理想是以一种固有的、确定的姿态存在于审美主体的心灵意识中。

第三,体验的直接进行。“圆善”审美境界的实现,离不开审美主体的体验和感悟,而审美体验的方式是“道德心性”对于“道德天理”的直接观

---

① 《牟宗三先生早期文集》(下),载《牟宗三先生全集》第26卷,(台北)联经出版事业公司2003年版,第1146页。

② 牟宗三:《真善美的分别说与合一说》,(台北)《鹅湖月刊》1999年第287期。

③ 牟宗三:《中国哲学的特质》,载《牟宗三先生全集》第28卷,(台北)联经出版事业公司2003年版,第55页。

照。主体都有获得“道德心性”的途径，只要坚持理性主导感性，意志主导行为，通过逆觉体证、操存涵养的方法即可以使“道德心性”完全体现。而当以“道德心性”为审美情感的主导去体悟和感知美的对象世界时，丰富复杂的审美表象只是体验的过程和方式，只有渗透在表象背后、决定万物流行变迁的道德天理才是审美体验的最终结果。凭借对于道理、天理的领悟，艺术作品可以成为一个“万花镜”，“它映照宇宙之各方面，每一方面都是一个无限，各方面都是相互出入而组成一个大和谐”。①

（三）以“道德天理”为主导的审美表象对审美个体心灵气质的提升，是“圆善”审美境界构成的客观条件

“道德天理”在儒家的视界中指代的就是“良知”本体，它强调“良知”对于客观外部世界，尤其是自然界的更替变迁有着决定性作用。而审美表象也隶属于外部世界，是那些能激发审美主体产生审美愉悦之情的现象的统称，归根结底也受到“道德天理”的主导。我们可以从“道德天理”的三个层面，来看待审美境界中审美表象对于审美主体的影响。牟宗三对外在道德之“理”的理解包括以下三个层面的内容：

第一是形构之理②，即是对自然生命历程在经验和物理的层面进行的现象学的、描述性的规律总结。它发生在自然现象的更替之后，是蕴藏在自然表象与历史进程背后的那种客观存在的规律和道理。它与人类主体之间只是认知关系，是作为一个受动、静止的对象为人类主体所认识和接受，它以物质、材料、结构等要素作为被主体去认识的全部内容，因而不可能在此层面上形成以精神意志为主导的审美活动。

---

① 《牟宗三先生早期文集》（下），载《牟宗三先生全集》第 26 卷，（台北）联经出版事业公司 2003 年版，第 1035 页。

② 牟宗三：《心体与性体》（上），上海古籍出版社 1999 年版，第 77 页。

第二是存在之理①，即是通过“格物穷理”的途径，凭借概念和范畴等知识论的方法对现象界进行观察与体验后得到的关于超验世界的道德本体的认识。它与形构之理相比具有更明显的普遍性和内在性，是超越了物质材料和表象形式而以一种较为抽象的方式内在于现象当中，需要人们去探求和发觉的道理。应当说，它对于主体有着认识上的吸引力，不完全是被动静止的，但依旧无法吸引主体去忘我的投入、全身心的沉醉，无法凝聚主体精神意志的全部内容。它有着认识的价值，可以形成对于本体认知的理论体系；但它并无审美的价值，无法实现精神超越和人格提升的目的。

第三是普化之理②，即在“心静则理明”的状态所达到的“理”。此时的“理”就是道德本体之“理”，是超越了“物”的现象世界而反求内心中最本源的仁义、“良知”，自然发出的顺乎先天道德法则规定的心与理、意与行合一的状态。它不仅强调外在之理与内在之心的内涵统一、节奏一致，更主张在统一的基础上实现相互影响和交融。此时仁义之本心与道德之本理没有任何隔绝和阻挡，两者在本质上是合一的，当反观自身、领悟“良知”时也将带来道德行为与先天法则的和谐一致，带来“天人合一”的当下实现。审美活动就发生在这个层面上，并随着“道德天理”对于审美主体的影响而实现“圆善”的审美境界。审美表象由于“道德天理”的渗透，具有了一种生生不息的道德力量，在审美境界中通过与审美主体的契合，便提升了主体生命的才、情、气、性，使他们超越了物质层面的干扰而达到精神价值的层面中来。主体的生命力量、个性气度此时就达到了孟子所言的“浩然之气”的阶段，即超越了自然气质而实现了义理之性的状态。以此为基础，审美主体是

---

① 牟宗三：《心体与性体》（上），上海古籍出版社 1999 年版，第 85 页。

② 牟宗三：《心体与性体》（上），上海古籍出版社 1999 年版，第 91 页。

“性情平达……喜怒哀乐，各极其当”的状态；艺术作品也能达到“大而化之谓升，圣而不可知之谓神，神者妙万物而为言”的“圆通”境界。① 可以说，由道德引领的审美表象，强调向生命本源的回归保存而不是外化、物化，令主体将心灵与性情中一切外在的、物质的、方向性的因素都克服掉，收摄回归至生命的修养与锤炼上，并以此带来“圆善”审美境界的实现。

三、“圆善”审美境界的理论品格

康德在《判断力批判》中以审美判断来沟通道德界与知识界以实现“德福配称”，牟宗三则依据中国哲学的智慧，以“道德良知”来制约与引导认识活动及审美活动，从而实现德与福的必然统一的“圆善”境界。由此，牟宗三将康德对形而上的哲学世界的概括，包括《纯粹理性批判》所言的“真”、《实践理性批判》所言的“善”，以及《判断力批判》所言的“美”，都在“圆善”的境界中合为一体。这是在儒家思想的阐释背景下，在充分认识“道德良知”作为思想本体的情况下得出的结论。三者以儒家的“道德良知”为逻辑起点与最终归宿，在合一的境界中就是一体的，任何外在的桥接在他看来都是一种限制或多余。牟宗三建构的“道德形而上学”从某种意义上说就是美学形而上学，道德至善的理想就是“圆善”的审美境界；反之，“圆善”的审美境界也超越了美在现象界与形式层的独立意义，成为融合了良知本体的创生性内容并以此为核心的道德之美与价值之美。道德与审美，总是这样交相呼应地出现在牟宗三的学思中，成为一个难以分离、圆融浑成的集合。不论是从审美境界的角度来探求“圆善”的道德义理，还是从“圆善”的角度来探究审美境界的达成，“圆善”审美境界论却是它们共同的理论目的。这个以道德精神为主导的美学范畴，不仅与道德论美学的其他部分一样不悖

① 《牟宗三先生早期文集》(下)，载《牟宗三先生全集》第 26 卷，(台北)联经出版事业公司 2003 年版，第 1095 页。

于"道德良知"的本体地位,而且是整个道德论美学体系的有机组成,对牟宗三整个美学体系起到了补充与细化的效果。因此,从整体的、联系的方法来分析"圆善"审美境界,我们发现它呈现出一种重道德精神和价值意义的理论品格。它是在本体仁心的道德力量的支配下,发生在主体身上的那种情感生命的自由翱翔、精神境界的畅快明朗之境。笔者将进一步分析审美境界说在"重道德"的整体性理论品格之下蕴含的美学精神。

（一）对个体生命的深刻关怀

牟宗三所言的"圆善"之美包含了对于生命力量的强调和生命历程的关怀,这与中国古典美学重"悟"的传统是一致的。中国传统哲学的方法论可用"心理是一""体用同源"来概括。正如王元骧教授指出的那样:"中国传统哲学深受《易传》的天地与人心同构、天人感应思想的影响,尽管各家对'天'的理解不同,如道家的'天'是指自然本体,儒家的'天'是指人伦本体,但都认为人与天是可以感应的。如孔子提出'下学而上达',认为在下学中所得的'觉'可以上达天命,《中庸》、董仲舒更是把'天'宗教化,认为'王道之三纲,皆受命于天'。这种天人感应和天人合一的思想决定了儒家的天理的二重性,它既是'自然本体'、'知识本体'(天道),又是'人伦本体'(人道)。这样就出现了《大学》中的'格物、致知、诚意、正心、修身、齐家、治国、平天下',亦即所谓'内圣''外王'之说,表明伦理意识以知识意识为前提,'至善'先要'知本'。"①正是中国哲学中本体论与认识论相统一的特点,使传统哲学带有浓厚的人生论色彩,将哲学研究的对象集中在人生、社会、群体关系之中。这直接导致了传统美学将理性和本质层面的思考与现实社会、人生经历联系起来,通过生活中获得的审美体验和审美感悟直接达到对人生、宇宙的本体"道"或"仁"的理解。

① 王元骧:《王阳明与康德美学思想的比较研究》,《浙江学刊》2006年第6期。

牟宗三的美学思想是在对传统哲学思想领悟的基础上形成的,因而对于生命意识的关注与强调表现得尤为突出。他认为以道德为本体的审美活动,就是一种将主体的生命力量从物质、感性层面提升到道德精神的超验层面和本体层面的过程,亦是一种由外向内、由特殊到一般、由经验到超验地培养主体个性气质、审美品位的过程。通过对主体生命力中几个关键因素的培养来提升审美品位和道德情操,并将其体现在具体的艺术创作和审美欣赏中,丰富审美活动和文艺活动形而上层面和超越层面的内涵。

（二）以“圆融之乐”为特征的美学精神

为了更好地将以“圆善”为主要内核的审美境界所具有的那种状态和样貌呈现出来,牟宗三用“天地之美,神明之容”,“亦庄亦美”①和“乐代表谐和,谐和当然美,但这个美不是独立讲美术的那个美,而是真善美合一说的美”②等话语来描述。这实际上在强调,当天地的义理、世界的本源为审美主体所理解和把握的时候,当“良知仁义”的内涵填充了内心世界并带来对物质欲望、一己私利之超越的时候,审美个体不再是孤单的、独立的,而是觉察出道德的理想丰富了审美的人生、道德的心性支撑了审美的体验,达到与他人同在、与世界相融的那种纯粹的“快乐”。

以“乐”来评说审美境界与艺术活动,也是儒家美学的传统之一。先秦有孔颜乐处的故事,“暮春者,春服既成,冠者五六人,童子六七人,浴乎沂,风乎舞雩,咏而归。……夫子喟然叹曰:‘吾与点也。’”③,其中所描述的就是在道德的充实下,即使在平凡的生活中也能体会到精神的适意和从容的快乐,是对“成于乐”的美学境界的形象描述。孟子也说:“义理之悦我心,

① 牟宗三:《认识心之批判》(下),载《牟宗三先生全集》第19卷,(台北)联经出版事业公司2003年版,第736页。

② 牟宗三:《康德第三批判讲演录》(三),(台北)《鹅湖月刊》2000年第305期。

③ 《论语·先进第十一》,载(宋)朱熹:《四书集注》,岳麓书社1985年版,第161页。

犹刍豢之悦我口”①,强调义理的本心在现实生活中不仅不会成为束缚,反而可以带来精神的愉悦与情感的丰富。再如泰州学派的王襞(号东崖)亦曾论说“乐”与“学”,“无物故乐,有物则否矣。且乐即道,乐即心也。而曰:所乐者道,所乐者心,是床上之床也”②。他将“乐”分为“有物之乐”和“无物之乐”两种,前者是现实中的、有所依待的、相对的快乐,而后者才是归于本心、合于本理、进入本体层面的无所依待的快乐。这种区分,如若以牟宗三美学思想的义理来看,有所依待的乐就是在“分别说”境界中的“美”,是依据个人品位和感受而获得的让生命闲适、放松和轻快的愉悦之情。由于它没有建立在善良本心的基础上,因此只是依据个人喜好、感受和认识而成的“美”。而无所依待的“美”表现于真、善、美合一的圆善境界中,它以善良本心为主导,将世界之真和道德之善作为逻辑起点和主要内容;是在体验和把握了世界本体之“道”和善良本体之“心”的前提下,在主体与客体、感性与理性、合目的性与合规律性相统一的基础上,形成的渗透了价值和生命意义的审美超越境界。“圆善”审美境界表现的“乐”,显然不是个体、感性、主观的审美快适之感,而是在善良本心的主导下,当意志获得真正自由、主体的善良本心与外在的世界本理合一的情况下,自然体会到的那种超越的、本体的、价值的审美愉悦之情。

（三）为人生、社会进行艺术表现的美学态度

真、善、美的合一即是“仁”自觉地在文学艺术中的展开,而“仁”本身就含有主体与客体两方面的内容,因此在“仁”的基础上形成的美学理论和艺术创作,也包含对主体生命的关注和外在社会的思考两个方面内容。由于儒家道德的本体是“仁义”,其最终来源却是主体的内心,因而牟宗三以至

① 《孟子·告子章句上》,载(宋)朱熹:《四书集注》,岳麓书社 1985 年版,第 417 页。

② 转引自牟宗三:《康德第三批判讲演录》(十三),(台北)《鹅湖月刊》2001 年第 315 期。

于整个儒家思想都以超越而内在的人本主义为基础,人和人类社会的各个部分、方面才是艺术活动和审美活动的构成主体。

牟宗三在看待审美与艺术创造关系时曾说,“文学创造昙花一现,所以,讲文学创造有江郎才尽。生命强的时候,文笔生华。到才尽时,一辞不撰。这个就是文学的创造。所以,文学的创造发自一个特定的有限生命体的一个机能,这个不能扩大的,这个创造不能生生不息”①。文学创造是作家艺术精神和审美品位的主要表现形式,如若没有抓住生命最为核心、本体的那部分内涵,文学创造的发端将会是一种有限的生命力和创造力,其结果往往就是“昙花一现”,即使“有所成”也是暂时的甚至转瞬即逝的。只有理解造成和影响生命力量强弱的根本性内核,即“生生之道”的“道”有什么内涵,才有可能使自身的创造才华依存于这个本体并带来审美创造的无限开拓和进步。这个生生之道就是儒家的“仁”,因为“仁才能生生不息”②。

可见,牟宗三以仁义礼智为出发点,时刻注意文艺在对主体以“良知”为核心的生命力量培养时的功能,以及在精神与生命的培养之后如何“内圣外王”地在现实中呈现,通过对社会精神层面的指导、教化而在材质层面产生一定的作用和影响。牟宗三对于“圆善”审美境界蕴含的为人生而艺术的思想,不仅是仁者人格向艺术中的沉浸、融合,也是自己生命本源的道义、性情和气质在艺术中的表现和对艺术的改造。它不停留在艺术特殊或形式的领域中,而是在确定了道德本心的前提下,通过本心由内而外的作用表现在艺术活动中,这不仅丰富了艺术的层次和结构,而且还扩大了艺术的表现内容和影响范围,赋予艺术对于人生的价值层面和形而上层面的关怀。与此同时,通过在艺术创作、艺术表现以及艺术欣赏中实现对主体生命力量的提升和培养,最终可以达到对于现实社会干预和影响的效果。

---

① 牟宗三:《康德第三批判讲演录》(八),(台北)《鹅湖月刊》2001年第310期。

② 牟宗三:《康德第三批判讲演录》(八),(台北)《鹅湖月刊》2001年第310期。

第三节　审美判断与美的本质论

美学向来是哲学的重镇,而美的本质又是美学研究的基本问题之一。王元骧教授曾这样归纳"本质"的内涵,"'本质'相对于'现象'而言,相对于丰富多彩、变动不居的现象的'多'来说,是属于相对稳定的'一'的东西,它不可能是感觉的、经验的对象,而只能是思维的、理论的对象,是对于事物的一种形而上的叩问。"依此,包括审美本质论在内的针对事物、现象内部规律和内核的理论言说,能够"为我们看待事物提供一个基本观念和科学依据",有着十分显著的地位和功能。① 牟宗三在批判和吸收康德美学理论的时候也形成了自身的审美本质论,而对其进行全面的分析、归纳,不仅是理解道德论美学的结构内容和价值诉求的步骤,也为我们在当下语境思考美的本质问题提供了借鉴。

康德认为,美源自介于理性能力与知性能力之间的审美判断力,而美的本质是审美判断力在其判断活动中展开的关于质、量、关系、程态四个方面的规定。牟宗三在对于康德的审美判断论以及审美判断四个契机的分析中,提出了自己根据传统儒家美学立场形成的观念,将审美判断的超越原则指向"道德无相"。由此将审美本质论也直接纳入道德本体论美学思想中,指出在"道德良知"本体的充实与支撑之下,审美具有的以"道德"为基本内核、同时将美自身的规律与特点纳入其中的基本性质。

一、审美判断的性质与美的本质的形成

康德立足于审美活动本身,在审美判断力的性质与作用中分析美的本

---

① 王元骧:《文艺理论:工具性的还是反思性的?》,《社会科学战线》2008 年第 4 期。

质问题，而牟宗三的审美本质论则是在配合、消化康德哲学以建构儒家“道德形而上学”体系的过程中出现。《判断力批判》中康德对审美活动的论述成为牟宗三研究美学问题时无法回避的部分，而将美学问题纳入道德理想与良知心性的整体中也是他一贯的主张。因此，牟宗三在分析康德审美判断的性质与内容时开始了对审美判断的性质、依据以及原则的思考，在此过程中形成了独特的审美本质论。

（一）审美判断的性质：“反省性”还是“目的性”

康德在《判断力批判》中，认为判断力的批判包含两大部分，一部分是审美判断力批判，另一部分是目的论判断力批判。美学判断力表现为审美判断①，目的论的判断力则表现为目的论的判断。而判断力又可以分为“决定性的判断力”和“反省的判断力”。形成知识的判断与决定善恶的判断都属于决定性的判断，它们是将特殊、个别的事物归属到某种普遍的规律或原则之下。与此相反，审美判断力与目的论的判断则属反省性判断，即从特殊个别的事物、现象出发去寻找普遍的规则。康德通过分析审美判断的“关系”契机提出了审美判断遵循着一种“无目的的合目的性”原则②，以此将审美与知识、道德进行区别，最终确定在审美活动中主观与客观、经验与超验具备实现连接的可能性。审美判断在主观方面是无目的且超功利的，它

① 按：又译“鉴赏判断”，因在此引用康德的论说都是为了和牟宗三作比较，而牟氏惯以“审美判断”来名之，故下文皆用“审美判断”这一译法。

② 按：“无目的的合目的性”，本是康德根据“关系”契机分析审美判断而得出的结论，在牟宗三的译本中的原话“美是一对象中的合目的性之形式，其为一对象中合目的性之形式是只当‘它离开一目的之表象而在此对象中被觉知’时始然”（牟宗三：《唐德〈判断力之批判〉》，载《牟宗三先生全集》第16卷，（台北）联经出版事业公司2003年版，第191页）。邓晓芒译本中与之对应的说法是“美是一个对象的合目的性形式，如果这形式是没有一个目的的表象而在对象身上被知觉到的话”（［德］康德：《判断力批判》，邓晓芒译，杨祖陶校，人民出版社2002年版，第72页）。牟宗三完成对康德审美判断四个契机的分析之后，认为此段代表了康德所言的主体性审美判断力中最为核心和关键的部分，进而将其概括为康德审美判断的超越性原则，并以此来与他依据儒家立场得出的审美判断的“无相原则”相区别。

建立在主体的情感体验之上；但是这种情感是一种普遍而必然的审美共通感，超越个人的喜好与私欲而成为一种客观的原则，因此又合乎理性目的。认识是凭借感性直观形成对经验世界的了解或凭借概念、范畴形成科学知识，只局限于现象世界而无法真正进入目的世界；道德理性则代表了目的世界，是凭借意志自由而实现"德福统一"的"至善"境界，但实践理性的过程需要以上帝存有、灵魂不朽为公设性前提才能成立，归根到底也难以在经验主体处真正实现。只有审美活动，它既不同于认识也不同于道德，是一种主体对客体形成的反省性判断，是主观的情感与客观的目的之间的和谐统一，依此康德将其确定为沟通自然与自由二界的中介。

牟宗三却认为审美判断在特殊层面上是一种经验性体悟和感知美的过程，而在超越层面上与"智的直觉"的认知力、道德法则的决定力已经难分彼此、融合为一，因为当主体对道德心性予以强调、使道德人格获得呈现的时候，三者合一的情境就能够在道德生命的历程中得以贯彻。因此，牟宗三提出审美判断力的性质当以"目的性"来概括，这不仅能够弥补康德审美判断"反省性"仅立足于个体、无实在性依据的局限，且能够将审美与认识活动、道德行为区别开来。

1. 审美判断的"目的性"不同于康德厘定的"反省性"

就康德所言的"反省性"判断力，牟宗三首先作出了肯定的评价："依照康德的想法，自然现象无论如何变化多端，无论如何复杂，总能够联系起来，成一套，有条有理，成一个系统。这个不是很巧吗？这个'巧'是在反省判断中显现的。"①他认为"判断力"较好地说明审美主体可以通过一种精神愉悦的方式实现对一己私利的超越，而康德在审美判断中设想的，主体从世俗向着神圣、此岸向着彼岸、经验向着超越不断提升的本意也是难能可贵

① 牟宗三：《康德第三批判讲演录》（四），（台北）《鹅湖月刊》2000 年第 306 期。

的。但是由于审美判断没有建立在某种实存性、确定性的本体之上,因此这种超越在现实中没有必然性依据,它仅仅是一个可以令人无限遐想、为之不断奋斗的目的;并且仅凭它是一种反省判断就承担起沟通本体与现象的责任,这也缺乏说服力。进而他提出必须联系儒家的道德本体"良知"来确定审美判断的特性,只有将审美判断建立在"道德"这个实存性基础之上,才能在审美判断中实现必然而恒定的超越,由此"目的性"就成为审美判断的本性。他说,"美的判断之原则若植根于道德的目的(以此为依据),亦并不妨碍美的判断之成立",因为"道德目的自是决定的,它在吾人主体方面具有扭转超升之作用",而当这种作用辐射到审美判断,"则美的判断之无所事事,以及其中之无有决定作用的目的性,可有具体而真实之实现"。[①] 可见,牟宗三在审美判断的基础与进路上,就提出了与康德截然不同的主张,得出审美判断并非"反省性"而是"目的性"行为的结论。他认为康德的审美判断从主体本身出发、从主体的经验活动出发,这较好地说明了审美活动的"无所事事"与纯主观的形式样貌,但是难以将审美的"超越"与"提升"落到实处。牟宗三十分坚定地认为,审美判断与道德目的并不矛盾,道德目的可以直贯地、介入地去决定审美判断的发生与经过。因为,道德目的是"良知",它既是决定外部世界天理流行的终极力量,又与主体内在的"道德心性"相互对应,就是外在天理内化于道德生命并与主体结合的结果。审美判断,是审美活动的形式之一,只能发生在主体的经验活动中,而儒家认定的主体条件有特殊的含义,是超越自然生物层面的义理之人,是以良知心性为基础的道德之人。那么,当审美判断建立在"道德心性"的基础上,以道德为进路,通过"智的直觉"影响下的审美体验最终达到"圆善"的审美境界时,也就意味着在美的世界中以必然的、确定的方式实现了向彼岸王国的

---

① 牟宗三:《认识心之批判》(下),载《牟宗三先生全集》第19卷,(台北)联经出版事业公司2003年版,第72页。

自我超越。

2. 审美判断的“目的性”不同于“决定性”判断

牟宗三认为，审美判断是一种“目的性”判断，它尽管以“道德良知”为本源和依据，但并不因此而影响或者忽略自身的精神愉悦性质和超越品格，故它的性质特征也不同于“决定性”的道德判断。就特殊、现象的层面来看，审美活动是一种超越利害关心的闲适之情，审美判断也是在感性经验层面呈现出来的具体而现实的鉴赏行为，它以感性直觉为基础并借助美的形式而形成具体的表象。正因为它离不开主体的感性力与想象力，以及在此基础上形成的审美体验、审美情感和审美兴趣，因而与道德行为中主体通过对先验道德法则的服从再形成关于善恶、是非的判断是不同的。这种差异正如牟宗三所言：“美使人愉悦，这不错。但是美之愉悦不同于世界有条有理之使人愉悦，这个有条有理的世界也不一定是我们愉悦的对象。”①这里“美的愉悦”是诉之于情的闲适和放松，而“有条有理”则指道德目的通过直接下贯而对现实世界的规定。前者是在意志自由、精神愉悦的条件下，全身心地投入审美表象中；而后者是绝对地、受动地依据法则来评判事物，并不需要太多个人情感的参与，而是依据相对恒定的标准。因此，在现象、个别层面上的审美判断不是“决定性”的。就合一、超越层面来看，超越的美是本体的美，亦是建立在“道德心性”之上的美，即“至此无相之美，则虽妙慧心而亦道心，虽道心而亦妙慧心”②。“道心”就是前面③讲的以道德至善为主要内容及主导因素的“无限智心”或“本心仁体”。在此层面上，牟宗三一方面强调审美判断与道德目的并不矛盾，只要找到适当的契机，道德目的就

① 牟宗三：《康德第三批判讲演录》（四），（台北）《鹅湖月刊》2000年第306期。

② 牟宗三：《康德〈判断力之批判〉·卷首》，载《牟宗三先生全集》第16卷，（台北）联经出版事业公司2003年版，第84页。

③ 参见本书第二章第一节关于“本心”性质的论述。

可以成为审美判断的依据而将美导向“至善”；但另一方面，审美判断以及在此基础上的审美活动，并不意味着要在道德目的的引领下解构、消融自身，反而审美活动超功利概念的特质、诉诸主体情感的方式可以成为通往“至善”境界的另一种路径。审美判断以“道德心性”为基础，摈弃了自然之性的干扰，为审美静观创造了更好的主观条件，当主体对于审美对象进行体验时更易实现自我超越。它基于情但不止于情，它要求在个人审美情感的基础上实现与他人的共鸣，要令个人的审美情感具有普遍性与共同性，更要在自己的情感与他人情感发生偏差时反思自身、提携自身，而“良知”就是引导人们通过感悟、对照甚至调整来实现审美共通感的最可靠基础。

因此，牟宗三强调以“道德心性”的普遍性和决定性为基础的审美判断是一种“目的性”判断，它既是审美主体在直观先验的道德法则和彼岸的智思界后，凭借加入了道德情感内容的审美共通感来步入圆融审美境界的过程，又是始终保持着个人的品位气质，在精神愉悦与情绪恬淡的状态下去体验美、感悟美的过程。

（二）美的本质之范围归属：“自身的”还是“外在的”

当牟宗三不认同康德关于审美判断力性质与归属的论述，而是坚决地将审美判断与儒家道德目的论联系起来，并依此方向对美学问题作出推进之时，“美的本质”这个基本理论问题便凸显出来。关于美的本质，有两点“必然性”需要说明。一是它被提出、被论证的必然。因为康德是以审美判断力的分析为进路来确定美的起源，再以美的起源来看待美的本质，而牟宗三并未形成独立看待美、分析美的理论意识与思维模式，而是通过对康德美学的解读与批评逐步地将自身的美学观念呈现出来，那么，随着康德在对审美判断的分析之后转向对美的本质的探讨，牟宗三也必然会对此有所论述。二是两人“美的本质观”显出差异的必然。康德不满于前人在审美活动的领域之外来确定审美本质，因此强调审美判断这一经验主体的审美活动具有的特殊意义,在此范域之内来确定美的本质以扭转先前审美本质论的偏颇。而牟宗三则认为,只有在本体论的层面上建立内容丰满、基础深厚的道德目的论,才可避免康德将自然与自由二界分离再以审美来桥接的不确定性。他说,"康德把三者合在一起成一大系统,这个大系统其实是分别说的",只有"中国人所了解的真善美之合一"才是真正的综合、真正的合一。① 中西两种模式相比,"中国的智慧,东方的智慧,最高的境界都向往这个境界,而且这方面最精彩"②。因此,牟宗三坚持,只有转换视角、抓住"道德良知"这一本体,并将其推进到美的本质当中,才能使美的本质建立在扎实而确定的基础上。

1. 康德界定美的本质之途径在审美活动内部

康德的审美本质论基于前人但又有所超越,这种超越可以从两个方面来概括:一方面,康德看到了前人的审美本质论在丰富复杂的表象背后都隐藏着共同的理论缺陷,即主客二分的思维模式带来的偏颇,于是他强调了经验主体的审美判断力是主观与客观、经验与理性的结合。另一方面,他一反前人在审美活动之外来寻求审美本质的路向,反对将美的本质归结为某种主观观念或宇宙本源,而是十分强调将美的本质定位在经验主体对于对象世界进行的审美判断中,即"通过愉快和不愉快的情感对形式的合目的性(另称之为主观合目的性)作评判"③的过程中。应当说,康德赋予了审美判断独特的活动空间和作用范围,而这些空间与范围又暗示美的本质无须向外部世界探求,而应当立足于人、立足于人自身的审美判断力。人的知、情、意分别对应着认识、审美与道德,通过它们可以完成个体对于世界的认

---

① 牟宗三:《圆善论》,载《牟宗三先生全集》第 22 卷,(台北)联经出版事业公司 2003 年版,第 334 页。

② 牟宗三:《真善美的分别说与合一说》,(台北)《鹅湖月刊》1999 年第 287 期。

③ [德]康德:《判断力批判》,邓晓芒译,杨祖陶校,人民出版社 2002 年版,第 29 页。

知与感受。然而它们又依存着各自的活动范围与游戏规则，越界思维只能造成“幻象”①。当人的知性能力对象“自然”与理性能力对象“自由”之间无法调和之时，他发现了审美判断这种既不属于知性又不属于理性，然而能将这两种能力统一起来的主体能力。康德说道：“判断力通过其按照自然界可能的特殊规律评判自然界的先天原则，而使自然的超感性基底（不论是我们之中的还是我们之外的）获得了以智性能力来规定的可能性。”②这意味着，审美判断尽管没有知识那样直接洞悉现象事物本质的能力，亦没有意志那种直观道德法则的可能，然而它却在人们以主观愉悦的形式静观审美对象的时候，把人们从必然引向自由，使经验世界与本体世界的连接获得可能。

康德为审美判断开辟了独立的活动方式和领域，而美的本质是审美判断力在其进行中展开，涉及质、量、关系、程态四个方面的规定性。正是在判断力与外部世界之间的交互性审美过程中，出现了凭借四个契机分析出来的美的本质论。可见，康德对于审美本质的探求是在确定审美活动独立价值的前提下，在审美判断的进程之中进行分析的。

2. 牟宗三将美的本质指向了“道德良知”

牟宗三赞同康德以审美判断力来概括经验主体在审美活动过程中对审美对象的观照、把握与领悟，但更强调审美判断暗合于“道德良知”的目的性。它不同于康德所言的“反省性”，因为审美判断应当牢牢依据在道德目的之上；也不同于道德判断的“决定性”，因为它发生在超越功利与概念的精神愉悦状态下。也就是说，审美判断直接以道德目的为引导，既保持自身“无所事事”、闲适愉快的外在形式，又能够与道德理想、道德目的确实地统

① 参见康德关于“先验幻象”的论述，［德］康德：《纯粹理性批判》，邓晓芒译，杨祖陶校，人民出版社2004年版，第258—261页。

② ［德］康德：《判断力批判》，邓晓芒译，杨祖陶校，人民出版社2002年版，第32页。

一起来，使审美判断真正发挥将经验主体从自然王国提升至道德王国的功用，这是牟宗三思考审美本质的理论前提和条件。在此前提条件下，他从以下两个方面进行了论述，最终将美的本质指向了审美活动之外的以“道德良知”为核心的目的世界。

第一，他从审美判断力入手，论证了它作为沟通自然与自由二界中介的局限性，从而使美的本质从审美判断力的活动过程中跳转出来。牟宗三说，“我决不以美的判断为媒介”，因为“一个虚的原则何能尽媒介之责？假若自由之概念不能贯下来，则虽有此主观或形式目的性，彼仍自若：彼仍不能贯，而此亦不足以沟通之”。① 这即是说，康德在审美判断那种纯粹主观鉴赏的形式下又赋予它一个超越的原理，即“主观合目的性”原理来沟通二界，这显现了逻辑思维的技巧和理论推演的能力，但仔细推敲却发现这种目的难以用一种实在、确定的方式贯彻下来。因为如果不从先验目的的角度来规定审美判断以及美的性质，那么审美判断就是经验主体在闲适的情绪与愉悦的精神状态下，由审美表象引发的与对象世界的和谐一致之感，这种感受仅仅是一种主观的、形式上的欣喜与乐趣。审美虽然与自然界有所联系，但与另一边的道德本体界却难以沟通。如何在“审美兴趣”所特有的“无所事事”状态下，将审美与道德本体界“必然”而“确定”地联系起来，康德也没有说明。或许康德分析的审美判断力具有实现道德目的的偶然性，但缺乏实现道德目的的必然性和确定性。在牟宗三看来，造成这种局限的原因在于，一方面康德看出了“道德界”巨大的精神力量与决定性地位，但另一方面，西方哲学传统中又缺乏像儒家那种以“良知心性”为根本的“道德形而上学”，仅是一种“非要肯定上帝存在不可，要肯定一个最高的权威

① 牟宗三：《认识心之批判》（下），载《牟宗三先生全集》第19卷，（台北）联经出版事业公司2003年版，第726页。

才行”的“道德的神学”,[①]遂康德只有将领悟道德目的和通达彼岸世界的能力归属于人格神(如上帝)的特权,甚至审美判断的“合目的性”也更多只是一种公设而非现实的存在。因此,牟宗三认为只有在儒家的“道德良知”论中才能证成审美判断与道德目的的必然联系。美的本质也从审美判断的活动范围中超越而出,以更高层面上的“道德良知”义理来确定。

第二,他从“道德良知”入手,论证了它作为充实而光辉的本体力量向审美本质进行扩展的必然。“道德良知”是“你的本体,我的本体,亦为宇宙万物的本体”[②],它对应于外部世界是蕴藏在万物演变背后的道德“天理”,对应于内心世界则是主体人类的道德“心性”。“良知”凭借“天命、天道下贯于人心而再于具体生活中作顺成的表现”这一过程将“天理”与“心性”结合起来。[③] 因此,从主体的“道德心性”出发,就相当于抓住了强大的力量之源,这种力量涵盖、决定、支撑一切现象和行为,主体的审美判断也被纳入“道德心性”的作用之下。此时,审美判断不再是孤立而单一的,而是在道德的光辉涵盖、照亮对象世界之时,凭借审美体验与审美情感去领悟道德的义理,并最终与道德理想实现合一的过程。可见,牟宗三转变了康德在真、善之间寻找桥梁,以美作为沟通二界的思维方式,反而从深蕴的本体层面开显出丰满而扎实的“道德形而上学”,再将这个道德本体向下直贯,成为决定审美判断、审美本质的思想根基。

二、审美判断的原则与美的本质的内涵

审美判断的原则,是牟宗三在康德美学通过“关系”契机分析的审美判

---

① 牟宗三:《康德第三批判讲演录》(四),(台北)《鹅湖月刊》2000 年第 306 期。

② 牟宗三:《中国哲学的特质》,载《牟宗三先生全集》第 28 卷,(台北)联经出版事业公司 2003 年版,第 103 页。

③ 牟宗三:《中国哲学的特质》,载《牟宗三先生全集》第 28 卷,(台北)联经出版事业公司 2003 年版,第 51 页。

断是"无目的的合目的性"或者"主观合目的性"基础上,提出并予以强调的概念。牟宗三认为,与其他三个契机相比,通过"关系"的分析可以得出审美判断这一活动所依据的超越性原则的内容,而美的基本性质就在超越原则确定之后逐渐朗现。

(一)"四因说"分析及质疑

康德将审美判断视作按照四个方面来进行规定的过程,在此过程中表现出美本身的基本性质,这四个方面指的是质、量、关系和程态。而牟宗三却用"四因说"[①]来概括这四个契机。在此,我们从牟宗三对审美判断四个契机的分析入手,审视他将审美判断的超越原则归于"无相"的过程,以及在此过程中显现的儒家立场和理论目的。

第一契机,通过"质"范畴了解的审美判断是"通过不带任何利害的愉悦或不悦而对一个对象或一个表象方式作评判的能力"[②]。康德根据"质"契机所言的审美判断实际上是一种无关对象的实际存在,只关心对象的形式表象是否与主体的想象力和谐一致的审美静观,以及由审美静观带来的精神愉悦。对此,牟宗三认为这符合审美活动的安息原则和愉悦状态,因为以儒家思想的立场来看待美,也不能仅从对象或自然方面来说,主体的认知机能、想象能力是否得到自由表现才是审美活动的关键。在审美活动中,我们的想象与知性可以也必然是自由自在的,以此才能感受当对象的形式表象与主观条件和谐一致的时候,带来的幸运、满足与愉快之感。正因为儒家美学也坚持一种"主观原则",因而牟宗三在第一契机的分析中,表达了对康德审美超功利性和精神愉悦性的赞同。

① "因"源于佛家用语"因缘""因故",本意是解释人们在成佛悟道中那种偶然性、机缘性以及瞬间超脱自我的状态,在此使用,显示了他将审美的无相超越与佛家的"顿悟"智慧进行类比的意图。

② [德]康德:《判断力批判》,邓晓芒译,杨祖陶校,人民出版社 2002 年版,第 45 页。

第二契机,康德通过“量”范畴来了解的“美”是“没有概念而普遍令人喜欢的东西”①,以此说明审美判断具有普遍性。“量”范畴包含一、多、综三个方面的内容,与之对应,主体所成就的知识判断有全称判断、特称判断、单称判断三种情况。康德认为一切审美判断都是单称判断,判断客体与判断主体的关联是不基于客体概念却要求普遍性达成,即“美是无概念地作为一个普遍愉悦的客体被设想的”②。这里,牟宗三提出了对于康德审美判断论的第一点质疑,“正题说审美判断不依靠概念,因为审美不能证明,不能争辩,不能通过争辩而有证明。反题说审美既然有普遍性、必然性,那么必须依靠概念”,“这个反题不是跟正题相冲突吗”?③ 既然每一个审美判断都是单称判断,就是说不依赖任何的概念,纯粹是个人主观品位的表现。但普遍性的达成却必须以概念的存在为前提,只有以概念为基础的逻辑判断和必然规定才具备普遍的可传达性,显然它与美不依赖于概念的本性出现了矛盾。应当说,牟宗三的质疑点不在审美判断具有的普遍性本身,他依据儒家立场审视的“美”也具有普遍性的意义(通过论证“美”以道德为本体和价值引导而实现这种普遍性)。他所针对的是康德在将审美判断看作不必借助概念、纯粹依据主观的愉悦之情而发出,却又赋予它普遍性意义的过程中,是否能够证成审美判断已然超越了概念,可以全然不受概念的限制与影响。显然,牟宗三对此持怀疑态度。他认为仅以美本身的“反省性”“主观性”为逻辑起点,在审美活动进程中论证它通向目的世界,那么这种“通达”或许是偶然的、可能的实现,但不是必然而稳定的实现。

---

① [德]康德:《判断力批判》,邓晓芒译,杨祖陶校,人民出版社 2002 年版,第 54 页。
② [德]康德:《判断力批判》,邓晓芒译,杨祖陶校,人民出版社 2002 年版,第 46 页。
③ 牟宗三:《康德第三批判讲演录》(五),(台北)《鹅湖月刊》2001 年第 307 期。

第三契机，通过“关系”范畴了解的“美”是“一个对象的合目的性形式”①。康德在此强调，美在形式上不涉及任何特定的目的，但如若想象力与知性力趋向一定和谐自由之时，美又具有了某种合目的性。牟宗三对此也提出了第二点质疑，认为康德所言的审美判断本身没有任何目的，因为它不依靠任何概念与逻辑、实用与欲望，但在此又“一定要与一个不可决定的概念挂钩，一定要挂搭在一个不可决定的理念上”来赋予审美一种目的，或者说认定它可以连接、通往目的界，这显然是“完全不对，完全没有意义的”。② 牟宗三对于审美活动具有的目的性并不排斥，甚至在赋予审美活动以道德目的方面还表现出与康德相通的构想。但对于康德希望用审美来沟通二界、用审美判断来实现对于彼岸道德法则的沟通这一想法，他不甚认同。他认为，康德在论述“智性直观”“自由意志”时都没有完成的假设，仅仅在审美判断的论述中通过规定“主观合目的性”这一特质就予以达成，这是欠妥当的。牟宗三进而指出，“合目的性原则”就是说这个世界无论如何千变万化，总可以使我们的认知机能有用武之地、成一系统，这在目的论判断与知识构建当中是可以成立的。但在此将其规定为美的原则，就与美的无利害关心、不依赖于概念等性质发生了矛盾。

第四契机，通过“程态”范畴证明审美判断的必然性，即“美是那没有概念而被认作一个必然愉悦的对象”③。康德认为从正面说审美判断不依靠概念是指不依靠决定性概念，而为了说明审美判断的普遍性和必然性又必须依靠一个概念，就是非决定性概念。非决定性概念就是不可证明的概念，或曰绝对理念。牟宗三认为审美不依靠任何概念，其中既包括决定性概念

---

① ［德］康德：《判断力批判》，邓晓芒译，杨祖陶校，人民出版社 2002 年版，第 72 页。

② 牟宗三：《康德第三批判讲演录》（五），（台北）《鹅湖月刊》2001 年第 307 期。

③ ［德］康德：《判断力批判》，邓晓芒译，杨祖陶校，人民出版社 2002 年版，第 77 页。

又包括非决定性概念。① 因此，在康德通过设定“非决定性概念”来论证审美的必然性的时候，出现了第三点疑问。他说：“我们并不否认这种主观条件是普遍地可传通的，我们只说此种可传通性与审美判断之普遍性与必然性无关。”②这表示他并不否认审美活动有普遍性和必然性特质，但根据西方形而上学的概念传统或绝对理念传统是不足以说清楚的，必须联系中国传统文化中的儒家心性之论并以此为基石，才能令审美的普遍性与必然性得以落实。

（二）审美判断的超越原则：“无相原则”

经上小节分析，我们发现牟宗三对康德在四个契机上论述的审美判断和美的本质，既有肯定也存在质疑。其中在审美超越功利目的、超越概念逻辑，具有普遍性、必然性等说法上，他是十分认可的，但是对于康德在“合目的性”“不涉及概念”等问题的论证，他认为有混漫与矛盾之处。也就是说，康德所论的审美判断暗合道德目的，美的性质不依据概念规定就能够在社会集群中获得普遍性，在这两点上还有进一步发展的空间。由此，问题的焦点就集中在如何令审美判断以一种不受概念制约、不将目的强加的方式，在精神愉悦、自由超脱的主观条件下实现生命的安顿和人生的开拓，真正将主体从此岸自然王国提升至彼岸目的王国。牟宗三认为，解决这一问题的关键是“转换视角”，不必再以审美活动本身为出发点和着眼点去思考审美判断是否能够在保持自身“无所事事”“愉悦超然”的特质下又令其暗合道德

---

① 按：此处依据牟宗三原话概括，即“分析部说审美不依靠任何概念，并没有特指不依靠决定性的概念。所以，要考虑审美判断的普遍性必然性要脱离这种方式”。这里牟宗三认为康德在第四契机为证明美的必然性提出“非决定性概念”，与第二契机中说美不依靠任何概念发生了矛盾。参见牟宗三：《康德第三批判讲演录》（五），（台北）《鹅湖月刊》2001年第307期。

② 牟宗三：《康德〈判断力之批判〉·卷首》，载《牟宗三先生全集》第16卷，（台北）联经出版事业公司2003年版，第60页。

目的，而应当直接将主体的审美判断力创建在“道德心性”上，将美的本质与世界的本源“道德良知”进行沟通。道德犹如一个力量集中而又不断燃烧自己、向外扩展的内核，正是这种力量性与流动性使它先于知识与审美，成为蕴藏在表象背后、主导自然流行和生命运动的本源。与西方哲学不同的是，儒家思想中的道德不但是万物之本、自然之理，还以良知心性的方式存在于主体的道德生命历程中。正因为儒家的道德目的有本体和现实两个层面的意义，因此在“本体”内部就解决了与现象沟通的问题，“目的”本身就涵盖了经验的层面，不再需要媒介的力量对自然王国与目的王国进行沟通。那么，审美活动就从中介的地位转化出来，成为“道德良知”向下直贯、道德光辉向外渗透的结果。这种美是道德之美、伦理之美、价值之美。正如孔子所言的“兴于诗，立于礼，成于乐”，乐代表了最后的和谐、代表了美，是在“道德良知”的贯注与支撑下，在道德理想达成以后的那种精神和谐与顺适。因而，牟宗三用“无相原则”来概括审美判断的超越原则与活动依据：

> 审美判断就是无相判断，将知识的向、道德的向通通化掉。①
>
> 现象知识之“真”相被化除，即显“物如”之“真”相。道德相之“善”相被化除即显冰解冻释之“纯亦不已”之至善相。妙慧别才中审美之“美”相被化除，则一切自然之美（气化之光彩）皆融化于物之如相中而一无剩欠。②
>
> 故圣心无相是“即善即美”，同时亦是“即善即真”，因而亦即是“即真即善即美”也。③

① 牟宗三：《康德第三批判讲演录》（四），（台北）《鹅湖月刊》2000 年第 306 期。

② 牟宗三：《康德〈判断力之批判〉· 卷首》，载《牟宗三先生全集》第 16 卷，（台北）联经出版事业公司 2003 年版，第 83 页。

③ 牟宗三：《康德〈判断力之批判〉· 卷首》，载《牟宗三先生全集》第 16 卷，（台北）联经出版事业公司 2003 年版，第 82 页。

“无相原则”的本意是依据审美判断的愉情悦性将各种紧张与冲突进行缓和，将各种表象进行化除，从而让生命获得闲适与放松。牟宗三的“无相原则”不同于康德“主观合目的性”原则，因为他认为仅以美的个别性，即美的表象、形式和外观为出发点难以在美的世界里实现真正的自我超越，甚至还会带来审美闲适安乐特性的加重，这不利于生命的昂扬向上。只有从道德理性的角度才能找到主体生命力的支撑，并带来审美“无相”的真正实现。建立在主体“道德心性”之上的审美判断，是在良知本心的支配下，超越了具体、经验的美的形式和外观，而达到一种具有普遍性、超越性、必然性的充实光辉、愉悦畅快的精神境界。就在这种境界的达成中，审美判断以“无相原则”为依据并展现了它的作用方式，一方面要在主观上融化掉各种认识能力如理论理性、实践理性、判断力等的区分，另一方面在客观上也要将美的具体形态、原则等加以消除。“无相”对于具体表象、外在因素等的化除和消弭，为真、善、美从分别走向合一、实现“圆善”的审美境界提供了有力的支持。当道德本体呈现于审美的领域，我们就不必再将审美当成沟通感性世界与理性世界的媒介，美对于主体生命力量的增强及培养、对于精神意志的拓展与升华才是问题的重心。

1.“无相原则”的主要内涵

牟宗三认定的“无相原则”，其内涵可以从两个层面来分析：第一层含义，从语义上分析，“无相”即是“无向”，无任何方向、超越具象，显现了中国传统文化强调“有无相通、体用不二”的色彩。“无相”或“无向”首先是受到了道家无为而治、推崇自然之道的启发，“这个‘向’就是老子《道德经》所说‘徼’的意思，‘徼’就是有徼向”①。按照道家的智慧，世间万物一旦有特定的方向、指向，就意味着有了具体目的或者欲求，不仅与自然之道的境界

---

① 牟宗三：《康德第三批判讲演录》（四），（台北）《鹅湖月刊》，2000年第306期。

愈发遥远，反而带上现实功利的气息，显然这不甚理想，唯有回归自然之真的无欲无求方可解决。其次，“无相原则”的提出与儒家道德实践的理想也十分吻合。牟宗三曾说：“无相令人舒服。譬如说道德，你天天表现一个圣人的样子，你这个圣人天天高高在上，谁敢与你亲近呢？你要先把圣人的架子拉掉，那就是圣人没有圣人相。道德的最高境界是把道德相化掉。”①可见，“无相”除了符合道家的主张外，与儒家的道德理想也十分契合。在牟宗三看来，真正道德修为很高的圣人或君子，尽管其智慧修养、内心境界比一般人优越，但这种优越感无须标榜、不必强调，外在依然保持平和谦逊的模样，才能避免带给他人的疏离感或压迫感。反之，如果刻意标榜或者强调自己的智慧、修为，等同于在人际交往中设置无形障碍，不仅会增强道德的规范严肃色彩，且不利于道德以内心接受、自愿自为的方式传播。以上是“无相原则”的第一层含义，也就是从词源发展的角度探索的表层意义，概括来说就是超越了具体、有向的部分，主张更加内在、超越的内容。

“无相原则”的第二层含义，从活动过程来看，强调审美是一种没有任何方向目的的活动，凸显了其闲适、愉悦与自由的特性。依据牟宗三对审美特质的描述，“真正的休息在美……因为愉悦于美的人，他衷心高兴嘛”，“你休息好了，才有道德的奋斗”。② 可知，美特有的愉情悦性能够将各种紧张与冲突进行缓和，将各种表象进行化除，从而让生命获得闲适与放松；同时美的休息静态与道德的奋斗动态并不冲突，反而是道德规范行为的重要补充和协调。牟宗三认为仅从美的个别性，即美的表象、形式和外观出发难以在美的世界里实现真正的自我超越，甚至还会带来审美闲适安乐的加重，这不利于生命的昂扬向上。只有依靠中国传统的智慧，借助“无相”这个既符合审美活动特性，又与道德活动密切相关的概念来思考美，才能将美的安

---

① 牟宗三：《康德第三批判讲演录》（二），（台北）《鹅湖月刊》2000 年第 304 期。

② 牟宗三：《康德第三批判讲演录》（四），（台北）《鹅湖月刊》2000 年第 306 期。

静闲适与道德的不断奋斗结合起来，将审美判断建立在主体“道德心性”之上，以“道德良知”本心为主导，超越具体、经验的美的形式和外观，达到一种具有普遍性、超越性、必然性的充实光辉、愉悦畅快的精神境界。就在这种境界的达成中，审美判断以“无相原则”为依据并展现了它的作用方式，一方面要在主观上融化掉各种认识能力如理论理性、实践理性、判断力等的区分，另一方面在客观上也要将美的具体形态、原则等加以消除。对具体表象、外在因素等的化除的结果是真、善、美从分别走向合一、最终实现“圆善”的审美境界。这就是“无相原则”的第二层含义，是从义理分析的角度审视牟宗三借助“无相”来对审美活动的调整或规定，将其与道德活动相结合并逐渐成为步入“圆善”境界的道德之美。

2.“无相原则”的发生动因

牟宗三就审美提炼出的“无相原则”，是经过数十年的深思熟虑后慎重提出的，其直接原因是对康德美学观的质疑、不认可与改造，但最根本的原因还是其坚定的传统文化立场和对儒家文化精神的倡扬，以及结合西方哲学、当时的时代精神对传统文化的再造。

牟宗三对于美学问题的系统思考是在其晚年进行的，彼时其思想体系已建立、其理论的深度与高度代表了当时新儒学的最高水平，所以，其论述虽然分散在各个篇章之中，但其思考之深刻、关切之悠远，即使在今天来看仍不过时。他对康德美学观的质疑集中在以下两点：其一，从总的方面看，康德依照四个契机、四个方向对审美活动重要的特质、内容进行概括，他认为这是西方的“方向理性”和“精明的思考”，只重逻辑分析，其实是在构建审美的知识论，对于审美现象当然能有详细解说，但对于美之“体”却无所措其手。他主张以“从‘分别说’到‘合一说’”的传统式二步曲来代替之，这样既能认识众象纷纭的审美表象，又能通过认识、体验美之“体”而获得超验之感。其二，牟宗三部分地认可康德美学思想，对于康德依照质、量、程态三个契机得出的结论——美的超功利性、美的普遍性和美的必然性比较认可，但是对关系契机推导而来的美的“无目的的合目的性”原则表示严重质疑，认为康德意在强调美的独立性和沟通媒介作用，他主张转换视角：“在中国这个智慧传统之下，自然与自由两界的沟通是不是需要审美判断来作为媒介呢？”①但“无目的的合目的性”是康德美学思想最重要的基石，正是通过这一原则，康德为上帝的存在留下了一席之地。以上两个方面的分野，成为牟宗三从康德美学严密的系统中脱离而出的直接动力，也造成了两种泾渭分明的审美原则和理论形态。牟宗三提出新的概念、确定新的路径来描述自己认定的美，审美判断的“无相原则”之构建成为其美学论说的关键步骤和整个美学理论的拱顶石，从中展现出中国传统文化的强大生命力和理论整合功能。

与对“圆满的善”“智的直觉”等重要哲学概念的思考截然不同，牟宗三对美学问题的思考一开始就摒弃了康德模式，放弃了全方位、多层次的对比分析，甚至直接表明康德的方式尽管“大体是很正确的，但是，有一个核心的地方不切，总是格格不入”②，转而直接依据中国传统，不论是二步曲还是“无相原则”，都来源于传统哲学天人合一的主张下对个人力量的肯定，以及“人虽有限而可无限”的实践智慧。究其原因，一方面是牟宗三对审美问题的思考发生于暮年，其道德哲学体系已逐渐走向完善和圆融，审美问题只是道德构建的一个补充或构成；另一方面是他对儒家文化，尤其是道德实践、道德理想的认定，使得他对审美的思考不注重美的形式、美的类型等具体问题，而是更加重视美的价值、美的精神、美的品格等宏大而超越的维度。因此，对康德美学的质疑，直接导致牟宗三“无相原则”的提出和对传统文化坚守的立场。

① 牟宗三:《康德第三批判讲演录》(三),(台北)《鹅湖月刊》2000 年第 305 期。
② 牟宗三:《康德第三批判讲演录》(五),(台北)《鹅湖月刊》2001 年第 307 期。

在提出对康德美学的精神义理的质疑并分析其限度后，牟宗三以传统儒家的道德精神为依据构建“无相原则”。结合其道德哲学的构建，他认为只有儒家的“道德良知”是动态的存在，能够“上提下贯”去运行，“仁才能生生不息”①，即是说自然与自由、现象与超验之间即使需要沟通，依靠的也只能是道德而非审美，因此审美只能是道德活动的一部分，相较于康德以美沟通自然与自由、把美作为与真善比肩的一个独立部分，这是二者美学的一个重要不同。他认为以“无相”代替“无目的的合目的性”来概括道德论视角下的审美活动更恰当，因为“无相”首先体现了美的特质，闲适安静、无所事事；其次它也体现着审美背后的道德力量，“无相”即没有特定的方向，不会令人紧张不安，反而给人由衷的快乐，这恰好可给“道德良知”增加审美情感的内容。“无相原则”还暗示着审美与道德相统一的精神，“人在美的愉悦中可以停住，但停得太久了容易耽溺。舒服久了使人落下来，没有振作。……到这个境地，道德出来才能把你提起来”②，审美与道德各有特点的优势，按照康德的思路两界彼此独立，个别性大于同一性；牟宗三则强调在“道德良知”的支撑下，审美赋予道德优美舒适的成分，道德给予审美一定的目的和价值追求，同一性大于个别性。

综上可知，对康德美学、西方分析式哲学思维方式的质疑是直接原因或外在动力，对儒家道德精神的认可、为传统文化开出新路才是构建“无相原则”的根本原因或内在动因。牟宗三对美的论述与思考深深浸染在道德精神、文化终极关怀之中，“无相原则”从一开始就与道德目的、价值主张等内涵水乳交融。

3.“无相原则”的理论构建任务

“无相原则”被赋予了一定的理论构建任务，即依据儒家“道德形而上

① 牟宗三:《康德第三批判讲演录》(七),(台北)《鹅湖月刊》2001 年第 309 期。
② 牟宗三:《康德第三批判讲演录》(四),(台北)《鹅湖月刊》2000 年第 306 期。

学”的实践精神去思考审美活动，使美与道德经验保持一致，理论构建的最终目的则是试图证成传统儒家重实践的道德精神品格高于西方文化的思辨态度。

牟宗三在研读康德美学时，充分肯定了第三批判的体系周密和思辨深邃，却对审美判断“无目的的合目的性”原则尤为介怀，“你一定能拿一个合目的性原则作为它的超越原则吗？这个合目的性原则讲美学是不相应的，不切，滑得太快了”①。进而又说，审美似乎无法像认知活动、神学构建等那样，首先预设一个目的，再通过论证将美往某种目的去靠拢甚至统一，因为“美的意思繁多”且“美之意义太广泛”。牟宗三认定的美，一方面是指日常生活化中美的形式和主观内心的情绪感受，另一方面则是与道德至善合为一体的超验之美。为了使两个层面的审美理论构建得以完成，他必须以“无相原则”取代“无目的的合目的性”原则，将审美在康德哲学中对自然与自由二界的沟通媒介任务解除，进而将美纳入“道德良知”的世界中来，突出儒家“道德形而上学”的动态性和实践性。

就理论构建任务来看，牟宗三对康德美学的改写是为了表达儒道合一、以儒为本的精神。康德通过厘定审美判断“无目的的合目的性”，赋予了审美经验与超验、感性与理性、现象与目的相结合的特质，一方面审美活动是超功利感性生动的个人体验，另一方面却暗合某种抽象的道德目的或宗教精神。审美活动的这种融合特质，恰好可以成为沟通自然与自由的媒介，使纯粹知解的知性立法转到纯粹实践的理性立法成为可能，使自然概念的合法性转到自由概念的目的性成为可能，更使得康德哲学的认识论、审美论、道德论成为一个整体。显然，康德这种三个层面深入分析、三个世界相对独立，但逻辑线索静态关联的方式不适合牟宗三认定的儒家道德哲学。儒家

① 牟宗三：《康德第三批判讲演录》（二），（台北）《鹅湖月刊》2000年第304期。

的道德哲学是“道德良知”动态运行、上提下贯的整体结构,从形而上的层面看,真、善、美的合一是排除个别独立性之后融合,如若再强调自成一体的审美世界,对儒家道德精神而言则将会是一种矛盾了。

牟宗三提出真正的美是“无相”之美,审美判断以“无相原则”进行更恰当,因为“中国人不停在分别讲的美,他往上转,讲无言之美、无声之美、无体之礼、无服之丧。……无相令人舒服”①。这里,他强调的美并非看得见的、具体的形式之美,而是看不见的、无形的精神之美或价值之美。此种美的内涵具有儒道合一特质,道家以无为本的精神最适合审美的安静闲适,而儒家“道德良知”的动态性、呈现性才是美的动力之源,具体而言:

第一,“无相”这一称谓本身就来源于道家的老子,在美学问题的思考中,牟宗三也多次提出“道家所说的逍遥自在,非常舒坦”②,恰好与审美的超现实功利、无所依待、令人安息的特质非常接近,审美就应当以“无”的形态呈现,才能使其背后“有”的目的或主张更易于接受。

第二,道家的自然无为始终无法取代儒家的“道德良知”而成为审美活动的支撑,因为只有“道德实践的心才是主导者,是建体立极之纲维者。因为道德实践的心是生命之奋斗之原则”③,这里“道德实践的心”即是“道德良知本心”,在其整个哲思系统中反复强调唯一具有本体论地位的概念,是一般主体实践活动的动力和支撑,自然也是审美活动的主导。“无相原则”的构建,实际上遵循着从审美至道德,以审美为动因,以道德为目的之思路。通过“无相”,解析出“分别说”的美与“合一说”的美两个层次,首先完成了审美理论的构建;再通过论述“合一说”的美是真、善、美融合为一的“圆善”

---

① 牟宗三:《康德第三批判讲演录》(二),(台北)《鹅湖月刊》2000 年第 304 期。

② 牟宗三:《康德第三批判讲演录》(二),(台北)《鹅湖月刊》2000 年第 304 期。

③ 牟宗三:《康德〈判断力之批判〉·卷首》,载《牟宗三先生全集》第 16 卷,(台北)联经出版事业公司 2003 年版,第 80 页。

之美，将审美活动与道德实践活动挂钩，强调只有道德实践本心才具有生生不息的力量，与整个道德哲学的主旨保持一致。

可以说，“无相原则”的构建之路，不仅是道德论美学本身得以完善的必要步骤，也是论证“道德良知”概念具有动态运行、涵盖一切功能的必要过程。

4.“无相原则”的目的、主张

就“无相原则”的目的、主张而言，牟宗三对“无相原则”的构建、对康德美学的调整，是为了强调传统文化的实践理性高于西方文化的思辨理性。正如之前的分析，牟宗三对审美问题的思考始终未脱离传统文化，尤其是儒家道德论的语境，审美论的独立性相对弱化，道德论的本体地位却相对强势。笔者认为是其暮年业已形成的儒家文化立场以思想信念的方式存在着，无可避免地成为其看待一切问题的出发点。牟宗三用具有儒道合一特质的“无相原则”替代康德的“无目的的合目的性”原则，以“无”来提携本应十分复杂的审美问题，如审美表象、形式、感受、境界和品格等，有其自身的理论构建目的或主张，具体而言：

其一，强调两种审美判断原则的背后存在着两种不同的思想文化传统，“西方的理性主义不是从人文主义来表现，而是从逻辑、数学来表现。中国人把握理性是从人文主义来表现，从人文化成来表现”①。牟宗三在此强调的传统文化人文主义精神其实是一种道德实践，形而上的超验之理最终要落实到日常生活当中，即“它有其具体的内容，它的具体内容要靠现实的生活、人间实践的生活”②来呈现，否则就永远是一个纯理论的假设而缺乏现实意义。这种对中西方文化差异的界定，在审美论中的体现就是“无相”，它强调真正的美是没有特定方向的，美的具体形式被超越、精神价值的内容

① 牟宗三：《康德第三批判讲演录》（一），（台北）《鹅湖月刊》2000 年第 303 期。

② 牟宗三：《康德第三批判讲演录》（一），（台北）《鹅湖月刊》2000 年第 303 期。

被强调,纯粹、独立的美是有限的形而下层面的审美表象,“无相”、超越的美则与道德实践精神、个体生命历程相通,更能展现美的精神品格。在此层面上的美善合一同时也是美善互补,美的轻松愉悦特性可以弥补善的道德规约色彩,善的价值主张又可以提升美的具体内容,使得美不再是狭隘的艺术之美或形式之美,而是道德之美、价值之美。与中国传统文化不同,康德的审美判断原则具有感性与理性融合色彩,显示的是“二律背反”的思维方式,审美的定位也十分清晰明白,即沟通二界的媒介,显现出西方逻辑分析的知识论传统。

其二,坚持认为传统文化的精神品格优于西方。在牟宗三看来,康德构建的哲学世界是道德神学,依存的是西方文化“无限归无限,有限归有限”的分析哲学传统,概括而言它是“逻辑的、数学的”,呈现出的是一种思辨理性精神,其优点是对问题的分析详尽透彻,逻辑线索清晰,概念术语朗现;缺点则是整体性、实践性不够,超验、理性的内容难以与经验、感性的生活连接起来,审美被定位为与知性、理性并存的独立世界。而牟宗三认为自己在传统文化的基础上构建的哲学系统是“道德形而上学”,依据的是“人虽有限,但人可以通过修养取得无限的意义、无限的性格”①这种整体性、实践性的文化传统,此种文化语境或许难以形成详尽周全的分析论、知识论,却体现了一种无形而高妙的人文精神品格。儒、释、道三家都充分肯定个人的无限潜能,认为通过恰当的途径人人都可以成圣人、成真人、成佛等,以无限可能的眼光看待有限的个体,有限与无限从未截然分开,无限的义理需要有限的表象承载,与西方文化相比,具有“很高的境界,中国人喜欢往上讲”②。综合牟宗三的各种论述,他认为西方传统的美学探究还停留在知识层面的探求,而中国传统的“无相”原则支配下的审美所强调的则是个体的内在修

---

① 牟宗三:《康德第三批判讲演录》(六),(台北)《鹅湖月刊》2001 年第 308 期。

② 牟宗三:《康德第三批判讲演录》(二),(台北)《鹅湖月刊》2000 年第 304 期。

为，在此种语境下，审美活动必然会开拓自身的范围，获得超越无限的形而上内涵。

由此可见，“无相原则”发生于审美活动之中，与其认为美的安静闲适特质契合，又发展到道德论的世界之内，与儒家“道德良知”的动态性、涵盖性一致，更重要的是牟宗三在“无相”的构建中，遵循着以审美论述文化、以审美比较文化的研究方法，审美活动分析是起点，展现自身对传统文化精神品格的肯定才是目的，在审美独立性、个别性被压缩的同时，与“道德良知”、人文精神的合一性却获得了拓展。

（三）牟宗三审美本质论的内涵

牟宗三认为，美的本质就是审美判断以“无相原则”对审美对象的鉴赏、体验与感悟之时显现出来的基本性质和普遍规律。它与康德依据质、量、关系、程态四个契机而得到的结果是一致的，即是说美的无功利性、普遍性、合目的性、必然性也是牟宗三以“无相原则”来规定、引导审美判断而得出的审美本质论的具体内容，但在实现的方式与过程中却表现出与康德不同的思路。

第一，牟宗三认为，由审美判断的“无相原则”也必然能推导出审美是“不能有任何利害关心，当然也不能有任何目的”①的主体活动。以审美主体为依托、以审美心灵的感悟为场域，主张“无相”代替“有相”、自然无为提携欲望功利，就意味着审美主体达到“无美相之美”②的状态。此时不为任何一己狭隘的物质、利益或欲望所牵引，在审美活动中不会出现既定的方向或特定的目的，不受方向和目的所左右就不会令人紧张生畏，那么审美的精神愉悦性与超现实功利性就在此状态下实现了。

① 牟宗三:《康德第三批判讲演录》（六），（台北）《鹅湖月刊》2001年第308期。

② 牟宗三:《康德〈判断力之批判〉· 卷首》，载《牟宗三先生全集》第16卷，（台北）联经出版事业公司2003年版，第84页。

第二，在“无相原则”规定下的审美判断活动中，也显现了“愉悦于美之美感有普遍性”①的意义。审美主体的想象力与知解力，在形式上是主观自愿地将自我投入美的对象世界里；在内容上却渗透了“道德心性”的色彩，“道德心性”成为它的力量源泉，使其能够保持积极向上的姿态。那么渗透了道德色彩的想象力与知解力必然会洞悉蕴藏在审美对象背后的道德本体。当想象力与知解力和对象的本质在“道德”这一关节点上和谐一致的时候，审美主体内心的幸运感与满足感得到强调，那么审美就成为普遍而真实地令人愉快的事情。

第三，审美判断以“无相原则”为依据，也暗合了“道德目的”。牟宗三说，“善就是我们的意志自由为建立道德的善而皱起来的。既然可以皱起来，也可以平伏下去。独立意义的善到了合一境界，善无善相”，“把真相、善相化掉的没有相的那个地方就显美。在没有相的分际上讲美”②。在此，他以审美的“无相原则”将道德目的与审美活动之间的隔阂消除。“无相”强调的就是审美主体在审美活动中，不受外在目的牵引和内容制约，以一种超然物外、无所依待的方式将现象界的各种表象化除，将人的欲望冲动减弱甚至消除，将他们带入超越而圆满的境界。它主张不着痕迹、自然而然地进行，就好像我们眼中的圣人君子尽管已经十分高妙、超脱，但也毫无圣人的架子或相貌而令人生畏。不令人紧张、不给人压力，这是圣人君子人生修炼的成功之境，同时也很好地说明了审美通过“无相”的形式，可将主体带入超越境界、领悟道德目的的义理。可见，审美在本质上是一种自我超越的行为，是那种弥补了道德行为的强制、认识活动的单向，主张经验主体以一种平和、自愿、愉快的方式来超越感性和经验，进入以“道德良知”为核心的彼岸目的世界的过程。

---

① 牟宗三:《康德第三批判讲演录》(八)，(台北)《鹅湖月刊》2001 年第 310 期。
② 牟宗三:《康德第三批判讲演录》(十四)，(台北)《鹅湖月刊》2001 年第 316 期。

第四,“无相原则”引领下的审美判断,使得美的必然性也呈现出来。牟宗三对康德依靠审美共通感来实现审美必然性的观点是认同的,康德认为人们在审美活动中所获得的审美情绪与感受,能够引申出道德情感的成分,那么这种情感就不再是纯粹个人的、主观的,而是一种审美共通感。然而他又接着指出康德在审美情感的主观形式下引申出道德情感的内容,这种过渡依然是一种可能而不是必然。如果审美判断在本质上不是“主观合目的性”,而是在道德力量支撑下的“无相”或“无待”,那么审美情感就是产生于道德人格结构中、以“道德心性”为基础的,是超越了个人感受、喜好和偏爱而具有义理内容和价值成分的情感。从本质上说,“道心”与“妙慧心”、审美情感与道德情感是合一的,因为“不要说我们日常生活中一切言论行动都统属到道德目的,我们整个四肢百体也系属到道德心性”①。因此发生在主体对审美对象的体验与感受过程中,通过内心对审美表象背后的道德意义的认可与接收可以引发“至善”的道德情感。通过这种道德情感,个人与他人、个人与群体能够在审美活动中实现沟通与交流。

可见,牟宗三认为“美”在本质上,就是以“道德心性”为发生的主体条件、以“道德良知”为客观的外在引导,在“圆善”光辉的涵盖与充实之下表现出的无功利性、普遍性、合目的性、必然性。道德目的以自上而下、自然落实的方式显现在审美活动中,使得“美”成为在保持自身愉悦超脱和闲适畅快的外在形式下,以不着痕迹、无所偏向的方式令主体在美的世界中实现自我超越和自我提升的精神行为。

三、小结

牟宗三以独特的“道德形而上学”的立场,对审美判断的超越原则赋予

① 牟宗三:《康德第三批判讲演录》(十一),(台北)《鹅湖月刊》2001年第313期。

了“无相”内容，再以此为前提条件返回审美活动本身，就康德以四个契机为介入点提出的“美”的四个性质，作出了另一番论证。他通过规定“美”的超越层面以及“美”的形而上意义具有道德的内涵，使得美的无功利性、普遍性、合目的性以及必然性直接建立在“道德良知”的基础上。那么由这四点构成的美的本质内容，实际上就是与真善合一的、涵盖了真善内容的本体之“美”在具体的审美活动中显示的必然性与规定性。如果再进一步分析，我们会发现牟宗三以康德的审美判断论与审美本质论为基础上的这一转化，表现了目的一致、结果相同，但逻辑起点与论证方式却相差甚远的情况。这种有意识的选择与舍弃，却恰好体现了牟宗三对于审美本质思考的价值倾向。牟宗三依据自身对“美”的理解，认为康德美学的最大问题或局限就是：

> 他是将美的判断之本性上的无所事事，说成一个为美的判断所必假定的一个形式目的性。实则此形式的(主观的)目的性只是美的判断之无所事事，只是主体中诸认识之能之谐和以及其对于自然之无间的几应。然而此只是美的判断之本性。而不是它的一个超越原则。①

显然，牟宗三对康德所厘定的美的无功利性、普遍性、合目的性与必然性是十分赞同的，只是不满意康德时刻以审美判断的主观性、反省性为思考前提，总是在强调美的形式特征后再赋予它道德目的的内容。康德的“主观合目的性”只是阐明了审美判断力的本性，而没有揭示美的超越原则和本质依据。因此，康德在审美活动内部的执着与坚持，才是牟宗三反对的重心。由此，牟宗三对康德审美本质论作出了有意识的改写与转换。鉴于康

① 牟宗三:《认识心之批判》(下)，载《牟宗三先生全集》第19卷，(台北)联经出版事业公司2003年版，第724页。

德“开始是想建立一个超越原则,但因他不能将此超越原则归于道德目的或神,所以他又不能真实地建立之”①的局限,牟宗三将“美”建立在“道德良知”这个目的论本体之上,认为它有足够的力量去决定美的本质并贯穿审美活动的始终。在美善之间、在美与善的关系上,他偏向了后者。依据牟宗三对“无相之美”的概括,“从分别讲的审美判断的无向性,我们就可以达到真、善、美合一讲的那个无相”,我们可以用更为简洁明朗的话语来概括牟宗三的审美本质论,就是“美善合一”。美的本质是对于审美超越品格、价值内容、形上意义的概括,而决定这些内容的因素,在牟宗三看来就是“道德良知”,因为超越层面的“美”与善已经合而为一、难分彼此;或者说,“道德至善”的力量对于审美进行必然的提升、融合,使得审美在超越层面上已然消融自身、去除差别,而完全纳入道德的光辉中。

① 牟宗三:《认识心之批判》(下),载《牟宗三先生全集》第19卷,(台北)联经出版事业公司2003年版,第724页。

第四章　牟宗三美学思想的文化观

牟宗三的美学思考脉络，从时间角度看发生于其暮年道德思想成熟之际，从学理角度而言产生于“道德形而上学”体系建构基本完成之时。基于其特殊的产生背景，外加“道德良知”被赋予的“上提下贯”的动态功能和创生地位，我们认为牟宗三认定的审美具有浓厚的道德精神和道德义理，与专业的艺术美学或形式美学相去甚远，更像一种价值美学或文化美学，有着宏大和形而上学的特质。正因如此，不少学者认为它是难以厘定的。笔者认为全面客观地评析牟宗三美学需要从文化立场和道德本体两个方面入手，前者与牟宗三美学形成了因果关系，后者与牟宗三美学形成了共构关系。因“道德与美”的关系宽泛而复杂，笔者也撰写过不少相关学术论文，故本书以还原剖析牟宗三思考审美问题的文化立场、思想主张为主，这是进行牟氏道德论美学研究的重要步骤，能够找到其美学思考的动因和美学定位的由来。

牟宗三美学思考脉络的文化立场，可以从中国文化与西方文化、人文生命与科学逻辑、本体论与工夫论之间的关系进行分析。牟宗三在其暮年针对康德第三批判的演讲和评论中，时常遵循着三个层面分阶剖析、六个要素提炼概括、两者比较高下的分析逻辑式思考，并逐渐形成了自身的文化理念，再以一种完整的知识论、鲜明的思想观等方式去影响美学思考、审视美的世界。文化问题与美学思想密不可分,文化立场就是美学思想的前提条件和预设框架。审美论的几个重要问题,如审美判断“无相原则”、美的“合一说”与“分别说”、以道德为本体的“圆善”之美等,皆体现了文化立场的参与、文化观念的影响。

第一节　文化立场详解

美学专论文本《康德第三批判讲演录》(以下简称《讲演录》)以十六次演讲的方式全面展现牟宗三的美学思想,以对康德《判断力批判》的解读和批评为起点,以儒家道德精神的强调为目的,其中也正面回答了美的概念定位、结构层次、价值义理等问题。《讲演录》与牟宗三中前期的著作相比,尽管存在不少共通议题,如中西哲学的异同、中国哲学文化的特质等,但全然摒弃了惯用的对比论证、归纳整合的分析哲学方法论,而以观点立场鲜明、整体重于局部的理论构建式方法论予以表述。中国哲学及文化的境界最高、儒家道德的功能最强,是贯穿思考历程始终的态度,也是分析康德美学、构建自身美学的基调。究其原因,一方面是美学探索的发生时间为晚期,其哲学文化观、复兴任务、个人期盼等主观认知业已成熟;另一方面是在其学术思想的整体中,按照概念定位、领域划分的原则,只有“道德良知”具有涵盖一切、动态呈现的功能,审美与认知皆不具备,因而审美问题只是作为一个构成部分被纳入“道德良知”的世界。

牟宗三在审美思考脉络中的文化立场鲜明朗现,可概括为以下三点:

一、中国文化的境界高于西方文化

牟宗三在讲解审美问题之时,时常表达对中国文化境界高妙的看法,如

“中国传统高于西方人。所以,我一方面通过康德的长途历程,最后拿中国传统来消化它,使它百尺竿头再进一步”①。结合上下文本可知,康德的三大批判涉及道德、认知、审美三个领域,但在牟宗三看来,康德的规划是三个领域相对独立,再以审美作为桥梁将其连接的静态世界,无法达到中国传统文化重动态呈现、实践生命的高度。因而对康德第三批判的解析是展开自身构建、阐释概念问题的参照物和起跳板,改善传统文化有义理无层次、有境界无结构、有践仁呈现无概念厘定的缺陷才是目的,唯有充实细致的内容,才能完成传统哲学文化与当今时代的衔接,寻找当下的意义和生长点。

关于“中国文化的境界层次更高”的论说,牟宗三还从特质概括、内容比较两个方面予以展开。就特质概括而言,早期的哲学著作的说法是“中国哲学重‘主体性’与‘内在道德性’”,西方哲学则“重客体性,它大体是以‘知识’为中心展开的,它有很好的逻辑”;②晚期在美学思考中则直言中国文化的特质是“有而能无,无而能有”,西方文化的特质却是“有者不能无,无者不能有”。③ 从对相同问题的不同回答可以看出,前期牟宗三的文化立场以客观阐释、具体比较为主,后期的文化立场则属于价值判断、高低品评。这使得美学思考首先是一种文化立场的表达,文化态度先于美学建构、文化复兴目的重于美学义理。在美学问题的思考脉络中,牟宗三展现了对中国文化的信任、肯定甚至褒扬,立场更为坚定、态度更加明确,直接表明西方文化的成就仅限于知识论和逻辑思辨上,展现的是各自独立、静态存在的世界观,而中国文化的智慧却暗示一切皆能转化、一切皆可提升的动态世界观,并断言在精神境界上,后者更高。就内容比较来看,对中西文化特质的比较

① 牟宗三:《康德第三批判讲演录》(十三),(台北)《鹅湖月刊》2001 年第 315 期。

② 牟宗三:《中国哲学的特质》,载《牟宗三先生全集》第 28 卷,(台北)联经出版事业公司 2003 年版,第 4 页。

③ 牟宗三:《康德第三批判讲演录》(十),(台北)《鹅湖月刊》2001 年第 312 期。

也表现出中前期和后期的差异。例如在早期文化哲学问题的思考中，牟宗三以生命与自然、主体性与客体性、道德论与知识论等多对范畴的比较，展现中西文化的差别，采用具体的、局部的对照分析法；晚期则进行了全新的概括和比较，“用中国儒家的思想讲，就是完成道德的形上学……照基督教的传统讲，也就是完成道德的神学”①；这里中国式“道德形而上学”与西方式道德神学之间有本质的差别，前者展现儒家重生命实践、主体修为的内在性道德精神，外部的天道至理也可以用主体内在的道德精神去领会与沟通，内在与外在、个人与天地万物之间没有绝对地分开，属于整体论思维模式；后者展现此岸与彼岸、个人与神灵之间绝对的距离，此岸的个体通过不懈的努力或许可以无限接近彼岸世界，但永远无法完全达到合一的二分思维模式。因而牟宗三的美学思考中尽管有不少中西文化内涵之间的比较，但更多是从宏观的、整体的、精神品格的角度进行的。

由此可知，在美学问题的思考脉络中，中国哲学、文化境界高于西方哲学、文化已成为牟宗三比较稳定的看法并将其落实在审美构建中，一改中前期惯用的分层比较法，而以直接论述的方式去告知人们“什么是美”，将美与道德之善进行挂钩、融合，确立一种道德色彩浓厚、价值立场明显的美。

二、人文生命优于科学逻辑

在牟宗三的美学思考脉络中，人文生命与科学逻辑之间的比较承接中西文化的判断而来，也是美学具体问题解答之前确定的文化立场之一。隶属于主体的人文生命与客体的科学逻辑之间的比较，在牟宗三学术思想中多次出现，通过比较中前期与晚期的看法会发现，由“地位相当”演变为“人文生命更重要”。在中期学思代表作《中国哲学十九讲》中，牟宗三将科学

① 牟宗三：《康德第三批判讲演录》（一），（台北）《鹅湖月刊》2000 年第 303 期。

知识、逻辑分析等视作“外延的真理”,道德审美、文学艺术则是“内容的真理”,在肯定以科学知识为代表的外延真理的学理地位后,提出“我们在外延真理以外,一定要承认一个内容真理。这种内容真理不是科学知识,它不能外延化,但是它是真理”①。此时,牟宗三的态度是两者地位相当甚至科学逻辑更高,因为基于客观事实,它为西方世界带来了科技理性和形而上学知识论,与之相对的人文现象是非“外延”的,即主观性强,无法给出关于外部世界,如自然、宇宙的专门知识,活动的场域也只限于主体内在的情感和生命。牟宗三以传统文化的整体合一方法论为人文生命发声,将其地位设置为与科学逻辑相当,“我们的人生是整个的,你为什么特别突出那一面,只承认科学知识的真实性而抹煞了这一面的真实性呢”②? 可见,中早期针对人文与科学这一命题的论说,牟宗三遵循着首先肯定科学逻辑的客观地位,再强调主体的内在世界值得关注,进而将二者划分为不同类型进行比对的方法,并未展开价值判断或高下之评。

但细读牟宗三晚年美学思考时关于这一命题的论说,会发现其从科学逻辑的立场中跳转而出,直接站在人文理性更优越的立场进行表达,“把科学看成是了不起的神,其实科学是最平常的东西嘛,最普通的理性”③,“西方的理性主义不是从人文主义来表现,而是从逻辑、数学来表现。中国人把握理性是从人文主义来表现,从人文化成来表现”,“逻辑理性、数学理性有逻辑、数学作证据,但那个理性还是抽象的,还不是真实的理性。真实的理性是儒家所说的理性”。④ 一改先前分类比较的路径,牟宗三此时一方面将

① 牟宗三:《中国哲学十九讲》,载《牟宗三先生全集》第29卷,(台北)联经出版事业公司2003年版,第25页。

② 牟宗三:《中国哲学十九讲》,载《牟宗三先生全集》第29卷,(台北)联经出版事业公司2003年版,第23页。

③ 牟宗三:《康德第三批判讲演录》(十),(台北)《鹅湖月刊》2001年第312期。

④ 牟宗三:《康德第三批判讲演录》(一),(台北)《鹅湖月刊》2000年第303期。

科学万能说、功能论予以解构，批评近现代知识分子过度崇尚科学的偏颇态度，将其放在最普通的理性范畴并去除神圣的光环，认为通过专业的方法、定律可以造就我们自己的科学知识和逻辑系统，过度强调反而会淡化人们对传统文化的关注；另一方面将人文主义、道德精神进行强化，认为这才是中国哲学文化的特殊价值，与科学逻辑的可操作性不同，其地位、义理是无法复制及取代的，需要道德主体凭借个人心性去领悟其中的义理。在儒、释、道三家哲学思想中又特别强调儒家的"道德良知"，赋予其宽广的内涵、多样的功能，在实践理性、人文精神、生命关怀等特质上进行更多的扩展，为中国文化发声、为中国哲学扩大影响。

从以上对比可以看出，晚年牟宗三的文化态度已发生明显改变，从先前人文与科学"地位相当"跨越到"人文生命更加优越"，在观点朗现的背后暗示着他对儒家文化的深厚信仰和回归情怀。

三、本体论与工夫论同等重要

在确定中国文化境界更高、人文生命更加重要后，牟宗三表达了本体论与工夫论同等重要、需同时着力构建的看法。第一、二层次属于文化立场的直接表述，本层次的内容则属于文化立场予以落实呈现的具体路径，也明示出审美的理论问题和具体表象之间的独立、统一关系是如何展开的。与其他理性主义哲学流派一样，牟宗三亦认为本体论是关于世界本质、本源的思考，试图以一个概念或内核去解释世界变化多样的现象及事物，属于形而上超越层面的探索；工夫论则深受传统文化，尤其是儒家文化中君子内在修为的影响，借助西方逻辑思辨、层析划分的方式为本体世界的核心概念进行补充论说和形式支撑。两个层面同等重要，中国哲学本体论深厚故需要保存和提炼、工夫论薄弱故需进一步加强的看法，贯穿牟宗三学术思想的始终，所不同的只是概念选择。中早期采用"无执的存有论"和"执的存有论"这对概念,如“依中国哲学底智慧方向,就着康德的现象与物自身之超越的区分,最后建立执的存有论与无执的存有论”①,“执的存有论”特点是“静态的”“就现象之存在而言其可能性之条件也”,“无执的存有论”特点为“动态的”“就存在着的物而超越地明其所以存在之理”。② 可见,“无执的存有论”是针对本体世界义理内涵的分析解答,“执的存有论”则是对现象世界各种认知和规律的归纳,前者是超越而整体的,后者是经验而详细的。

在有关美学问题的讲解中,牟宗三不再使用理性哲学色彩浓厚的存有论来解说,而运用本体论、工夫论这对范畴进行。他强调,“你要通过实践来体现美、大、圣、神。要体现,就要讲工夫。讲道实践就是讲工夫,不光是分解地来了解本体,也要通过实践来讲工夫”③。美、大、圣、神这些义理及内涵在中国哲学文化中非常丰富,但详细探究之后会发现,古典文人和流派对其是反复谈论多、构建解释少。在接受效果上,对于少数个人修为高的个体而言,这些概念的意义价值、内涵趣味是显著的;对于其他人而言很可能就只是一些空洞的词语,甚至因为没有详细地解释而引发误解。进而他又说道:“照西方哲学从分解的路一步一步给你达到的,中国人以前一句话就给你讲出来了。……中国文化的一切毛病就从这里发,一切精彩也从这里见。所以,现在吸收西方的东西、补充西方文化就是要把中国的这些理境能够定住,能给它一个 justify。现在中国人最困难的是这一步。”④这里,牟宗三进一步表达了其对本体论、工夫论的认识,即中国哲学文化的本体论内容是丰富而详实的,甚至可以说中国文化的智慧就是本体论的智慧,用一句玄

① 牟宗三:《圆善论·序言》,载《牟宗三先生全集》第 22 卷,(台北)联经出版事业公司 2003 年版,第 11 页。

② 牟宗三:《圆善论》,载《牟宗三先生全集》第 22 卷,(台北)联经出版事业公司 2003 年版,第 327 页。

③ 牟宗三:《康德第三批判讲演录》(十),(台北)《鹅湖月刊》2001 年第 312 期。

④ 牟宗三:《康德第三批判讲演录》(十二),(台北)《鹅湖月刊》2001 年第 314 期。

妙的、充满哲理的或者宏大的话去概括一切，没有更多的说明和解释，接收时产生多重解读和意义。这是优势，也是劣势。优势之处表现为境界高、道理深；劣势之处则是没有论证的过程、没有完整的结构及形式，也未能推演出更多的内容。因而，工夫论的意义，就是为境界高妙的中国文化从内容和形式两个方面进行充实，保存本体论的本来原貌和精神义理，再为其增加形而上学的华丽外衣。这一步是复杂而困难的，一方面要突破传统文人、文化的固有视野和思考模式，另一方面则必须通读西方哲学、了解西方文化，借助逻辑思辨、理论构建的智慧来对中国文化进行必要的加工。

从“无执的存有论”与“执的存有论”到“本体论”与“工夫论”，尽管它们在内涵上没有太大差别，但在概念调整的背后，体现着牟宗三日渐坚定的儒家文化立场和繁复思考之后的简化，依此儒家文化的特质被概括、核心地位被突显，而西方哲学的理性主义思维方法却始终只是形式的借鉴。

第二节　文化立场与美学思考

文化立场，尤其对传统文化的支持态度是影响牟宗三道德论美学的重要因素之一。尽管美学构建的思想来源及内容结构比较复杂，除了上文提到的文化立场外，康德美学、道家美学、生命美学等也是无法忽视的因素，但仔细分析后会发现，文化立场比较显著地影响着牟宗三以下几点美学见解。

一、中国文化境界高于西方文化，使得审美与道德的循环关联论确立

在牟宗三的学术思想中，审美与道德关系密切，梳理其美学思考的历程会发现，两者之间遵循着从道德的涵盖性出发推演到“分别说”审美现象的

独立意义,再到合一层面与道德融为一体的循环关联式脉络。将儒家的“道德良知”概念强调并将其与审美发生关联,牟宗三颇费了一番工夫:第一个步骤将康德哲思中审美的中介桥梁地位解除,将沟通自然与自由、现象与本质的任务交付给道德,“审美判断负担不了这个责任……依中国传统,道德目的直接贯下来,用不着借助媒介”①。第二个步骤强调中国传统儒、释、道三家的精神义理都主张三个世界的和谐动态统一,不需要康德式的静态知识论设置,“真善美合一说的美。这种境界,中国儒家、道家、佛教都喜欢讲”②,依此强调自身的文化立场并非西方分析逻辑式的,而是中国传统式的。第三个步骤则是在传统文化资源中高举儒家道德论,“中国传统直贯的讲法,从哪个地方看出来呢?这要照儒家讲,不要照道家、佛教讲……中国传统直贯的讲法就从儒家的 moral metaphysics 看出来,道德目的直贯到自然目的”③。通过这三个步骤,牟宗三为美奠定了一种基调、规定了一个范围,让审美历程与儒家的道德实践发生一种必然性的关联,无论“分别说”层面的审美现象、审美体验有何种独立的意义,最终都要由道德活动的动态性、开阔性来支撑,也形成了道德——审美——道德这样的循环关联态势。

以上三个步骤的重心虽然是文化和道德,但无形之中也在构建审美,一方面它解答了本体层面的美是道德之美或价值之美,另一方面也肯定审美在现象层面的独立特征,前者是本体和主导,后者是外化和表现。道德与审美的紧密关系之所以能够在牟宗三的学思中进行构建,与其认定的传统文化,尤其是儒家文化的境界高妙、资源丰富是分不开的,如果他没有晚年逐渐稳固的传统文化信仰,直接将美依存在“道德良知”之上的结论或许就无

① 牟宗三:《康德第三批判讲演录》(三),(台北)《鹅湖月刊》2000 年第 305 期。

② 牟宗三:《康德第三批判讲演录》(三),(台北)《鹅湖月刊》2000 年第 305 期。

③ 牟宗三:《康德第三批判讲演录》(三),(台北)《鹅湖月刊》2000 年第 305 期。

法提出了。

二、人文生命更加重要的看法，使美的核心要素“闲适愉悦、平静自然”得以形成

正如前文的分析，在牟宗三看来人文生命属于主体内在性范畴，科学逻辑属于客体外在性范畴，依其立场，人文生命对主体的观照在精神义理上高于科学逻辑对自然的探求，因为前者是变化无限的，后者是静态有限的。这种重视生命历程、个人修为的文化观点在牟宗三学思晚期表现为其对审美生活气息、生命体验等特质的强调。牟宗三认定的美，从超越层面来说是道德之美，内容以道德哲学、价值义理对审美的涵盖为主；从经验层面来说就是生活之美，内容以感性鲜活、生动有趣的审美现象为主，如“春天的风光是最美的，大自然摆在你眼前，整个是美的景色”①，“这就是生命，这个地方就是美，美就在这。中国人喜欢讲这种意义的美”②。可以说，牟宗三是以道德哲学家的方式去论美的，构建、确定审美的本体意义与其学思一脉相承、毫不费力；但思考美的特殊性时，却呈现出“非专业不完整，有品格视野广”的特点。就“非专业不完整”来看，在牟宗三的美学思想中，没有艺术类型划分，没有针对文学文本的细读方法，更无针对造型艺术的材质、结构、线条等的关注，即使是对唐诗宋词等文艺形式的评论，也仅停留在个人阅读感悟的层面；此外，在美学的基本问题中只回答了审美本体论和结构论，其他如审美创作论、作品论、形式论和接受论等都是缺失的。就“有品格视野广”来看，经验的美几乎全部展现在日常生活和生命历程之中，主体的生命、生活就是审美活动的依托，“美的领域使我们的精神平静下来。这是最

① 牟宗三:《康德第三批判讲演录》(八),(台北)《鹅湖月刊》2001 年第 310 期。

② 牟宗三:《康德第三批判讲演录》(九),(台北)《鹅湖月刊》2001 年第 311 期。

舒服最快乐的时候。所以,美的领域是生命之源"①。美的闲适、平静、愉悦并非牟宗三的独创,但他却能够将这些普遍的审美元素推延到生命历程中去,增加自身审美见解的含金量。尽管这无法弥补其美学思想的缺陷与不足,但需要指出的是,借助"生命"这个载体,牟宗三拓宽了美的表现、落实了美的功能,凸显其关怀、契合人文生命的独特品格,其美学思想从纵向看不够深刻、不够有层次,在横向上看则是格局较高、视角宽广、生命意识浓厚。这显然与其文化立场,即信任传统文化、保存并强化传统文化的人文精神与生命意识关系密切,审美体验的过程显然也是对个体生命实现观照和安顿的过程。

由上述分析可知,经验之美的认定与"人文生命高于科学逻辑"的文化立场直接相关,二者有承接递进关系。牟宗三首先在文化态度上强调人文精神,进而在审美体验中紧扣主体生命,借助生命的普遍性和流动性去思考美的独到之处,不同于道德的自律与动态,审美的闲适愉悦、平静和谐更贴近个体的生命和内在的需求,其在完成审美特殊性思考的同时,也体现了与众不同的方法和视角,即以文化论美、以生命论美的方法和视角。

三、对工夫论的强调,体现为对美学概念的厘定和思想体系的建构

牟宗三强调工夫论,从某种意义上说是为了给感悟玄妙的中国哲学、文化进行一些形式与内容的补充,毕竟一种思想如果缺乏多层次分析、多角度论证和完整形式的构建,会给世人一种模糊多变、难以捉摸的印象,亦与认识论传统下的西方理性主义哲学无法比较沟通。工夫论大致由这几个部分构成:概念的提炼界定、结构层次的划分、各层次的内涵分析、各层次之间的

① 牟宗三:《康德第三批判讲演录》(九),(台北)《鹅湖月刊》2001 年第 311 期。

相互关系、整体视角下的综合等。在审美探索中，牟宗三做了大量工夫论层面的工作，尤其是审美概念的厘定和审美思想体系的构建。

就审美概念的厘定来说，“无相原则”“圆满的善”“智的直觉”等概念都经历了反复的思考与论证。“圆满的善”和“智的直觉”属于道德性大于审美性的概念，因而在此不做过多地阐释；“无相原则”是其主动提出、用心构建的纯粹美学概念，故可详细分析。“无相原则”的起源动因是对康德审美判断原则，即“无目的的合目的性”原则的不赞同。在牟宗三看来，康德厘定的审美判断原则是一种感性与理性、经验与超验的融合，是为了突出审美的沟通桥梁作用而设置的，而中国传统文化似乎不需要这样一个中介去衔接自然与自由二界，甚至依照儒家的思想，“道德良知”上提下贯的动态特质本身就是跨越二界的，不需要审美去沟通。“无相原则”的主要内涵是说审美没有特定的方向或目的，它本身就是一种闲适愉悦的历程，“我说，美的超越原则是无相原则……到无相原则的时候，不但美无美相，同时真无真相、善无善相”①，故审美判断的“无相原则”一方面尊重了审美特有的无所依待、愉悦闲适、超越功利的特点，另一方面又能够与儒家的道德实践活动进行关联，因为超越层面的善、真也是没有方向或目的的。“无相原则”的理论依据是儒家的“道德良知”和道家的自然无为，是儒道精神的合一，汲取道家的自然无为是为了凸显审美的愉悦闲适，而强调儒家的道德精神则是为了以善提美、以美补善，将美最终纳入善的世界中。因而就牟宗三审美判断“无相原则”的构建历程来看，是一次将中国古典色彩浓厚的概念进行现代知识论阐释的尝试，这样的努力使“无相原则”概念不再是一个玄妙的说法，而是内涵丰富、层次清晰、结构合理的存在。

就美学思想体系的构建来看，可从牟宗三论述的审美本体论、结构论进

---

① 牟宗三：《康德第三批判讲演录》（七），（台北）《鹅湖月刊》2001 年第 309 期。

行分析。美的本体为何？对于这一问题，诸多美学家都有自己的答案，而牟宗三的回答是儒家的“道德良知”，因为道德才可以“上提下贯。上提就是提到道体，下贯就是说全部现象世界通通从道体那里创生出来”①，唯有涵盖面宽、功能强的“道德良知”才具有本体的地位，且“依照中国儒家讲，全部世界通到天命不已那里，这是道德形上学的观点”②，道德是全部世界的提携，自然也是审美活动的支撑。在审美活动中，道德具有本体论的地位，美学独立意义可从“分别说”的审美现象去了解。就审美结构论来看，牟宗三是按照从“分别说”到“合一说”的二步曲来解答的，“分别说的时候，真是真、美是美、善是善，各自是一个独立的领域，原则都不一样。合一讲的时候，没有真，没有美，也没有善，也是真，也是美，也是善，一个东西”③。他进一步指出，中国文化擅长“合一说”，即以简单的言辞去表达一种整体又高妙的境界；而西方文化则擅长“分别说”，以提出概念、分析内涵、划分结构、推演归纳等方式将具体问题解释清楚。显然，“分别说”层面的真、善、美在中国文化语境下的具体内涵是需要加强的地方，思想家们通过大量的论证解析工作方可完成，而牟宗三本人也着力构建工夫论层面的内容。

由上述分析可知，牟宗三将本体论和工夫论视为同等重要的两个系统，提醒人们工夫论层面的工作必须重视，毕竟任何玄言妙语如果未能辨析出更多的内容、阐释出更多的意蕴、搭建起稳固的支架，其价值是难以为世人认可的，甚至会成为“空话，都可以出毛病”④。牟宗三在美学问题的思考中延续“道德形而上学”构建的心路历程，完善审美工夫论层面的内容，尽管美学并非他擅长的环节，但审美范畴论、本体论和结构论的建构还是比较恰当的。

---

① 牟宗三:《康德第三批判讲演录》(八)，(台北)《鹅湖月刊》2001 年第 310 期。
② 牟宗三:《康德第三批判讲演录》(九)，(台北)《鹅湖月刊》2001 年第 311 期。
③ 牟宗三:《康德第三批判讲演录》(六)，(台北)《鹅湖月刊》2001 年第 308 期。
④ 牟宗三:《康德第三批判讲演录》(十三)，(台北)《鹅湖月刊》2001 年第 315 期。

第三节　小　结

梳理牟宗三美学思考脉络中的文化立场及其对美学的影响会发现，这样的研究一方面真实地还原了牟宗三美学特殊的思考历程，另一方面也发现了两种文化在整合、利用中的问题。就思考历程来看，文化立场先于美学构建、文化态度决定美学脉络是显而易见的。这意味着我们面对牟宗三美学思想这个研究对象时，若以具体详尽的微观视角去总结所谓的美学知识是不够恰当的，唯以哲学文化的宏观视角去厘清美的思想义理，才能形成比较客观的理解及评价。也就是说，牟宗三哲学文化观的宏大性决定了其美学思想的宏大性，哲学文化的价值评判决定了其美学思想的背景语境。

就两种文化的整合来看，出现了定位与内容不完全对等的问题。具体来说，在牟宗三的美学思考中，中国文化地位高、优势显，但内容解说比较单薄；西方文化与之相比，地位不高、品格较弱，但分析解说却十分详细。中国文化地位高、内容少表现在“美是气化的光彩”“美是气化的巧妙呈现”“无相等于无向”等话题中，往往是只提出不分析、只强调不说明，需要研究者结合上下文与其他背景知识才能理解和深化；西方文化地位低、论证多则表现在“康德美学的四个契机”“美的普遍性”“美的超功利性”等话题中，牟宗三几乎是依据康德原文的每一句话进行解读和分析的。由此可知，中国文化在牟宗三的认识中具有先验预设的重要地位，甚至具有一定精神信仰的色彩；而西方文化则是一种实存又便利的方法，因其可行性和可操作性明显而被广泛采纳。总之，中国文化是主体和主观层面的认定，西方文化是参照物和客观层面的利用。

第五章　牟宗三美学思想的实践论

牟宗三美学思想的核心“道德良知”概念秉承了孔孟儒学与宋明理学的精神义理，又充分借助了西方知识论的分析模式，最终成为一个内涵宽泛、跨度颇大、功能作用比较显著的概念，这也直接决定其美学思想形而上学的定位与审美概念辨析难度较大、庞大绵密、复杂多样等情状。尽管如此，牟宗三却在论述中反复强调，内涵深厚、贯通天理的“良知”最终是一种呈现，是一种能够真实展现在现实生活、对生活中主体生命发生作用的实践行为。“良知”从理层面走向用层面的关键就是道德生命的“践仁实践”。鉴于牟宗三美学思想构建的目的有浓厚的实践旨归，本书紧扣其美学思想的理性精神、人文关怀和非功利性这三点特质，来分析它与学术界的美学学科建设、当代精神信仰危机与大众文化品位之间的关联，从道德理性中探索对于具体问题的启示。

就理性精神而言，高举“理性”大旗以弥补大众日渐零散化、碎片化的精神生活。深受科技文明与商业文化共同影响的当今时代，“金钱消费”“物质追求”左右着大众的精神生活。可以说，消费以压倒一切的气势成为大多数人生活的重心，即时的、流行的、能产生感官刺激的文化产品受到追捧。因而，当代精神信仰的危机之一，就是主体的精神生活呈现出零散化、碎片化的状态。牟宗三认为，只有高举“理性精神”的大旗，以“至善”的道德情怀唤起人们心中本有的"良知",才能抵制物质消费对精神追求的损害。

就人文关怀而言,对于改善大众文化有借鉴意义。大众文化总是以大众的喜好、品位以及消费取向为转移,牟宗三文艺美学思想中浓厚的人文精神以及如何建立美善人格的思考,对于改善大众文化的作风具有借鉴意义。

就非功利性来说,对于改善"经济决定论"或"物质一元论"的片面影响具有启示意义。"经济决定论"或"物质一元论"将物质利益、经济效益看作全社会的主导,而忽略了价值追求、道德法则、审美品格等精神因素对于人、社会全面发展的重要作用,加剧了实用主义和功利主义思潮的不断泛化。而牟宗三强调美的非功利性和纯粹性,认为在审美超越中能够避免生命力量的外扩和物化,在美的本体"道德良知"中坚定神圣的彼岸追求。

第一节　促进"内省"与"外观"两大美学体系的融合

"内省的美"与"外观的美"是当今学术界部分学者在积极探索和构建未来的美学发展前景时,对客观存在于人类美学发展史上的两种美学思考模式以及由此产生的美学观点和美学流派的概括。如王元骧教授曾经指出,回顾中西美学思想两千多年的发展历程,人们对于美的认识、美的理解可以概括为"看不见的美"与"看得见的美"、"内省的美"与"外观的美"①两大思想体系,并对这两大思想体系的性质作出了界定:"柏拉图的传统是内省的、是超验的,是一种人生论、伦理学的美学;而亚里斯多德的传统是外观

① 王元骧:《美学研究:走两大系统融合之路》,《学术月刊》2008年第5期。

的、经验的,是一种知识论、认识论的美学。"①两种倾向尽管对后世的美学发展历程都产生过一定的影响,但由于历史环境和人为选择的原因,知识论、认识论美学在势力、局面以及发展时间上更占优势,成为近代美学发展的主流。这造成了在我国五十年来把美学视为一种"以探讨艺术的总规律为己任"的学科,而"人生论的传统在中国美学研究中也就隐退了"的局面。② 应当说,这种概括既是我们理解和总结历时长久的人类审美现象及其特征规律时值得参考的知识论依据,又是我们思考本民族的审美和艺术问题,甚至是精神诉求问题时必须去正视的一个理论前提。柏拉图传统和亚里士多德传统曾对整个西方美学史产生了决定性影响,因而只有以渗透在这两大美学传统背后的具有普遍性意义的精神价值为参照,才能更直接地找到存在于当今美学研究中的根本问题和未来发展的借鉴资源。

尽管"内省"与"外观"的理论划分并非由牟宗三直接提出,而是针对客观存在的美学研究现象、理论成果而发,但如若以此为参照来考察牟宗三以"道德良知"为本体的、渗透了深刻的价值内涵和生命内容的美学思想体系,则会发现他对审美问题的思考也体现出将经验之美与超验之美进行结合的努力。这种努力及其结果可从以下两个方面来分析:

其一,牟宗三将道德和生命立场作为确立审美精神品格的首要法则。牟宗三的道德论美学以儒家的道德本体"良知"为核心,吸收了古典美学的生命精神和道德精神,以及康德美学"美的超功利性""美是善的象征"等观点而形成,严格说来与西方美学的柏拉图传统颇为一致,是一种"内省的美"。正是由于儒家思想的根本"道德良知"成为其思考审美问题的出发点和归宿,因而他对于儒家思想附带而来的人文情怀也尤为重视,"儒家的理

① 王元骧:《美学研究:走两大系统融合之路》,《学术月刊》2008 年第 5 期。

② 王元骧:《美学研究:走两大系统融合之路》,《学术月刊》2008 年第 5 期。

性是人文主义的理性。儒家的一大套代表的是终极的关心的问题”①。那么在审美品格的甄定上，牟宗三自然以“道德”和良知心性外化的“道德生命”作为思考问题的首要法则，由此渗透着价值、人事、历史和生命内容的美就显得格外重要。他曾指出，“从学术上讲，道家与禅宗皆显极高之智，而其到达最高境界时，亦即是美学的”②，这即是说超越境界中的审美精神和品格反而与人事修为、思想境界是难以分离的，正是这种多元意义相融的美才体现了意志的真正自由和人格的真正独立。尽管牟宗三对知识论、认识论层面的审美表象和艺术特征并不排斥，但他坚持认为超验层面那种渗透了道德、价值和生命的内涵，以及能够合于“至善”道德理想境界的美才更有意义。因此他又说道：“理智与美学的成分实到处表现：如从生活情调与人品上讲，魏晋人即表现美学的与理智的形态，即两汉人物如张良、郭林宗等皆属此类型”，但如若“道德意识不够，既不能讲历史文化，也不能有历史意识与文化意识”。③ 也就是说，只有在“道德生命”和心性人品上，理智与美学才可以统一起来。理智代表的具体形态的美可以凭借道德意识实现与人文精神、历史文化的统一，知识论层面的美完全可以纳入道德超越层面的审美品格中。

其二，牟宗三对认识论美学的态度：理智形态之美是道德超越之美的知识论基础。牟宗三认为从认识论、知识论立场来对审美活动进行审视也不可或缺，因为近代科学蕴含的分析方法和实证态度，将增强和细化人们对审美表象和艺术形态的认识并形成知识论系统。他说，“近代科学精神则是

---

① 牟宗三：《康德第三批判讲演录》（一），（台北）《鹅湖月刊》2000 年第 303 期。

② 牟宗三：《人文讲习录》，载《牟宗三先生全集》第 28 卷，（台北）联经出版事业公司 2003 年版，第 185 页。

③ 牟宗三：《人文讲习录》，载《牟宗三先生全集》第 28 卷，（台北）联经出版事业公司 2003 年版，第 185 页。

无限的追求、无限的扩张、无限的征服,无限则不圆满不整齐,是数学的无限拉长,故近代科学精神是一种量的精神”,而“美有质的美,也有量的美”,因此认知能力介入而形成的理智形态的美其实是一种代表“量”精神的美。① 然而从本质上说,“量”精神的美所代表的只是一种“机诈谋略与冷静”②,它只存在于人的感性力与知性力当中,是以“求真”为目的的认识活动所具有的特质,始终无法替代“质”精神的美或美的“特质”。可以说,“质”精神的美就是“气化底子中人类这一‘既有动物性又有理性’的存有、经由其特有的妙慧而与那气化多余的光彩相遇而成的‘审美之品位’”③,只有道德、伦理、价值、生命、欣趣等精神超越性内容才是决定“审美品位”的关键因素。因此,理智精神主导下凭借认知分析能力而形成的只是审美形态论或者艺术哲学观,它可以成为审美理论的构成成分或知识论基础,却始终无法替代审美在“道德”和“生命”主导下形成的无限超越品格。

从以上分析可见,牟宗三对于价值、超越层面的“美”和认识、经验层面的“美”,在态度上是坚持两个层面融合为一的前提下又表现出对审美超越内涵的推崇,并将这种超越归结为“道德良知”和“道德生命”的力量。尽管牟氏的主张体现了鲜明的儒家人伦立场,但也暗示我们必须在当下的美学研究中,全面考虑这真实存在又影响深远的“内省”与“外观”两大美学传统。尤其是牟宗三以“道德良知”作为美的本体论基础的主张更是彰显出一种赋予审美主体超越一己私利和物质欲望,以道德的提挈力量来实现自我升华的目的。这为我们纠正目前美学研究中存在的片面化、狭隘化甚至

---

① 牟宗三:《人文讲习录》,载《牟宗三先生全集》第 28 卷,(台北)联经出版事业公司 2003 年版,第 186 页。

② 牟宗三:《人文讲习录》,载《牟宗三先生全集》第 28 卷,(台北)联经出版事业公司 2003 年版,第 186 页。

③ 蔡仁厚:《牟宗三先生学思年谱》,载《牟宗三先生全集》第 32 卷,(台北)联经出版事业公司 2003 年版,第 183 页。

具象化的倾向，提供了一种参考理据。因此，牟宗三的美学思想对我们当下的美学研究来说，最突出的现实意义就是应当将"内省"与"外观"、"超验"与"经验"两大美学传统结合起来。这种结合与王元骧教授的概括，即"突破知识论、认识论美学传统的局限，走两大传统融合的道路"①，是不谋而合的。

对此，我们认为这两种美学倾向在今后的发展中进行不断的统一、互补是十分必要的。因为它们各自的优势和局限都十分明显。"内省的美"侧重对美学本原性、超越性的探究和形而上意义的追求，但是却可能导致审美活动脱离感性与经验的层面而变得神秘化与抽象化；"外观的美"看重审美表象、审美形式的特征规律，各类艺术的材料、外观、构造、色彩和艺术形式的创造、特征、作用、功能是研究的重点，它使得美学成为"艺术论"或"艺术哲学"。因此只有在二者完美统一的基础上，才能确立美学研究的科学方法论，才能更好地解决当下美学遭遇的困境并寻求正确的发展之道。

第二节　对当代"精神信仰"危机的启示意义

深受科技文明与商业文化共同影响的当今时代，市场经济效益和现实功利在飞速发展的同时也一定程度地侵蚀着人性和生命，当下的、实时的、感官的物质享受充斥于生活的各个方面。由此不少学者的悲悯情怀油然而生，并将民族的精神信仰问题不断提出，"信仰作为一种终极的、最高的价值信念，是生存本体论的一个核心问题，唯其有了信仰，人才会有生存的自觉，按照这一终极目的为实现自身的人生价值去奋斗，他的人生才有意

① 王元骧：《美学研究：走两大系统融合之路》，《学术月刊》2008 年第 5 期。

义”①,“真、善、美作为一种终极追求闪烁出了更为纯粹更为绚丽的光芒”②,“在现代视野之下,形而上学的终极的存在物——实体被否定了,实体论的本质主义被推翻了,但人类对存在意义和终极价值的追求、追问并不随之消失,相反,它将永远伴随着人类的历史”③。笔者认为,精神信仰问题提出的背后蕴藏着一种深刻的责任感和使命感,十分值得我们重视。与此同时,超越的形而上学追求对任何时代、任何民族的发展都有着至关重要的影响,因为它不仅代表着人类不断追求自由独立和人格完整的智慧光彩,更为重要的是它使人看到在经验生活之外还有一个更高尚、更超越的价值世界和意义世界。正是在理想与现实、超验与经验之间展开的巨大张力引领着人们去不断超越、向上奋发。这种精神是民族生命、民族文化得以延续的动力。仔细分析造成当代精神信仰危机的原因会发现,“经济决定论”或“物质决定论”为实用主义和功利主义思想的泛化提供了理论前提和支撑,又通过实用主义在主体思想观念中的固化使得整个社会形成一种以物质感官的满足程度为标准的运行机制。

对于“经济决定论”的正视和批判,牟宗三早在20世纪30年代便已开始进行,并伴随着自身哲思的不断发展而呈现出逐渐成熟的态势。尽管牟宗三所批评的“经济决定论”与我们当下的商业化、市场化思潮不尽相同,但他从复兴民族文化和重建民族信仰的角度来对经济决定一切的一元论调进行批驳,却能够为我们当下解决精神信仰问题提供借鉴。他首先对这种论调的实质予以揭露,由于它们在思想观念上“都是经济决定的,私利决定的,没有客观的真理,没有独立的灵魂”,因而造就了无数“中心无主的人,总是随风倒;甲不行,就向着非甲,这块地方不好,就望着

① 王元骧:《审美超越与艺术精神》,浙江大学出版社2006年版,第342页。
② 阎国忠:《超验之美与人的救赎》,《学术月刊》2008年第5期。
③ 杨春时:《文学本质的言说如何可能》,《学术月刊》2007年第2期。

另一块地方”①。正是清晰认识到“经济决定论”对人性生命乃至民族文化的负面影响，牟宗三才不断从中西比较式研究中找寻中华民族文化生命的本性和优势，努力从学术构建上疏导出民族文化、民族生命的发展路径。接着他将自己与“经济决定论”斗争的理论依据概括为“华族之文化生命”和“孔孟之文化理想”②，并指出这两点对我们的文化复兴、民族振兴都十分重要，“一切都有不是，而这个不能有不是，一切都可放弃、反对，而这个不能放弃、反对，我能拨开一切现实的牵连而直顶这个文化生命之大流”③。应当说，牟宗三从文化生命和孔孟理想的立场来看待现实功利色彩极强的“经济决定论”，在进一步凸显道德意识和生命情怀的同时也为我们厘清了经济决定论的实质，能够清楚地指出它与超验层面的民族文化和精神信仰相比，只是一种“外在的、量的、平面的”④论说，无法成为解决民族时代问题的慧命。与此同时，联系道德论美学的构建思路和立场，我们更可见出牟宗三高举道德大旗对“经济决定论”的批评方式和批评过程。具体可见以下两个方面：

其一，在审美超越中避免生命力量的外扩和物化。牟宗三认为，“任何一种独立自主的运思以成形”都是“一种形构的美学兴趣”。⑤ 可见，美的内涵在他看来应当是广泛而丰富的，任何思想、价值、生命、文化上的思考都

---

① 牟宗三：《五十自述》，载《牟宗三先生全集》第32卷，（台北）联经出版事业公司2003年版，第106—107页。

② 牟宗三：《五十自述》，载《牟宗三先生全集》第32卷，（台北）联经出版事业公司2003年版，第117页。

③ 牟宗三：《五十自述》，载《牟宗三先生全集》第32卷，（台北）联经出版事业公司2003年版，第105页。

④ 牟宗三：《五十自述》，载《牟宗三先生全集》第32卷，（台北）联经出版事业公司2003年版，第77页。

⑤ 牟宗三：《五十自述》，载《牟宗三先生全集》第32卷，（台北）联经出版事业公司2003年版，第5页。

可以融化到审美精神和审美品位当中。因此审美活动的特质在牟宗三看来与道德、生命和文化息息相关,以“道德良知”为本体的美在对德性义理进行显扬之余,也体现了对个体生命的关怀与安顿。而“经济决定论”的意图却与审美对主体生命的安顿之间存在显著的差异,由于“他们不承认有德性义理的学问,他们也不知道人格价值是有层级的”,因此带来了“生命的直接向外膨胀,向外扑”,造成“生命永远是干枯的、僵化的,外在于材料中而吊在半空里”。① 那么,为了避免经济物质等外在力量对主体生命的干预,就必须抓住生命力量的内核和顺适生命的恰当方式,这就是德性义理和道德主导的审美行为带来的无限超越。因此,道德论美学强调审美必须建立在德性义理之上且以“良知”为思想本源,道德特有的创生意义带来的是对美的心灵体验和生命力量的增强,这能够较好地避免生命力量的外扩和物化。

其二,在美的本体“道德良知”中坚定神圣的彼岸追求。牟宗三不仅从超验的、形而上的层面以“良知”本体来甄定审美的精神品格和价值追求,而且也十分强调经验层面的审美表象,尤其是文学艺术与道德的关系。他在文艺创作论的分析中说道:“因为他负责,所以他是自由的,失掉了自由便是被动,被动即可以不负责,道德上的自由问题在此便可以与文艺的创造打通。”②由此可知,他在阐明美的静观性和愉悦性的同时,更加明确了“道德良知”本体的创生力和决定力,并进一步指出振兴民族生命和重建内在信仰时必须以此为根基,“不能只看生命本身,这须透到那润泽生命的德性,那表现德性或不表现德性的心灵,这里便有学问可讲”③。只有抓住了

① 牟宗三:《五十自述》,载《牟宗三先生全集》第 32 卷,(台北)联经出版事业公司 2003 年版,第 77—78 页。

② 《牟宗三先生早期文集》(下),载《牟宗三先生全集》第 26 卷,(台北)联经出版事业公司 2003 年版,第 1024 页。

③ 牟宗三:《五十自述》,载《牟宗三先生全集》第 32 卷,(台北)联经出版事业公司 2003 年版,第 79 页。

民族生命和民族文化的根基，即道德义理的信念，才能“对自己的生命负责，对民族生命负责，对国家负责，对文化负责”①。

由以上分析可知，牟宗三的道德论美学强调的是以道德义理的力量为依托来实现对感官物质的超越，来避免经济私利的过分膨胀而引发的内在信仰缺失。尽管牟宗三试图以孔孟式古典儒家的精神旗帜“德性义理”为利器来重拾民族的神圣意识，实际上带有浓厚的主观观念论色彩，从根本上说只是一种“主观的确信”而非“客观的确实”②，但其特有的生命悲悯情怀和无限超越态度却值得我们借鉴，与此同时他也展示了一位道德论者以自身鲜明的“至善”价值立场来显扬民族文化、增强精神信仰的可贵尝试。

第三节　与“儒学热”等流行现象的差异

近年来，在大陆文化思潮领域出现一个比较新颖、流行的现象，其在目的上与港台新儒家有相似之处，即以当代社会为背景开显传统文化的新意义、新内容，努力发掘传统文化生命力，这一现象一般称作当代中国的“儒学热”或“国学热”。通过对其理念及方法的关注可知，这一现象并非纯学术研究范域内的行为，而更多借助现实生活中的文化交往活动展开。其主要理念是“儒学现代化、当代化”和“哲学平民化、大众化”。

对于“儒学热”现象，研究者试图将其与牟宗三等港台新儒家的文化思考方式进行一些比较，借此展现各自的差别。文化复兴是一项十分复杂、巨大的工程，需要一定数量的学人通过中西文化的详细阐释及比较才能逐渐

① 牟宗三：《五十自述》，载《牟宗三先生全集》第32卷，（台北）联经出版事业公司2003年版，第33页。

② 王元骧：《审美超越与艺术精神》，浙江大学出版社2006年版，第342页。

展开,较为单一的传播式、流行文化产业或许可以解决部分问题,但专业的文化视角、客观的研究态度却是传统文化的现代转换工作无法或缺的内容。

其一,就文化态度或见解而言,当代"儒学热"往往直接回答中西文化的优劣高低问题,而牟宗三等新儒家学者不轻易评判中西文化的优劣。专注于当代"儒学热""后儒学热"的文化人士,往往会比较显著地展现自身的文化见解,即对传统文化和西方文化直接进行高低、优劣的评价,进而表明当代中国不应过度关注西方理性主义或者知识论,而要回归古典。他们对于西方文化的理性主义和形而上学知识论传统并无详细的分析。他们以具体的社会现象罗列代替对于文化特质和内涵的分析,文化见解表达不以单纯的比较研究为依据,而是加入了更多内容。

以牟宗三为代表的港台新儒家学人则更多关注中国文化和西方文化在特质内涵、思维方式、解决路径等各方面的不同,鲜少加入社会现实问题或政治问题,而是以某一核心概念为核心,全面展现西方文化的逻辑思辨传统和中国实践经验传统的不同,进而分析两种文化的特长优势,寻求互补的可能。例如,牟宗三的学术思想的核心概念"道德""圆善""审美判断原则"等,都采用"西方文化语境中的理解—中国传统文化语境中的理解—各自的特征及方法—对话会通的可能"这样逐步论证、层层阐释的方式展开。在暮年思考道德论美学的问题时,他经过毕生的探索在心目中对传统文化的信任、支持态度业已成熟,但在具体问题的分析上,依然保持哲学家的客观和谨慎,如他对康德美学提出批判和质疑,却并不否认其本有的价值,"康德的思路大体是很正确的,但是,有一个核心的地方不切,总是格格不入。那就是审美判断的超越原则的问题,就是那个合目的性原则跟审美判断不切的"①。在此,他交代了对康德美学的质疑是由一个细微问题引发,

① 牟宗三:《康德第三批判讲演录》(六),(台北)《鹅湖月刊》2001 年第 308 期。

并未全盘否定康德美学的系统性和哲思性，以对传统文化的认知为依据加以哲学家的较真和严谨，认为康德美学的“不完美”恰好可以借助传统文化的智慧予以进一步阐释。可见，对于两种文化的态度和评价，他鲜少采用直接判断、主观独断的方式，注重话语的客观和周全。

经过比较可知，两种思潮尽管在传统文化的复兴上态度一致、目标相同，但当代“儒学热”往往采取直接评判、价值先行的方法，而新儒家则采用问题分析及解答的学术研究模式，不轻易发出价值判断或主观评价。

其二，就研究方法来看，当代“儒学热”注重对个别古典原著进行通俗解读，牟宗三等新儒家学者注重中西文化在精神义理、概念术语上的比较。应当说，两种文化思潮都十分重视古代典籍的阅读和解释，但在解读的方法上差异显著。纵观那些伴随着“儒学热”而产生的文化读物，主题新颖具体、生动又接地气，往往给读者趣味横生、好懂易得的印象。这样的研究主题，一方面改善了古代典籍深奥难懂的形式，使这些典籍以生动有趣、通俗易懂的方式走入大众生活，但另一方面也淡化了典籍的学理色彩，往往不需要文献考据的过程就直接告知著作的主旨，这无形当中抹平了历代文人对典籍的注释和解读等再创造工作以及形成的多重含义，最终只能呈现一种解释、展现一种可能。客观地说，这样的典籍解读方式，在获得便利的同时也错过了本有的多样性和丰富性，甚至会出现以错为对、以偏概全的困境。

牟宗三等新儒学思想家的思考主题则更多集中在对中西文化的特质进行概括、对主要概念进行详细分析等问题上，对于传统典籍的解读方式也比较注重文献的搜集和相关考据工作。牟宗三的学术专著《中国哲学的特质》《中国哲学十九讲》《中西哲学之会通十四讲》等，就是围绕“西方文化的逻辑思辨特质”“中国哲学的实践理性特质”“道德的超验性与呈现性”等问题展开，每一个问题的解说又按照本体论、工夫论、思想史、宗教观等横向脉络进行展开。对于“心体”和“性体”等纯粹儒家哲学的问题，也将孔孟学思对于“仁义本心”的论说、宋儒关于“心、性、命”的讨论、明理学对“心、性、天、理”的论述进行全面展现，进而借助西方哲学的理论构建方法，赋予人的良知心性以“形构之理”“存在之理”“普化之理”等三个层面的外在内容。

由此可知，两种文化思潮在研究方法上存在差别。“儒学热”的定位是面向大众、通俗易懂，因而研究方法是大而化之、将复杂的问题进行简单呈现，甚至以一句话来表达一个时代、一位大家的思想特征；而新儒家的定位是学贯中西、理论解析，因而研究方法是从具体的概念术语着手，以此为契机展现概念背后在不同历史时代、不同文化语境下的不同含义，在单一的表象下呈现多层次、多方面的内涵，将看似简单的问题进行详尽的研究，展现文化问题的多种向度及可能性。

其三，就研究效果而言，当代“儒学热”带来了诸多以古代典籍为主题的通俗读物，而牟宗三等新儒学思想家则造就纯哲学、纯文化的研究著作。近年来，以对古代典籍进行解读、导读为主题而出版的图书数量庞大、种类繁多。而图书的形式包括纯文字、插图本、有声书、电子书等几种类型，从事相关写作的人员从大学教授到中小学教师，从文化名人到传媒人士，从名校文史哲方向毕业的硕博士到自学成才的社会人士等皆有涉足，似乎谁都可以去解读经典，但解读效果却大同小异、浅显易懂。通过对一些大型连锁书店的访谈和调研可知，这类书的市场份额并不算大，仅针对那些已经步入职场、工作繁忙、未能有太多时间钻研经典古籍，却对传统文化有兴趣的读者。显然，就目前的销售状况而言，此类书已经供过于求，而那些从事文化研究、典籍考据的专业人士则无法从这类书当中获取有价值的内容。

细读牟宗三及其他新儒学思想家的著作会发现，其多是针对一个概念术语或具体问题而发出的相关论说和见解，以大量的篇幅将一个问题讲得清楚透彻。牟宗三的《圆善论》主要讨论康德在《实践理性批判》中传达的

"德福统一"思想概况，及其在传统文化语境中的统一方式；《智的直觉与中国哲学》则是针对康德《纯粹理性批判》中论说的"智的直觉"是隶属于彼岸世界的超验能力而发，论证在传统儒家文化的语境下，普通人只要保持与生俱来的良知本心就能够获得"智的直觉"能力，即其在中国语境下的特殊表象、获取方式和功能效用。唐君毅的《中国文化之精神价值》则是以中西文化比较的方法，详细阐释中国文化的人文精神和实践理性，以及其中最具价值的思想内核。这类著作有显著的纯哲学、文化色彩，借助理论话语和哲学概念解答在中西文化会通中产生的学术问题，著作在思想内容上既有宏观层面的概括又有微观问题的解答，在结构形式上前后呼应、形构完整，需要读者具备相关的知识和思考能力才能完全理解。可以说，在学界，至今仍有相当数量的学者阅读并研究这些著作，例如以牟宗三的"圆善""智的直觉"思想为主题的学术论文每年有二十篇左右问世，相关研究所也会举办以"当代儒学的前沿问题""东亚儒学的新发展"为主题的学术研讨会。

经过比较分析可知，伴随"儒学热"而产生的典籍导读类著作在数量上占优势，但在内容和质量上却大同小异，没有太多细读、阐释的空间；而牟宗三等人的著作在数量上并不占优，但在内容和质量上却有其自身的价值，往往用一部著作去解答一个理论问题，历经多年仍吸引相关学者去再解读、再创造其中的思想义理。

结语:牟宗三美学思想的局限

尽管牟宗三美学思想对自身的学思体系有理论证成意义、对当下的美学和文艺学研究有着一定的现实参照意义,但它依据在“道德良知”这个主观理想性概念之上的美学构建之途也有着不可避免的理论缺陷和现实困境。在前面,我们已经以康德美学为参照从局部、具体的层面对牟宗三的美学思想的不足予以分析,在此还应当从整体、宏观的立场来指出道德论美学思想的局限与不足。

第一节　美学思想的主观观念论色彩

牟宗三的美学思想以“道德良知”概念为原点,有着强烈的主观唯心主义色彩,将人的活动论归由人的目的论来支配和决定,主体的道德精神是决定一切物质与精神现象的源泉。牟宗三在评价康德的第三批判以生成道德论美学观的最后总结道:“美趣吸收进分解讲的道、善、道德之中,把道相、善相道德相化掉了”,但“这种美趣一定要有东西把它撑起来”,否则就是空谈,遂指出支撑美的力量就是“道德”的奋斗精神,因为“可靠的是人的道德良心。道德的良心是非明白、智慧通透”。[①] 可以说,牟氏在此的意图就是予审美以道德的意义,认为真正意义上的美,在客观外在的方面是以善为主导、以善为象征的一种人类特有的精神现象;在主观内在的方面,则是人们禀赋着道德仁义的本心而在审美体验中获得的精神愉悦、心灵安顿和增强道德生命力量的主体行为。从形而上与纯精神的角度来看,无疑是强化了道德目的论对于审美知识论与审美活动论的影响与制约,将审美的特殊性纳入整个道德形而上学的体系中来,使审美活动成为“德性优先”与“道德至上”原则的证明,并为整个新儒家“德性救国”的思路服务。

至于审美的现实呈现以及它与人类主客统一的社会历史性实践活动的相互关系,牟宗三的看法与说明却显得十分简单。他认为现实、“分别说”层面的美是“由人之妙慧静观直感所起的无任何利害关心,亦不依靠于任何概念的‘对于气化光彩与美术作品之品鉴’之土堆”,而“分别说的美是合一说的美之象征”,因而形成了“以目的论的判断沟通两界,而不以反照的审美判断担负此责”的美学构建思路,将审美直接看作“道德良知”主导和决定的世界。[②] 但是,作为美学本体的“道德良知”本身就是一个纯粹主观的概念,其内容和构成并未脱离自先秦儒家以来就有的“仁义”“性善”的范域。作为一种思想成果,它在形成与发生上,缺乏客观与物质层面的基础;在运动发展上,它与人类的物质劳动、生产实践活动脱钩。而马克思主义经典作家为我们指出了整个自然界与人类社会的发生发展规律:物质生产活动才是决定人类意识形态的最终力量。所有的主体性精神与思维都不可能脱离物质基础而独立存在,否则就是纯精神、纯主观的行为,缺乏现实影响力与发展恒定性。人的活动论是目的论的基础,目的论必须来源于具体的

---

① 牟宗三:《康德第三批判讲演录》(十六),(台北)《鹅湖月刊》2001 年第 318 期。

② 牟宗三:《康德〈判断力之批判〉· 卷首》,载《牟宗三先生全集》第 16 卷,(台北)联经出版事业公司 2003 年版,第 85 页。

实践活动,是对于物质实践活动的历史和规律的总结,是指导人们当下活动与创造未来的宝贵精神财富。而牟宗三的美学思想,并未将审美体验、审美领悟与审美情感放在客观的人类历史实践中来考察,只是从"道德良知"的本体出发,将本体的美与现象的美、精神的美与实践的美都归于道德。显然,这是将主体的目的论与观念论视作实践活动论的起源与制约,将现实呈现的各种美的表象看作道德律法则与良知本心的作用结果。因此,对于人类审美历史的客观规律性与审美表象的丰富复杂,牟宗三作出了简单化与主观化的解答。

第二节 对美的独立自存性不够重视

在牟宗三的美学思想中尽管不缺少关于审美独立自存性的论说,即现象、个别层面的审美内容,但从其对于现象之美的定位、定性来看,始终无法摆脱一位道德哲学家的局限,呈现出道德大于审美、合一之美大于分别之美的样貌。公允地说,牟宗三晚年对于美学的关注与着力,以及他努力超越康德美学中道德神学的限制以建立一个新颖的、以儒家传统美学为基础的道德论美学体系,从出发点上说是难能可贵的。但与建立道德哲学体系的从容、沉稳相比,他对于美学思想的表述与概括略显单薄甚至片面,尤其是审美的独有特性、功能、形式美、艺术美等问题,几乎都是用只言片语的方式去谈论,具体来看:

首先,从现象之美的定位来看,只是本体之美的外化或表象。如果说真、善、美达到合一境界,展现了本体论层面的审美内涵的话,那么"分别说"的美则是展现了知识论、工夫论等更加具体的内容:前者意味着深刻无限的人生智慧,后者则描述审美的表象、特征和结构层次。牟宗三曾说:

“中国人讲的是同一地方,同时是即真、即美、即善,这个境界儒家有,道家有,佛教也有。中国人分别讲不够,中国没有出来科学知识,分别讲的真没有,分别讲的美也很少,美学没有出来。”①两者分别隶属于超验、经验的不同层面,在相互关系上,本体之美是主导和规约,现象之美是说明和阐释。在他看来,中国文化产生了大量关于道德伦理、生命体验的内容,它们往往都具有“合一说”的智慧,是中国文化的优势所在。但也正因“合一说”的境界十分高妙,不少思想流派只能以简单的语句进行概括,其中的深意留给个体通过不断的努力去感知和领悟,难以形成详细的知识论架构以及具体内容的阐释,接受者由于个人修为的差距难以形成准确的认识,因而容易产生理解上的偏颇。进而他明确了“分别说”的现象之美在道德论美学中的地位,就是“通过分解的工作把它撑起来。空讲是没有意思的”②,即围绕“合一说”的义理,在现象、具体的层面上进行详析内容的完善,借助知识论的言说方式弥补传统文化“玄言妙语”的不足。传统文化中审美超越境界往往和人生论、道德论进行挂钩乃至融合,但合一境界呈现为何种状态,三者走向合一的步骤、方法、条件和过程等问题,都需要进行知识论的说明。构建完整的知识论架构、解析合一境界的各个方面,才能避免玄妙内容与现实生活的落差,才能以更加清晰明确的方式让世人接受。可见在牟宗三的美学思想中,“合一说”是思想内核,“分别说”是展现“合一说”的手段或过程。

其次,从现象之美的定性来看,仅指那些日常生活中带来愉悦闲适之情的事物。牟宗三将现象界的审美表象看作由外观形式带来的精神愉悦,“花卉、鸟类羽毛、甲壳类等植物、动物、生物表现的形式令人说它是美的,这美的形式与它是如此这般的植物、如此这般的动物的任何一部门的功能

---

① 牟宗三:《康德第三批判讲演录》(九),(台北)《鹅湖月刊》2001 年第 311 期。

② 牟宗三:《康德第三批判讲演录》(十三),(台北)《鹅湖月刊》2001 年第 315 期。

毫无关系,它只属于外观的"①;从中可见,现实生活呈现了十分丰富的审美表象,判断美的标准是个人的内心情感,欣赏美的目的是获得闲适愉悦之感,在此层面上的美几乎完全是个人内心世界的感知过程,缺乏宏大深远的含义。在此,他将本体之美和现象之美进行了明确划分,本体之美内涵宽广、义理深远,现象之美则是具体可感、容易获得。在众多的审美表象中,他最推崇自然之美或田园风光,认为在此种环境中人的精神获得愉悦、内心获得休憩。进而他又指出了现象之美的特征及其与本体之美的关系,"真正的休息在美……你休息好了,才有道德的奋斗"②。"分别说"现象层面的美可以充分保留自身的特质,就是给人休憩和愉悦的机会,此时的美无须加入道德、知识等其他领域的内容。但也正因为内涵较单一,现象之美只能成为审美活动的起点而非最终目的,只是审美的外在表象而非内在义理。与本体之美相比,其弊端也较为明显,即因缺乏积极奋斗的力量而让人一味懈怠,因休息过度而使人丧失对更高理想的追求。正是由于现象之美的特质和缺陷,人们对其的体验过程只是临时、短暂的,只是生命历程中的小插曲,长远的目标始终是道德奋斗,真正的美必然要加入道德理想的内容最终走向美善合一。由此可知,本体层面的道德之美对现象层面的审美表象有主导作用,审美的独立性仅在有限的范围内存在。

最后,对于美的艺术形式,将其视作个人闲暇的消遣。对于美的艺术,如诗歌、小说、戏曲的创作和鉴赏,则看成纯粹个人喜好和主观品位的外显,不必用概念、框架对这种难以言说的内心感受进行分析和解释。他说:"我们平常讲文学创作也要靠现象,说这个人现象很特别,说他可以创造美。我们在知识立场上了解的想象力有一定的意义,到用在诗词歌赋上,用在审美

① 牟宗三:《康德第三批判讲演录》(六),(台北)《鹅湖月刊》2001 年第 308 期。

② 牟宗三:《康德第三批判讲演录》(六),(台北)《鹅湖月刊》2001 年第 308 期。

上,那个意义在什么地方? 我们找不出来了。"①在牟宗三看来,美的艺术和美的表象隶属"分别说"层面的美,在这个层面上个体差异、品位欣趣都难以统一,只能维持一种流动、具体甚至随意的状态,因而需要更高层面的道德义理对其进行提升和主导。由此他得出结论,只有用道德作为提携审美的根本力量,才可避免审美本身对主体的精神意志放松与生命气力下降的各种后果。他说:"因为美本身是一'闲适之原则',其本身显一静观之住相,它本不是一建体立极之主导原则,是故它是必要的,又可被消融。"②在此说明,审美的闲适性契合了内心世界的情感满足和品位需求,因而它一方面是完整人格不可或缺的部分;但另一方面它对生命的安顿、对情感的满足又缺乏精进不已的精神,不是主导个人无限超越的力量。因此美可以消融在道德的世界里、以道德为主导。

这样的主导思想造成他对于康德的审美理论缺乏全面的理解,无法领悟康德对于审美的"无目的的合目的性"的界定,以及审美在沟通主体的感性与理性的独特作用。也正是因为对于审美的发展历史与中西艺术的精神缺乏应有的观照,才造成牟宗三美学理论对于审美的独特性、自主性与复杂性的忽视。牟氏赋予审美以道德的意义与内涵,是一种对于审美在形而上层面上进行思索与创造的尝试,但是由于缺乏对于审美个别性、独立性的充分理解,最终造成"道德是美的本源""美是善的附庸"这样结论的生成。因此,笔者认为牟宗三关于美的特性、审美活动、审美表象、审美范畴的看法带有明显的道德哲学色彩,始终无法摆脱一个哲学家与儒教倡导者论述美、分析美的局限。

---

① 牟宗三:《康德第三批判讲演录》(六),(台北)《鹅湖月刊》2001 年第 308 期。

② 牟宗三:《康德〈判断力之批判〉·卷首》,载《牟宗三先生全集》第 16 卷,(台北)联经出版事业公司 2003 年版,第 86 页。

参考文献

一、著作类

（一）古籍及近人著述

1. 蔡仁厚:《牟宗三先生学思年谱》,载《牟宗三先生全集》第32卷,(台北)联经出版事业公司2003年版。

2. 蔡仁厚:《牟宗三先生著作编年目录》,载《牟宗三先生全集》第32卷,(台北)联经出版事业公司2003年版。

3. 蔡仁厚:《中国哲学史大纲》,(台湾)学生书局1992年版。

4. 陈迎年:《感应与心物——牟宗三哲学批判》,上海三联书店2005年版。

5. 柴文华:《现代新儒家文化观研究》,生活·读书·新知三联书店2004年版。

6. 邓晓芒、易中天:《黄与蓝的交响——中西美学比较论》,人民文学出版社1999年版。

7. 冯友兰:《中国哲学简史》,涂又光译,北京大学出版社1985年版。

8. 景海峰:《新儒学与二十世纪中国思想》,中州古籍出版社2005年版。

9. 梁漱溟:《东西文化及其哲学》,商务印书馆 1987 年版。

10. 李泽厚:《中国现代思想史论》,天津社会科学院出版社 2003 年版。

11. 李泽厚:《美学三书》,天津社会科学院出版社 2003 年版。

12. 李泽厚:《实用理性与乐感文化》,生活 · 读书 · 新知三联书店 2005 年版。

13. 李泽厚:《历史本体论 · 己卯五说》(增订本),生活 · 读书 · 新知三联书店 2006 年版。

14. 李泽厚:《批判哲学的批判》,生活 · 读书 · 新知三联书店 2007 年版。

15. 李咏吟:《诗学解释学》,上海人民出版社 2003 年版。

16. 李咏吟:《解释与真理》,上海译文出版社 2004 年版。

17. 李咏吟:《审美与道德的本源》,上海人民出版社 2006 年版。

18. 刘宗贤、蔡德贵主编:《当代东方儒学》,人民出版社 2003 年版。

19. (宋)陆九渊、(明)王守仁撰:《象山语录 阳明传习录》,上海古籍出版社 2000 年版。

20. 牟宗三:《名家与荀子》,载《牟宗三先生全集》第 2 卷,(台北)联经出版事业公司 2003 年版。

21. 牟宗三:《才性与玄理》,载《牟宗三先生全集》第 2 卷,(台北)联经出版事业公司 2003 年版。

22. 牟宗三:《佛性与般若》(上、下),载《牟宗三先生全集》第 19 卷,(台北)联经出版事业公司 2003 年版。

23. 牟宗三:《道德的理想主义》,载《牟宗三先生全集》第 9 卷,(台北)联经出版事业公司 2003 年版。

24. 牟宗三:《历史哲学》,载《牟宗三先生全集》第 9 卷,(台北)联经出版事业公司 2003 年版。

25. 牟宗三:《康德的道德哲学》,载《牟宗三先生全集》第 15 卷,(台北)联经出版事业公司 2003 年版。

26.《牟宗三先生译述集》,载《牟宗三先生全集》第 17 卷,(台北)联经出版事业公司 2003 年版。

27. 牟宗三:《认识心之批判》(上、下),载《牟宗三先生全集》第 19 卷,(台北)联经出版事业公司 2003 年版。

28. 牟宗三:《智的直觉与中国哲学》,载《牟宗三先生全集》第 20 卷,(台北)联经出版事业公司 2003 年版。

29. 牟宗三:《现象与物自身》,载《牟宗三先生全集》第 21 卷,(台北)联经出版事业公司 2003 年版。

30. 牟宗三:《圆善论》,载《牟宗三先生全集》第 22 卷,(台北)联经出版事业公司 2003 年版。

31. 牟宗三:《时代与感受》,载《牟宗三先生全集》第 23 卷,(台北)联经出版事业公司 2003 年版。

32. 牟宗三:《时代与感受续编》,载《牟宗三先生全集》第 24 卷,(台北)联经出版事业公司 2003 年版。

33.《牟宗三先生早期文集》(上、下),载《牟宗三先生全集》第 25 卷、第 26 卷,(台北)联经出版事业公司 2003 年版。

34.《牟宗三先生晚期文集》,载《牟宗三先生全集》第 27 卷,(台北)联经出版事业公司 2003 年版。

35. 牟宗三:《中国哲学的特质》,载《牟宗三先生全集》第 28 卷,(台北)联经出版事业公司 2003 年版。

36. 牟宗三:《五十自述》,载《牟宗三先生全集》第 32 卷,(台北)联经出版事业公司 2003 年版。

37. 牟宗三:《心体与性体》(上、中、下),上海古籍出版社 1999 年版。

38. 牟宗三:《四因说演讲录》,上海古籍出版社 1998 年版。

39. 牟宗三:《中国哲学十九讲》,上海古籍出版社 2005 年版。

40. 牟宗三主讲、蔡仁厚辑录:《人文讲习录》,广西师范大学出版社 2005 年版。

41. 牟宗三:《周易哲学演讲录》,华东师范大学出版社 2004 年版。

42. 牟宗三:《生命的学问》,广西师范大学出版社 2005 年版。

43. 牟宗三:《从陆象山到刘蕺山》,上海古籍出版社 2001 年版。

44. 唐君毅:《中国文化之精神价值》,江苏教育出版社 2006 年版。

45. 王元骧:《审美反映与艺术创造》,杭州大学出版社 1992 年版。

46. 王元骧:《文学理论与当今时代》,浙江大学出版社 2002 年版。

47. 王元骧:《审美超越与艺术精神》,浙江大学出版社 2006 年版。

48. 王一川:《审美体验论》,百花文艺出版社 1992 年版。

49. 王兴国:《契接中西哲学之主流——牟宗三哲学思想渊源探要》,光明日报出版社 2006 年版。

50. 吴光主编:《当代新儒学探索》,上海古籍出版社 2003 年版。

51. 熊十力:《新唯识论》,中华书局 1985 年版。

52. 熊十力:《体用论》,中国人民大学出版社 2006 年版。

53. 徐复观:《中国思想史论集》,(台湾)学生书局 1983 年版。

54. 余英时:《现代儒学的回顾与展望》,生活·读书·新知三联书店 2004 年版。

55. 阎国忠:《走出古典——中国当代美学论争述评》,安徽教育出版社 1996 年版。

56. 颜炳罡:《当代新儒学引论》,北京图书馆出版社 1998 年版。

57. 颜炳罡:《牟宗三学术思想评传》,北京图书馆出版社 1998 年版。

58. 殷小勇:《道德思想之根——牟宗三对康德智性直观的中国化阐释

研究》,复旦大学出版社 2007 年版。

59. 张岱年:《中国哲学大纲》,江苏教育出版社 2005 年版。

60. 张君劢:《儒家哲学之复兴》,中国人民大学出版社 2006 年版。

61. 张君劢:《义理学十讲纲要》,中国人民大学出版社 2006 年版。

62. 张玉能:《新实践美学论》,人民出版社 2007 年版。

63. 张玉能:《西方美学思潮》,山西教育出版社 2004 年版。

64. 张节末:《禅宗美学》,北京大学出版社 2006 年版。

65. 朱光潜:《西方美学史》,人民文学出版社 1979 年版。

66. 朱光潜:《诗论》,安徽教育出版社 2006 年版。

67. 周来祥、陈炎:《中西比较美学大纲》,安徽文艺出版社 1992 年版。

68. [宋]朱熹:《四书集注》,岳麓书社 1985 年版。

(二) 外文译著及外文文献

1. [德]康德:《判断力之批判》(上、下),牟宗三译,载《牟宗三先生全集》第 16 卷,(台北)联经出版事业公司 2003 年版。

2. [德]康德:《纯粹理性批判》,邓晓芒译,杨祖陶校,人民出版社 2004 年版。

3. [德]康德:《实践理性批判》,邓晓芒译,杨祖陶校,人民出版社 2003 年版。

4. [德]康德:《判断力批判》,邓晓芒译,杨祖陶校,人民出版社 2002 年版。

5. [德]康德:《纯粹理性批判》,李秋零译,中国人民大学出版社 2004 年版。

6. [德]康德:《实践理性批判》(注释本),李秋零译注,中国人民大学出版社 2011 年版。

7. [德]康德:《判断力批判》(注释本),李秋零译注,中国人民大学出版社 2011 年版。

8.［德］康德:《未来形而上学导论》(注释本),李秋零译注,中国人民大学出版社 2013 年版。

9.［美］列文森:《儒教中国及其现代命运》,郑大华、任菁译,中国社会科学出版社 2000 年版。

10.［法］莫里斯·梅洛-庞蒂:《知觉现象学》,姜志辉译,商务印书馆 2001 年版。

11.［奥］维特根斯坦:《名理论》,牟宗三译,(台北)联经出版事业公司 2003 年版。

12.《席勒散文选》,张玉能译,百花文艺出版社 2005 年版。

13. Zhongying Cheng, *New Dimensions of Confucian and Neo-Confucian Philosophy*, State University of New York Press, 1991.

14. Carsun Chang, *The Development of Neo-confucianism*, Bookman Associates, 1962.

15. Wing-tsit Chan, *Chu Hsi and Neo-Confucianism*, University of Hawaii Press, 1986.

16. W.T.Debary, *The Message of Mind in Neo-Confucianism*, Columbia University Press, 1989.

17. W. T. Debary, *Neo-Confucian Orthodoxy and the Learning of the Mind-and-Heart*, Columbia University Press, 1981.

18. W. T. Debary, *The Unfolding of Neo-Confucianism*, University of Columbia Press, 1975.

19. A.Daniel & H.C.Bell, *Confucianism for the Modern World*, University of Cambridge Press, 2003.

20. B.T.Joesph & Linda Hsueh-Ling CHiang eds., *Modernization, Global-*

ization, and Confucianism in Chinese Societies, Praeger Publishers, 2002.

21. H. John & N. B. Evelyn, *Confucianism: A Short Introduction*, Oneworld Pubishers, 2000.

22. Shuxian Liu, *Essentials of Contemporary Neo-Confucian Philosophy*, Praeger Publishers, 2003.

23. Nicolas Zufferey, *To the Origins of Confucianism: the 'Ru' in Pre-Qin Times and during the Early Han Dynasty*, Peter Lang, 2003.

24. M. E. Tucker, *Moral and Spiritual Cultivation in Japanese Neo-Confucianism: the Life and Thought of Kaibara Ekken*, State University of New York Press, 1989.

25. Umberto & Bresciani, *Reinventing Confucianism: the New Confucian Movement*, Taipei Ricci Institute, 2001.

26. Xinzhong Yao, *An Introduction to Confucianism*, Cambridge University Press, 2000.

二、期刊论文

（一）中文期刊

1. 蔡仁厚:《学思的圆成（上）:牟先生七十以后的学思与著作》,（台北）《鹅湖月刊》1989 年第 167 期。

2. 蔡仁厚:《学思的圆成（下）:牟先生七十以后的学思与著作》,（台北）《鹅湖月刊》1989 年第 168 期。

3. 蔡仁厚:《牟先生的思想及其对文化学术的贡献》,（台北）《鹅湖月刊》1990 年第 176 期。

4. 邓晓芒:《牟宗三对康德之误读举要（之一）——关于"先验的"》,《社会科学战线》2006 年第 1 期。

5. 邓晓芒:《牟宗三对康德之误读举要——关于“智性直观”》(上),《江苏行政学院学报》2006年第1期。

6. 邓晓芒:《牟宗三对康德之误读举要——关于“智性直观”》(下),《江苏行政学院学报》2006年第2期。

7. 邓晓芒:《牟宗三对康德之误读举要(之三)——关于“物自身”》,《学习与探索》2006年第6期。

8. 邓晓芒:《牟宗三对康德之误读举要(之四)——关于自我及“心”》,《山东大学学报(哲学社会科学版)》2006年第5期。

9. 戴明玺:《新儒家文化观的嬗变历程:从熊十力到杜维明》,《山东社会科学》2002年第5期。

10. 侯敏:《牟宗三的文学思考及其学术价值》,《江苏社会科学》2012年第6期。

11. 侯敏:《唐君毅与牟宗三:美学理论的“同”与“异”》,《宜宾学院学报》2012年第10期。

12. 侯敏:《牟宗三美学思想探论》,《学术交流》2004年第12期。

13. 胡伟希:《形而上学的两种思想传统》,《社会科学》2016年第2期。

14. 胡伟希:《从康德到熊十力:“知智之辨”》,《文史哲》2002年第2期。

15. 胡伟希:《“转识成智”与“由智化境”:以康德与牟宗三为例》,《清华大学学报(哲学社会科学版)》2001年第5期。

16. 牟宗三:《以合目的性之原则为审美判断之超越的原则之疑窦与商榷(上)》,(台北)《鹅湖月刊》1992年第202期。

17. 牟宗三:《以合目的性之原则为审美判断之超越的原则之疑窦与商榷(中)》,(台北)《鹅湖月刊》1992年第203期。

18. 牟宗三:《以合目的性之原则为审美判断之超越的原则之疑窦与商

榷(下)》,(台北)《鹅湖月刊》1992 年第 204 期。

19. 牟宗三主讲、王财贵整理:《超越的分解与辩证的综合》,(台北)《鹅湖月刊》1993 年第 220 期。

20. 牟宗三主讲、谭宝珍整理:《两重“定常之体”》,(台北)《鹅湖月刊》1995 年第 242 期。

21. 牟宗三:《真善美的分别说与合一说》,(台北)《鹅湖月刊》1999 年第 287 期。

22. 牟宗三:《康德第三批判讲演录》(一)—(十六),(台北)《鹅湖月刊》2000 年第 303 期至 2001 年第 318 期。

23. 彭国翔:《康德与牟宗三之圆善论试说》,(台北)《鹅湖月刊》1997 年第 266 期。

24. 潘知常:《孔子美学的生命智慧》,《中国政法大学学报》2020 年第 1 期。

25. 潘知常:《再谈生命美学与实践美学的论争》,《学术月刊》2000 年第 5 期。

26. 王元骧:《文艺理论的现状与未来之我见》,《汕头大学学报(人文社会科学版)》,2004 年第 5 期。

27. 王元骧:《应该怎样理解审美的“无利害性”》,《文史哲》2005 年第 2 期。

28. 王元骧:《探寻文艺学的综合创新之路》,《社会科学战线》2006 年第 2 期。

29. 王元骧:《王阳明与康德美学思想的比较研究》,《浙江学刊》2006 年第 6 期。

30. 王元骧:《文艺本体论的现实意义与理论价值》,《浙江大学学报(人文社会科学版)》2007 年第 5 期。

31. 王元骧:《我看 20 世纪中国美学及其发展趋势》,《厦门大学学报(哲学社会科学版)》2007 年第 5 期。

32. 王元骧:《论人、文学、文学理论的内在张力》,《文艺争鸣》2007 年第 11 期。

33. 王元骧:《当今文学理论研究中的三个问题》,《文学评论》2008 年第 1 期。

34. 王元骧:《论马克思主义文艺学在当代的发展和意义》,《文艺研究》2008 年第 1 期。

35. 王元骧:《文艺理论:工具性的还是反思性的?》,《社会科学战线》2008 年第 4 期。

36. 王元骧:《美学研究:走两大系统融合之路》,《学术月刊》2008 年第 5 期。

37. 王元骧:《再论美学研究:走两大系统融合之路》,《文艺研究》2009 年第 5 期。

38. 王兴国:《孔子之两翼——牟宗三论孟子与荀子》,《哲学研究》2018 年第 1 期。

39. 王兴国:《论牟宗三“道德的形上学”与哲学转向》,《中山大学学报(社会科学版)》2014 年第 1 期。

40. 王兴国:《成于乐的圆成之境——论牟宗三的美学世界及其与康德美学的不同》,《孔子研究》2005 年第 1 期。

41. 杨祖汉:《牟宗三先生学思简介》,(台北)《鹅湖月刊》1995 年第 238 期。

42. 杨祖汉:《牟宗三先生的圆善论与真美善说》,(台北)《鹅湖月刊》1997 年第 267 期。

43. 杨春时:《中华美学的审美功能论》,《上海文化》2020 年第 2 期。

44. 杨春时:《中华美学的艺术主体论》,《当代文坛》2018 年第 6 期。

45. 杨春时:《中华美学的审美意识论》,《广东社会科学》2018 年第 5 期。

46. 阎国忠:《我们的立足点在哪里? ——兼谈当代美学的中国问题》,《艺术百家》2016 年第 5 期。

47. 阎国忠:《美因何而神圣?》,《中州学刊》2016 年第 1 期。

48. 阎国忠:《超验之美与人的救赎》,《学术月刊》2008 年第 5 期。

(二) 外文期刊

1. F.J.Hoffman, *Towards A Philosophy of Buddhist Religion Preview*, Asian Philosophy, 1991(1).

2. J.Riley, *Review Article*, *Ethical Pluralism and Common Decency*, Journal of Moral Philosophy, 2004(2).

3. Y. B. Song, *Crisis of Cultural Identity in East Asia*: *On the Meaning of Confucianethics in the Age of Globalisation*, Asian Philosophy, 2005(2).

4. Jens Timmermann, *Simplicity and Authority*: *Reflections of Theory and Practice in Kant's Moral Philosophy*, Journal of Moral Philosophy, 2007(4).

5. Jiyuan Yu, *The Beginning of Ethics*: *Confucius and Socrates*, Asian Philosophy, 2005(2).